KB141719

역·도시일체개발

TOD 46의 매력 [RECIPE]

TRANSIT ORIENTED DEVELOPMENT

니켄세케이 역·도시일체개발연구회 편저 | 정병균·김미화 역

도서출판대가

목 차

도시의 미래, 역의 미래

건축가 · 도쿄 대학 명예 교수

나이토 히로시

최근 20여 년 동안, 철도역 관련 설계에 관여하고 있다. 행정 위원회 멤버(도쿄역 마루노우치역 앞 광장, 시부야역 주변, 신주쿠역 주변, 나고야역 주변), 어드바이저(후쿠야마역 남측광장, 시나가와역 주변, 에치젠 철도 후쿠이역), 설계감수(다카야마역 콘코스와 역앞 광장), 설계자(미나토미라이선 바샤도역, 아사히가와역, 휴우가시역, 고치역, 도쿠야마역 빌딩, 긴자선 시부야역) 등 관여 정도가 적은 것부터 큰 것까지 여러 가지 형태가 있다. (이 중에서 도쿄역, 시부야역, 신주쿠역, 나고야역, 시나가와역은 이 책에서 언급하는 TOD라고 할 수 있다.)

일반적으로 관계자가 많고, 프로젝트를 성립하는 요소도 복잡하다는 이유로 작은 변이들에 흔들리지 않는 묵직한 전략이 필요하다. 더욱이 완성까지 시간이 오래 걸린다. 통상 공공시설 건축이라면 설계에 착수해 길게 잡으면 5년 만에 준공하는 걸 감안하면 철도시설은 10년 이상 걸리는 경우가 많다. 아사히가와역은 20년, 휴우가역은 12년, 고치역도 7년이 걸렸다. 그런 이유에서 유행에 좌우되지 않고 오랜 세월에 걸쳐 대응 가능한 구상과 설계가 필요하다.

또한 선로 상공에 건축하는 경우도 많아 일단 만들고 나면 재건축이 쉽지 않다. 더욱이 100년 이상 풍화에 견딜 수 있는 건조물이어야 한다. 요약하면 철도시설의 체내 시계 리듬은 건축보다 긴 도시 만들기의 스피드와 같아, 도시와 함께 시대를 걸쳐 성장해 가는 시설이라 하겠다.

몇 가지 TOD 프로젝트에 관여하며 느낀 점은 도시 중심에 있는 역은 거대한 가능성을 가진 공공시설이라는 것이다. 그러나 안타깝게도 아시아에는 세계적으로 명성 있는 TOD 건축이 무척 드물다. 좀처럼 TOD를 실현하기 힘든 이유 중 하나는, 철도 사업자의 다수가 토목기술자 출신으로 건축이나 디자인이 가진 메시지나 무궁한 가능성을 인지하지 못한다는 것이다.

도쿄역 재건축은 거의 일단락되고, 현재 진행 중인 시부야, 지금부터 시작되는 신주쿠, 자기부상열차의 개시를 목표로 한 시나가와역과 나고야역의 계획이 시작되었다. 과연 이 프로젝트들이 아시아의 도시 경쟁력을 높이는 데 일조하고, 세계를 향해 자부심을 가질 만한 도시의 상징이 될 수 있을지는 지금부터가 관건이다.

철도시설은 궤도를 포함해 철도사업법에 운용이 정해져 있다. 이 법률은 1987년에 일본국유 철도(이하 국철)의 민영화에 따라 정해졌다. 국철의 토지는 국가 소유였기 때문에 민영화와 함께 새로운 규칙을 만들었다. 따라서 역을 포함한 철도시설은 그 법률에 의해 컨트롤되고 있다. 이 법률이 없었다면 개발에 많은 장애가 있었을 것이다. 철도에 관여하는 건축 관계자는 건축기준법뿐만 아니라 철도사업법을 이해할 필요가 있다.

학생들의 졸업설계에 자주 등장하는 주제처럼, 무궁무진한 가능성이 있고, 젊은 건축가들의 참신한 대안들처럼 폭넓고 자유롭게 사고하는 것은 이해하지만, 철도는 도시나 국가의 기간시설, 안전운행을 사명으로 궤도의 안전을 확보하는 것이 최우선이다. 이 부분이 건축이나 도시를 이해하기 힘든 대목일 것이다. 그들에게는 그들만의 특수한 사정이 있는 것이다.

그렇다고 해도 도시 간 경쟁이나 지역 간 경쟁이 격화되고 있는 상황에서 도심부에 위치한 철도시설이 현상

유지로 괜찮을 리 없다. 그 나름의 역할을 담당하는 시대가 도래하고 있다.

도심부에서 역을 중심으로 한 거대 개발이 동시다발적으로 시작되고 있다. 현재 착수된 개발법은 어느 것이나 유사성이 있다. 2002년에 시행된 도시재생 특별조치법을 기반으로 한 도시재생 긴급정비 지역제도를 이용, 구획정리를 토대로 용적완화를 받고, 프로젝트 파이넌스를 짜고, 초고층 빌딩을 세워 역을 포함한 시설을 개량하는 방법이다.

여기저기에서 거대 개발이 진행되고 있지만, 어쨌든 가까운 시일 내에 '선별'의 시대로 이행될 것으로 판단된다. 그러나 매스 트랜짓 허브인 역을 중심으로 한 개발의 압도적인 우위성은 미래에도 흔들림이 없을 것이다. 역은 도시의 핵심시설로 계속 존재할 것이다.

한편으로, 역 자체의 사회적 책임도 생겨나고 있다는 것을 잊어서는 안 된다. 개발 이익의 추구만으로는 도시는 언젠가 파멸한다. 지금의 이 호경기가 다시 침체기가 되고 투자가 위축된다면 반석 같아 보이던 역을 포함한 도시 전체가 선별의 대상이 될 것이다. 역은 그 도시의 리딩 인프라 시설로 존재해야 하고, 그렇다고 한다면 도시의 상징으로서의 품격과 개성을 지닌 것이어야 한다.

20여 년 전 요코하마의 항구 연안을 달리는 지하철 미나토미라이선의 한 역인 바샤노믹의 설계자로 지명되었다. 건축가 몇 명과 함께 위원회에 배당된 역 설계안을 제안하던 중 그 첫 번째 위원회에서의 일이다. 각 역의 설계안 설명이 끝날 즈음, 작은 체구의 노신사가 일어나 발언하기 시작했다. "지금부터의 철도는 지역과 함께 존재해야 합니다. 그런 역을 만들어주시길 바랍니다." 라고 하며 설계자들을 향해 깊숙이 머리를 숙였다. 그 숙연한 목소리와 자세를 잊을 수가 없다. 나중에야 당시 미나토미라이선을 관할하는 요코하마 고속철도의 사장을 역임했던 다카기 후미오 씨(1919~2006)였다는 사실을 알았다. 1976년부터 1983년까지 국철의 총재를 역임하고 국철의 민영화를 이끈 인물이다.

역은 지역과 함께 존재해야 한다는 말을 깊이 각인해 두더라도, 지금 시대는 그 이상이 콘셉트가 필요하다. 지역의 얼굴이 되고, 지역의 발전을 선도하는 시설이 되지 않으면 안 된다. 역은 그 지역의 흥망성쇠를 결정한다고 해도 과언이 아닐 정도의 존재임을 알아야 한다.

Suica(전자교통카드)가 개찰구를 변화시킨 것처럼 그리 멀지 않은 미래에 개찰구 자체가 없어질 것이다. 얼굴인식이나, 마이크로칩을 몸에 지니는 것으로 번거로운 정산용 게이트는 없어지고, 그리하여 역은 새롭게 변모된 형태와 의미를 가질 것이다. 개찰구 내외의 구별이 없어진다면 역내 통로도 콘코스의 의미도 변화할 것이다. 역과 도시의 경계가 없어지는 것이다. 이것을 '역이 도시로 융합된다'는 말로 표현한다. 100년의 계획으로 말하자면, 지금부터 새롭게 만드는 역 시설은 도시와의 융합을 전제로 하지 않으면 안 될 것이다. 그 융합이 만들어낼 새로운 형태와 관계성은 그 누구의 상상도 초월한 도시의 미래의 문을 열 열쇠가 될 것이다.

나이토 히로시

1950년 출생. 1976년 와세다 대학 대학원 수료.
페르난도 이게라스 건축 설계 사무소, 키쿠다케 키요노리 건축 설계 사무소를 거쳐 1981년 나이토 히로시 건축 설계 사무소를 설립.
주요 건축 작품으로 바다 박물관, 아즈미노 치히로 미술관, 마키노 도미타로 기념관, 시마네현 예술문화센터, 도야마현 박물관, 토라야아카사카 지점 등이 있다.

What's TOD?

→ TOD로서의 도시개발

경제 버블과 붕괴

지금은 하나의 역사적 사건이 된, 1980년대 후반부터 1990년대 전반, 나중에 버블경제라 명명될 호경기의 일본은 그야말로 찬란했다. 버블경제 특징의 하나는 부동산과 주식 등 자산가치 급등에 있다. 도쿄의 토지가는 6배로 뛰었고, 버블 붕괴와 함께 버블 전 수준으로 회귀했다(T-1 참조). 요즈음 원유 가격 변동을 크게 웃도는 폭등과 폭락이었고 최고 정점에는, 수치상 야마노테선 내(도심 일부)의 토지 총액이 미국 전역의 토지가와 비등하다고 할 정도였다.

그 시대는 포스트모던 건축의 전성기로 『일본 버블유산 건축 100』이라는 책이 발간될 정도였다. 또한 버블경제에 있어서 도시 개발은 당시 유력한 도시 사상(思潮)인, 뉴욕, 런던, 도쿄가 세계 3대 도시라고 하는 'Global City화'와, 도시 기능을 분산하는 'Edge City화' 현상이 동시에 진행되었다. 일시적이고 부차적이기보다는 새로운 시대의 도시 현상으로 이해하는 것이 맞을 것이다.

버블기 도시 개발의 특징

- **균질에서 차이로: '공업화 사회의 금과옥조'와 같은 "합리성", "기능성", 그리고 결과로서의 "효율"에 대해 반기를 들었다'(저자 하시즈메 신야).**
- **사업내용의 신규성: '워터프론트'로 대표되는 '공간프로듀서'에 의한 시적 공간이 출현했다(출전: 『버블의 초상』 저자 츠즈키 쿄오이치).**
- **입지 조건의 경시: 대도시 중심부의 임대료 폭등으로 인해, 중심업무 지구와의 근접성이나 철도역과의 거리는 그다지 중시되지 않고, 토지의 취득 개발의 용이성이 우선된다.**

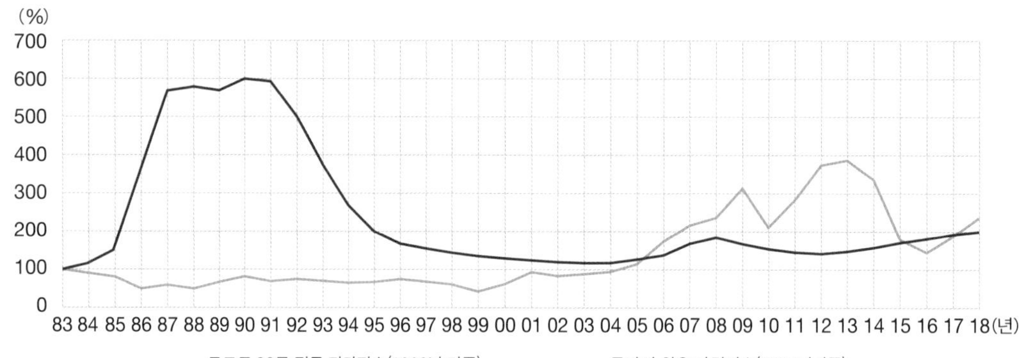

【T-1】 도쿄 23구의 평균 지가지수와 두바이 원유 가격지수의 연도별 변화 비교(가격은 명목치).
버블기 도쿄의 지가상승은 금세기에 들어 원유 가격의 급등보다 급격하다.

TOD(Transit Oriented Development)란, 자동차에 의존하지 않고 공공교통기관의 이용을 전제로 계획된 도시 개발, 또는 연선개발을 말한다. 100년 이상에 걸쳐 철도건설을 기축으로 국토와 도시를 구축해 온 일본에서는 오늘날 가장 전형적인 개발 수법이라 할 수 있다. 그럼 왜 지금 TOD를 거론하는가? 1970년대 경제 과도기, 1990년대의 버블 경제를 겪고 성숙기에 접어든 일본.
도시개발에서도 여러 가지 시대적 시행착오를 겪고 2000년대로 접어들어 TOD형 도시재생이 주류가 되었다.
이 책은 일본의 도시 개발의 핵심 키워드 'TOD'를 한국에서 전개될 도시의 미래에 어떻게 대입하고 활용할 수 있을지, 고찰의 기회를 제공해 줄 것이다.

포스트 버블기의 도시개발

버블기의 건물이나 개발은 버블 붕괴 후 이미 재건축되거나 슬럼화된 경우가 많다. 그와 대조적인 포스트 버블기의 도시개발의 특징은 다음과 같다.

【T-2】 버블 경제를 상징하는 구 일본장기신용은행 본점 빌딩

포스트 버블기의 도시개발의 특징

- **실체적인 수요의 중시: 버블기의 개발이 수요 창조형이라고 한다면, 그에 비해 수요 입각형의 개발로 변화했다.**
- **입지 조건의 중시: 특히 오피스 개발에 있어서는 중심업무지구로 접근이나 철도역과의 근접성이 중시되었다.**
- **중심부에 있어서의 주택개발: 버블기 대도시에는 오피스 빌딩에 편향된 개발이 성행하여 거주 인구의 감소를 초래하는 결과를 가져왔지만, 버블 붕괴 후 토지가격의 하락과 그에 따른 주택개발의 수익성이 되살아나고 정책적 유도가 더해져 주택개발이나 복합개발의 전개가 시작되었다. 그 결과 도쿄도 중심구의 거주 인구가 증가세로 변화했다(T-3 참조).**
- **공공기여의 중시: 지방지자체의 재정난과 더블어 도시개발의 프로젝트의 활용이 도시정비의 주류가 되었다. 그 결과 프로젝트에는 규제완화에 대한 보상으로 공공기여가 한층 더 중시되게 되었다.**

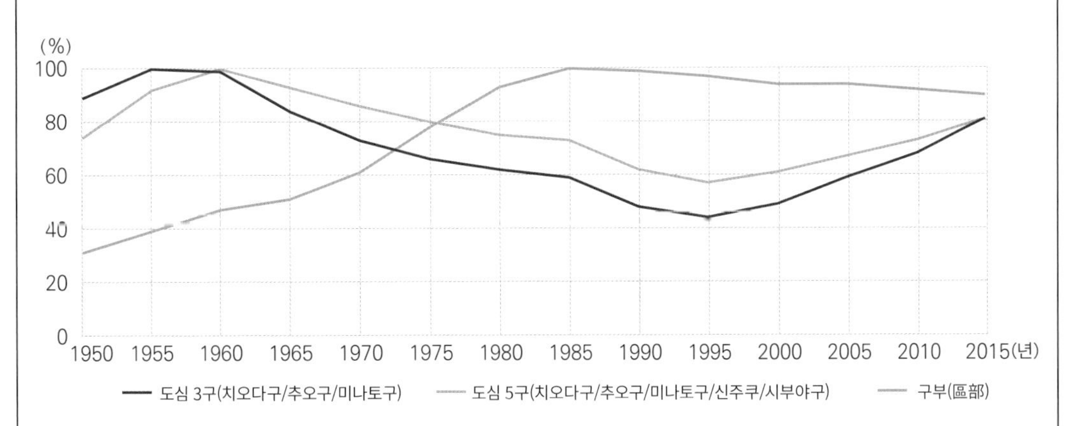

【T-3】 도쿄 23구와 도심 5구의 거주 인구지수의 변화. 도심 3구는 1995년, 도심 5구는 1960년에 인구수가 정점에 이르렀으며, 그 후 인구가 감소하기 시작하여 1995년에 도심 3구는 45%로 감소했다. 그 후 다시 인구수를 회복하여, 2015년 80%에 도달했다.

TOD로서의 도시개발

포스트 버블기에 도시개발에서 입지 조건의 중시로 인해 지하철을 포함한 철도를 중심으로 구조화된 일본의 대도시에서 역의 재구축과 개량, 역과 근접 지구의 접속 강화를 중요한 지점으로 하는 재개발이 되었다. 거기서 TOD는 필연적이 되고, TOD의 집적체가 대도시가 되었다고 해도 과언이 아니다.

TOD로서의 도시개발은 다음과 같은 특징을 가진다.

❶ 철도시설의 개량
신규 건설되는 철도 노선과의 접속, 환승이나 보행자 동선을 개선하기 위한 역 위치의 변경, 노후화한 시설의 재건축이나 개수 등 철도시설, 그 자체의 개량이 포함되어 개발 전체의 견인력이 되는 경우도 있다.

❷ 도시기반의 개량
철도시설 이외에도 버스, 택시, 자가용 등의 환승을 위한 교통광장, 버스 터미널의 재건축, 보도, 데크, 광장 등 보행 공간 정비 등의 도시 기반시설 개량을 동반한다.

❸ 역과 직결되는 역내, 혹은 근접 지구 재개발
역내의 여유 용적이나 근접 가구의 고밀도 개발로 인해 편의성이 높아 자동차 교통을 억제한 도시 정비가 실현 가능하다.

❹ 철도에 의한 분단 해결 및 보행권의 순환성 향상
선로 상부 공간 정비, 역과 보행권을 연결하는 보행자 공간 충실, 어메니티 공급으로 인해 도시 분단요소가 될 수 있는 철도의 난점을 보완하고, 역을 중심으로 한 도시의 순환성을 높인다.

위의 특징을 가진 TOD의 도시개발에 있어서는, 철도 사업, 도시 기반 정비사업, 부동산 개발 사업이 일체적으로 시행된다.

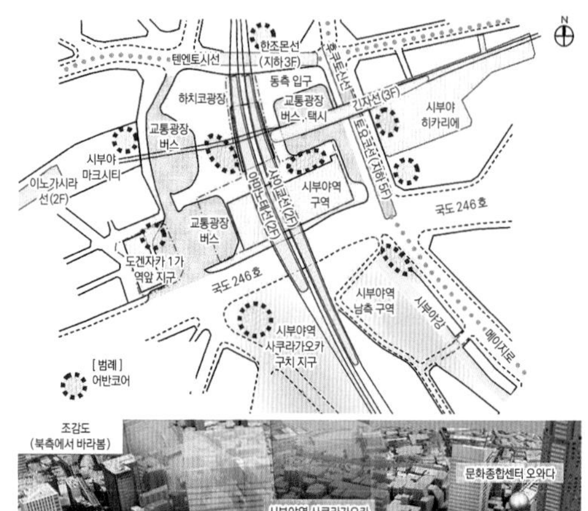

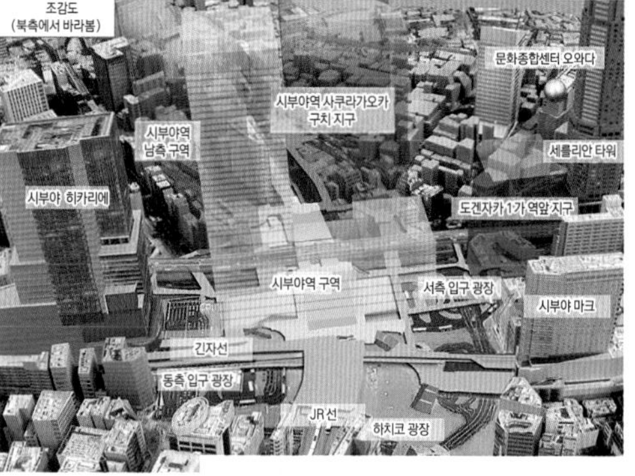

【T-4】 시부야역 개발사업은 철도시설, 도시기반시설 재구축과 부동산개발이 유기적으로 융합되어 성립되었다.

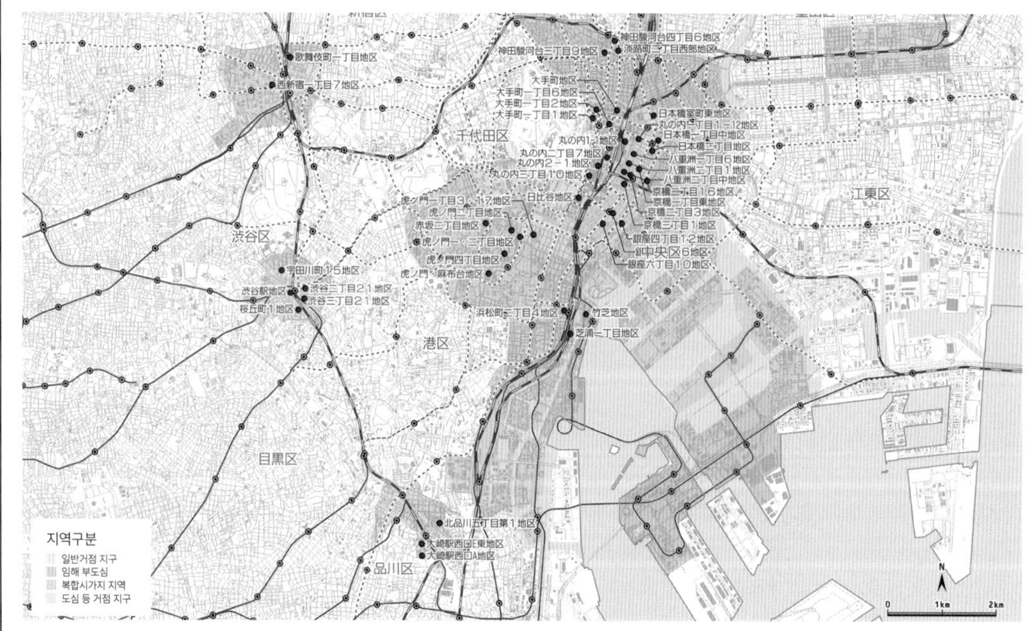

【T-5】 도쿄도에 있어서 도시재생 특별지구 결정 일람(2018년 6월 21일 시점). 대상 지구는 모두 철도교통 편의성이 우수한 TOD라 할 수 있다.

Triple-Win을 실현하는 일본적인 PPP로서의 TOD

이 경우, 사업을 실시하기 위해 관민(官民)이 출자해서 SPC가 설립되는 경우는 아주 드물고, 각 주체가 협조하면서 각각의 업무를 추진해 가는 것이 일반적이다.
이를 위해 협의회, 도시계획 결정, 사업협정서 등 여러 제도나 수법이 협의 형성, 역할 분담 규정, 원활한 사업 추진을 담보하기 위해 활용된다. 따라서 TOD를 일본형 PPP(Public Private Partnership)의 한 가지 유형으로 볼 수 있다.
철도 사업자가 철도시설의 정비와 부동산 개발을 동시에 시행하는 경우는, 철도에 대한 투자의 일부를 부동산 개발로 회수하므로, 개발수익환원(LVC, Land Value Capture) 수법 중에 부동산 개발형으로 해석이 가능하다.
PPP로서의 TOD는 이하와 같은 공적 섹터, 민간 섹터, 시민이 각각의 편익을 가져올 수 있다는 것에 Win-Win을 넘어 Triple-Win의 도시 정비라고 할 수 있다.

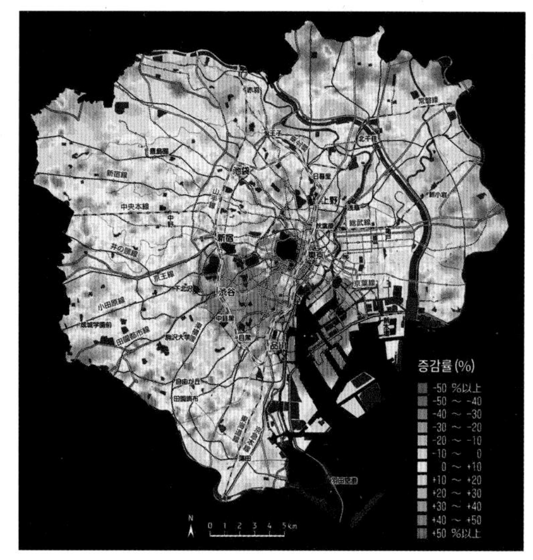

【T-6】 도쿄 23구 용적률 100% 환산의 평균지가는 2000년에서 2017년에 걸쳐 5.5% 상승했다. 이 지도는 각 지점 지가 변화율을 나타내고 있다. TOD형 개발이 실시된 구역에서의 지가 상승이 눈에 띈다.

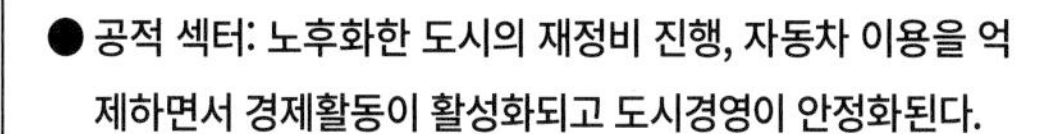

- **공적 섹터: 노후화한 도시의 재정비 진행, 자동차 이용을 억제하면서 경제활동이 활성화되고 도시경영이 안정화된다.**
- **민간 섹터: 투자 기회·사업기회와 동시에 자산가치를 증진할 수 있는 기회가 된다.**
- **시민: 모빌리티나 퍼블릭 어메니티가 향상되고, 직주(職住) 근접도 촉진된다.**

이런 특성들은 '콘셉트로 입지 조건을 극복/무효화한다'라는 버블기 도시개발에 대한 안티테제인 동시에, 극도의 기능주의를 탈피해 공간의 풍부한 변화를 중시하는 버블기 개발의 또 하나의 특질을 계승한다고 할 수 있다.

【T-7】 트리에 케이오 초후, 테츠 미치

【T-8】 그랑프론트 오사카, 우메키타 광장

【T-9】 바스타 신주큐·JR신주큐 미라이나타워, Suica 펭귄광장

【T-10】 도쿄미드타운, 미드타운 가든

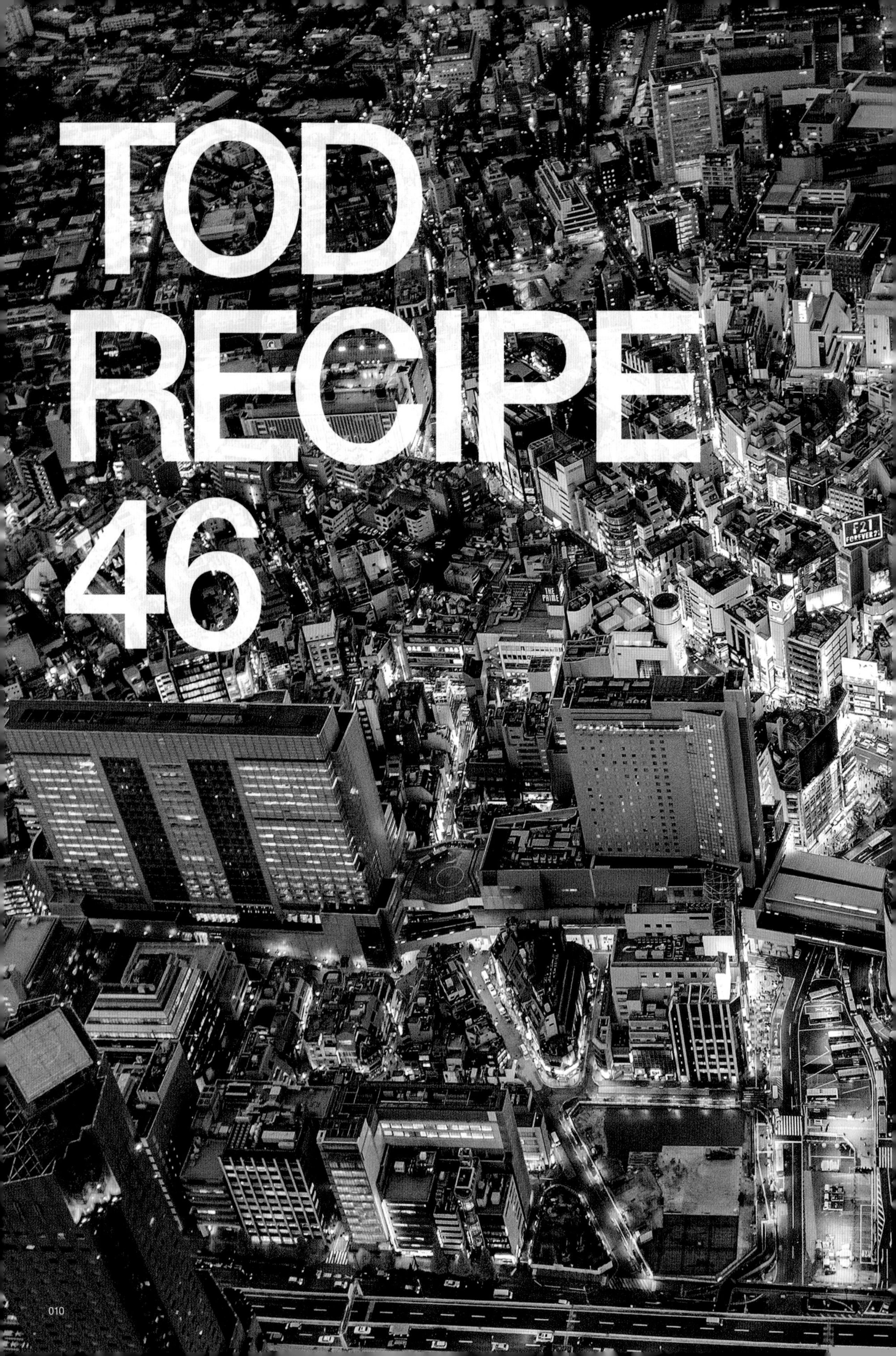

TOD RECIPE 46

【사진】 하나마사키

About TOD RECIPE46

→ 이 책에 대해서

일본의 TOD에서는 역을 중심으로 한 개발의 장점의 최대 활용과 단점의 해결을 위해, 도시계획 단계에서 휴먼 스케일에 입각한 장소 만들기까지 여러 가지 스케일을 테마로 한 아이디어를 실천하고 있다.

이 책에서는 우선 TOD에 반드시 필요한 다섯 가지 요소를 스케일로 분류했다. 그리고 다섯 가지 스케일을 분석해 일본을 비롯한 해외의 주목할 만한 TOD 사례에 담겨 있는, 역을 중심으로 한 활기 넘치는 공간을 실현하기 위한 46가지 기법을 요리의 '레시피'처럼 정리했다.

레시피별로 각각의 사례에 있어서 매력 포인트와 그것들을 실현하고 있는 공간의 스케일, 기능 배치 등의 스토리를 완결해, 책을 어느 부분에서 읽어도 이해할 수 있도록 구성했다.

그럼, TOD의 매력이 가득 담긴 레시피를 하나씩 살펴보도록 하자.

Urban
도시

도시계획의 관점에서 지역 분단과 혼잡 등, 역 개발이 가진 문제점을 해결하고 도시 공간의 활력을 되찾아 줄 아이디어를 활용한다.

Public Space
퍼블릭 스페이스

역과 그 주변을 둘러싼 공공 공간을 사람들의 다양한 액티비티가 발생하도록 디자인한다.

Circulation
동선

동선 정리와 공간 연출에 의해, 단순한 이동 공간을 넘어 알기 쉬우면서도 즐거운 동선 공간을 만든다.

Symbol
심볼

인상적인 외관이나 역 공간의 비일상적인 공간 체험을 디자인해, 이용하는 사람들의 기억에 남는 심볼이 되도록 한다.

Character
캐릭터

만남의 장소가 되기도 하는 조각, 아트, 빛·영상에 의한 연출, 전철이 보이는 데크 등, 사람들의 흥미를 유발하는 캐릭터를 부여한다.

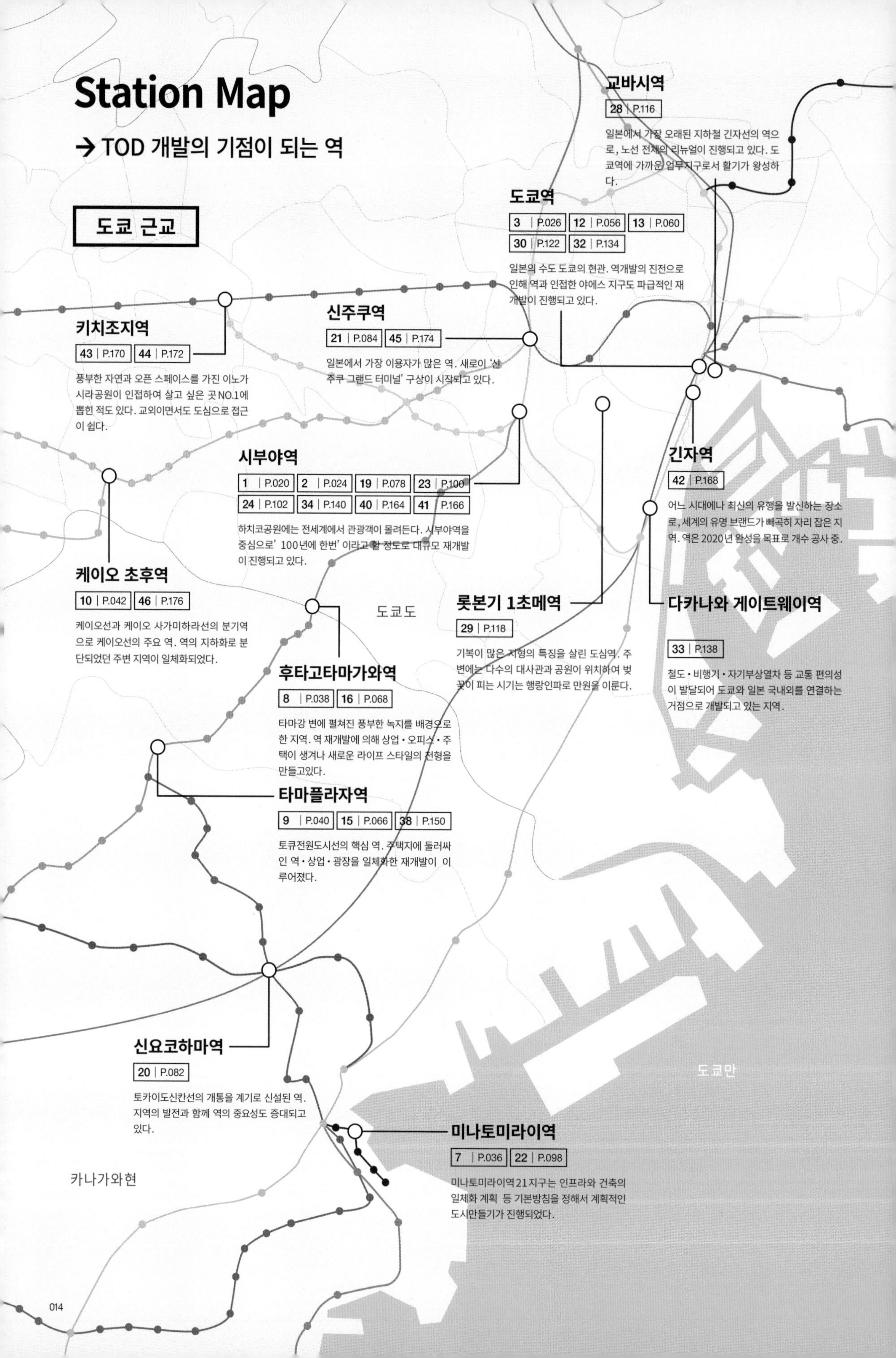
Station Map
→ TOD 개발의 기점이 되는 역
도쿄 근교
교바시역
28 | P.116
일본에서 가장 오래된 지하철 긴자선의 역으로, 노선 전체의 리뉴얼이 진행되고 있다. 도쿄역에 가까운 업무지구로서 활기가 왕성하다.
도쿄역
3 | P.026
12 | P.056
13 | P.060
30 | P.122
32 | P.134
일본의 수도 도쿄의 현관. 역개발의 진전으로 인해 역과 인접한 야에스 지구도 파급적인 재개발이 진행되고 있다.
키치조지역
43 | P.170
44 | P.172
풍부한 자연과 오픈 스페이스를 가진 이노가시라공원이 인접하여 살고 싶은 곳 NO.1에 뽑힌 적도 있다. 교외이면서도 도심으로 접근이 쉽다.
신주쿠역
21 | P.084
45 | P.174
일본에서 가장 이용자가 많은 역. 새로이 '신주쿠 그랜드 터미널' 구상이 시작되고 있다.
시부야역
1 | P.020
2 | P.024
19 | P.078
23 | P.100
24 | P.102
34 | P.140
40 | P.164
41 | P.166
하치코공원에는 전세계에서 관광객이 몰려든다. 시부야역을 중심으로' 100년에 한번' 이라고 할 정도로 대규모 재개발이 진행되고 있다.
긴자역
42 | P.168
어느 시대에나 최신의 유행을 발신하는 장소로, 세계의 유명 브랜드가 빠곡히 자리 잡은 지역. 역은 2020년 완성을 목표로 개수 공사 중.
케이오 초후역
10 | P.042
46 | P.176
케이오선과 케이오 사가미하라선의 분기역으로 케이오선의 주요 역. 역의 지하화로 분단되었던 주변 지역이 일체화되었다.
도쿄도
롯본기 1초메역
29 | P.118
기복이 많은 지형의 특징을 살린 도심역. 주변에는 다수의 대사관과 공원이 위치하여 벚꽃이 피는 시기는 행랑인파로 만원을 이룬다.
다카나와 게이트웨이역
33 | P.138
철도 • 비행기 • 자기부상열차 등 교통 편의성이 발달되어 도쿄와 일본 국내외를 연결하는 거점으로 개발되고 있는 지역.
후타고타마가와역
8 | P.038
16 | P.068
타마강 변에 펼쳐진 풍부한 녹지를 배경으로 한 지역. 역 재개발에 의해 상업 • 오피스 • 주택이 생겨나 새로운 라이프 스타일의 전형을 만들고있다.
타마플라자역
9 | P.040
15 | P.066
38 | P.150
토큐전원도시선의 핵심 역. 주택지에 둘러싸인 역 • 상업 • 광장을 일체화한 재개발이 이루어졌다.
신요코하마역
20 | P.082
토카이도신칸선의 개통을 계기로 신설된 역. 지역의 발전과 함께 역의 중요성도 증대되고 있다.
도쿄만
미나토미라이역
7 | P.036
22 | P.098
미나토미라이역21지구는 인프라와 건축의 일체화 계획 등 기본방침을 정해서 계획적인 도시만들기가 진행되었다.
카나가와현
014

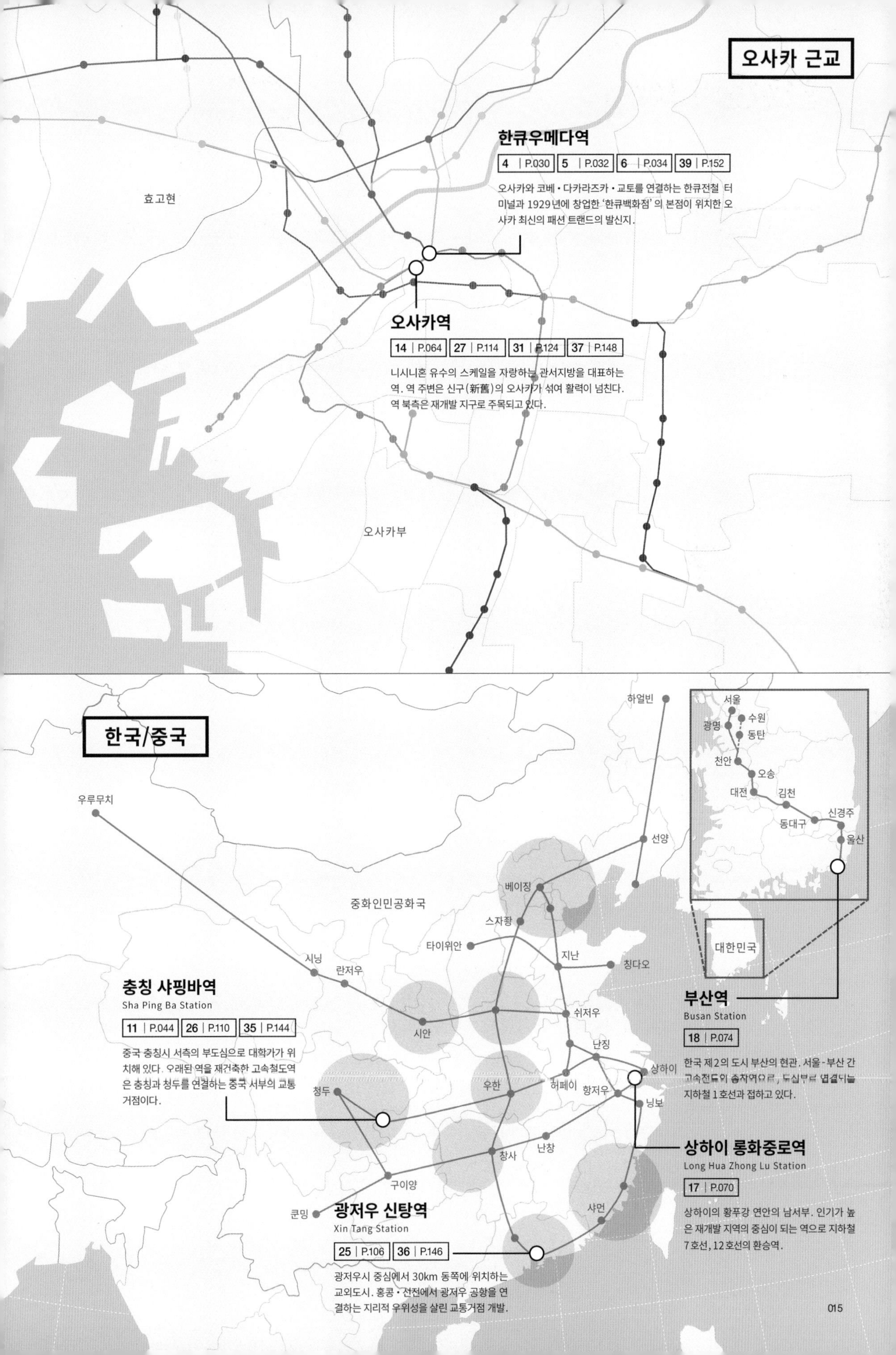
오사카 근교
한큐우메다역
4 | P.030
5 | P.032
6 | P.034
39 | P.152
오사카와 코베·다카라즈카·교토를 연결하는 한큐전철 터미널과 1929년에 창업한 '한큐백화점'의 본점이 위치한 오사카 최신의 패션 트랜드의 발신지.
효고현
오사카역
14 | P.064
27 | P.114
31 | P.124
37 | P.148
니시니혼 유수의 스케일을 자랑하는 관서지방을 대표하는 역. 역 주변은 신구(新舊)의 오사카가 섞여 활력이 넘친다. 역 북측은 재개발 지구로 주목되고 있다.
오사카부
한국/중국
하얼빈
서울
수원
광명
동탄
천안
오송
대전
김천
신경주
동대구
울산
우루무치
선양
베이징
중화인민공화국
스자좡
타이위안
지난
칭다오
대한민국
시닝
란저우
충칭 샤핑바역
Sha Ping Ba Station
11 | P.044
26 | P.110
35 | P.144
중국 충칭시 서측의 부도심으로 대학가가 위치해 있다. 오래된 역을 재건축한 고속철도역은 충칭과 청두를 연결하는 중국 서부의 교통 거점이다.
시안
쉬저우
난징
부산역
Busan Station
18 | P.074
한국 제2의 도시 부산의 현관. 서울-부산 간
지하철 1호선과 접하고 있다.
상하이
허페이
항저우
청두
우한
닝보
상하이 룽화중로역
Long Hua Zhong Lu Station
17 | P.070
상하이의 황푸강 연안의 남서부. 인기가 높은 재개발 지역의 중심이 되는 역으로 지하철 7호선, 12호선의 환승역.
창사
난창
구이양
샤먼
쿤밍
광저우 신탕역
Xin Tang Station
25 | P.106
36 | P.146
광저우시 중심에서 30km 동쪽에 위치하는 교외도시. 홍콩·선전에서 광저우 공항을 연결하는 지리적 우위성을 살린 교통거점 개발.

→1

Urban

1 — 11 도시

1872년의 신바시~요코하마역 간 일본 최초의 철도노선이 개통된 이후, 일본의 도시 근교에서 철도 개발은 단순히 철도를 만드는 것만이 아니고, 철도연선의 주택이나 상업 시설을 개발해 연선지역 전체의 순환, 유동의 촉진을 도모하였다. 이것이 곧 철도 사업의 발전을 실현하는 '역·도시 일체개발(TOD)'의 원점이 되었다. 그러나 도시화의 진전과 철도운송능력의 확대와 함께 거대한 역이 등장하는 것으로 인해 지역의 분단과 복잡한 환승 동선, 교통 집중에 의한 혼잡 등의 문제가 발생했다.
그중에서 철도 개발 문제 해소와 한층 더 성숙한 도시 발전을 위해 아래와 같은 도시 만들기의 수법이 시도되고 있다.
① 유동의 촉진(환승 동선 개선과 역상부 및 주변의 입체적인 이용)
② 분단의 해소(노선과 지역 분단을 뛰어넘는 순환 동선의 구축)

또한 민간사업자가 행정과 협력하면서 환승 동선 등의 역기능 개선을 도모함과 동시에 역과 퍼블릭 스페이스의 적극적인 관계의 구축에 의한 도시의 활력을 부여, 그 경제 효과에 의해 새로운 도시의 재생을 유발하는 시스템이 만들어진다.
이 장에서는 역을 중심으로 한 활기 넘치는 매력적인 도시를 실현하기 위해 적용되는 도시 스케일의 TOD 수법들을 살펴보기로 한다.

F21

시부야 » RECIPE 1·2
[Ch1-1]
[Ch1-2]
도쿄 » RECIPE 3

오사카 » RECIPE 4·5·6
【Ch1-3】

【Ch1-4】
요코하마 » RECIPE 7

Hisamitsu
サロンパス
AKB48グループ
uc
MasterCard
わかさ生活 チャンネル
melumo
WAKASA SEIKATSU CHANNEL
taisei neon
西野カナ
Best Album
もんじゃ
西村
Essential
BOOKS TAISEIDO
STARBUCKS

【1-1】스크램블 교차점

도시는 역과 함께 성장을 지속한다

1

시부야역

시부야 개발은 토큐토요코선과 도쿄 메트로 부도심선의 상호 직통화를 기점으로 토큐토요코선 역사 및 선로 부지 개발과 역앞 광장과 JR 및 도쿄 메트로 긴자선 철도 개량의 일체적 정비를 중심으로 진행되고 있다. 토큐토요코선과 도쿄 메트로 부도심선의 상호 직통화에 맞춰 구 토큐 문화 회관 부지를 시부야 히카리에로 재건축하고 그 후 지상부의 구 토큐토요코선 역사와 토큐백화점 동쪽관을 해체하고 시부야 스크램블 스퀘어 제1기(동관)와 동쪽 출입구 역앞 광장의 정비가 이루어지고 있다.

시부야 스크램블 스퀘어 제1기(동관)를 완성한 후에는 서측 기존 시설의 리뉴얼에 착수할 예정이며, 20년의 기간을 걸쳐 시부야 지역 전체를 재정비하는 롤링 방식의 지역 만들기 스토리가 구성되어 있다.

또한 역 중심 지구의 재개발과 함께 주변의 리뉴얼도 차근차근 이어지며, 50년, 100년의 기간에 걸쳐 시부야 거리의 활성화를 도모하는 시스템이 구축되어 있다.

【1-2】2012년(시부야 히카리에 개업 직후) 기반시설 상황

【1-3】2027년경 시부야 스크램블 스퀘어 2기(중앙・서관) 준공 시 기반시설 상황
※사진은 초기 개념 이미지

Phase 1

(~2012년)

- 토큐토요코선을 지하화하고 도쿄 메트로 부도심선과 상호 직통운전화

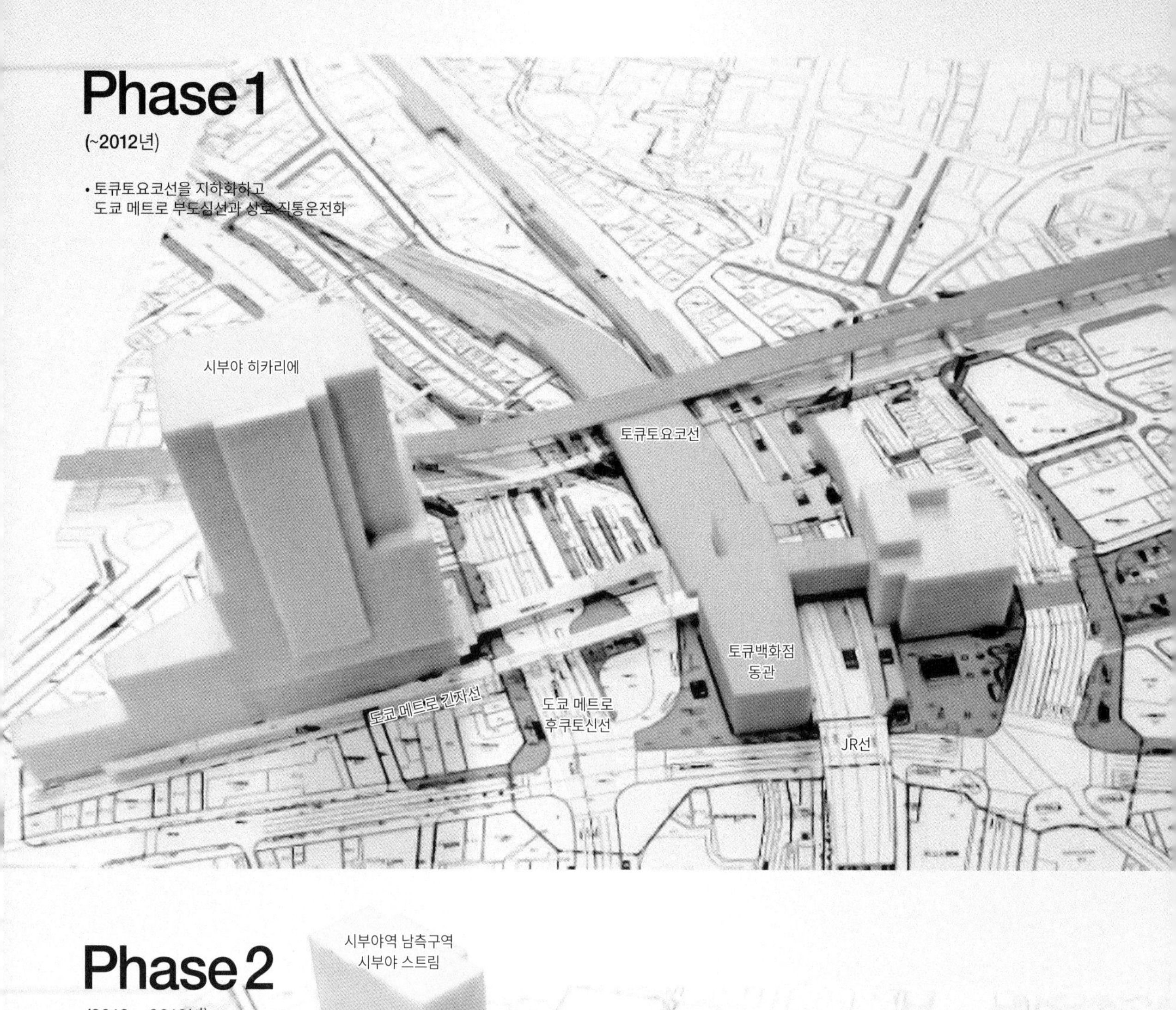

Phase 2

(2012～2019년)

- 토큐토요코선 시부야역 홈 및 선로 부지와 그 주변에 시부야역 남쪽지구 시부야 스트림을 건설
- 토큐백화점 토요코점 동쪽관 부지에 역앞 광장을 이전하고, 토큐토요코선 역사 부지에 시부야 스크램블 스퀘어 제1기(동관)를 건설
- 토큐 플라자 시부야를 포함한 에리어를 재건축(도켄자카 1초메 지구 시부야 후쿠라스)

시부야역 남측구역
시부야 스트림

도겐자카1가 역앞 지구
시부야 후쿠라스

시부야 스크램블 스퀘어
제1기(동관)

도쿄 메트로 긴자선

JR선

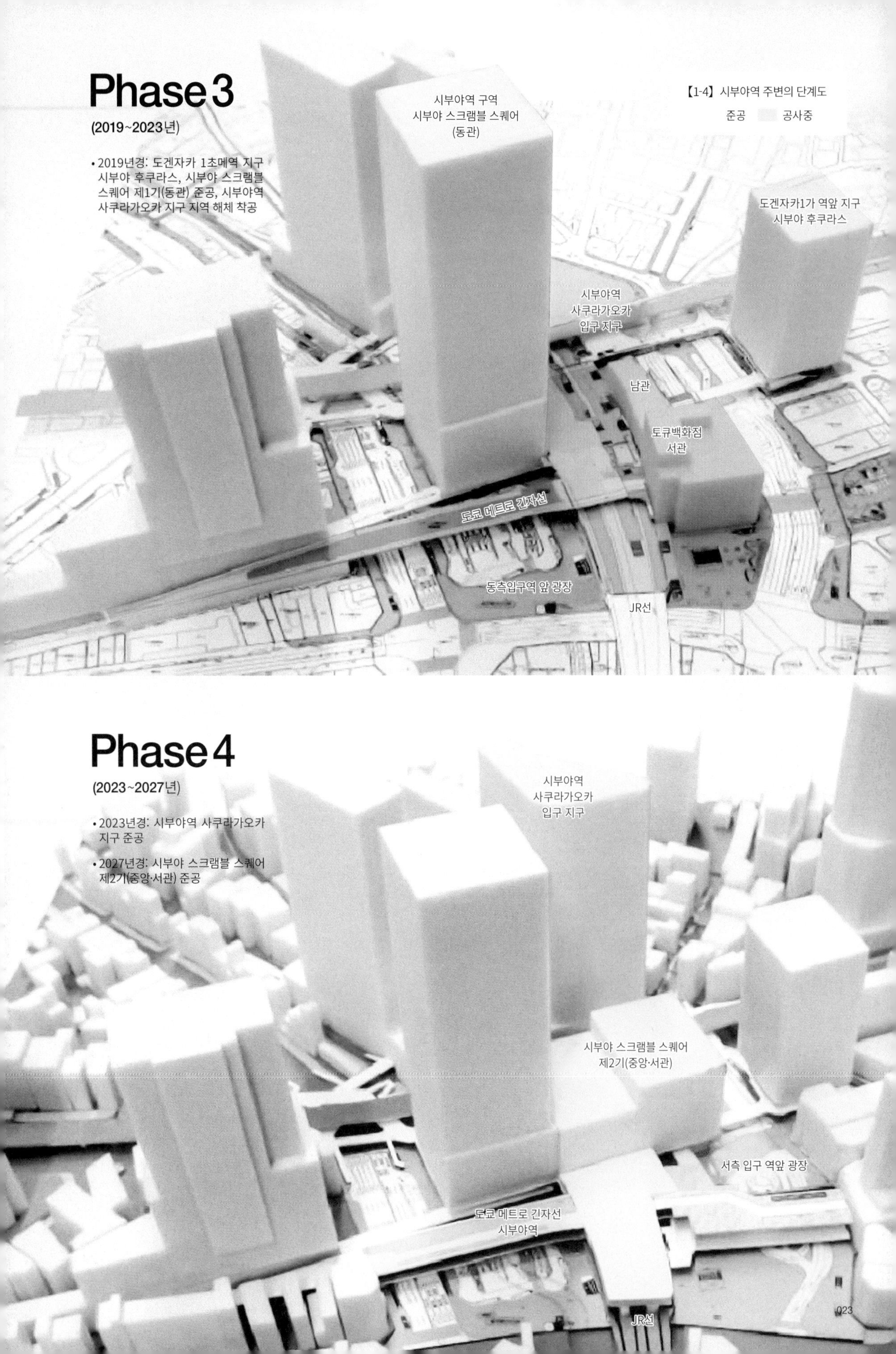
Phase 3
(2019~2023년)
• 2019년경: 도겐자카 1초메역 지구 시부야 후쿠라스, 시부야 스크램블 스퀘어 제1기(동관) 준공, 시부야역 사쿠라가오카 지구 지역 해체 착공
시부야역 구역
시부야 스크램블 스퀘어
(동관)
【1-4】 시부야역 주변의 단계도
준공
공사중
도겐자카1가 역앞 지구
시부야 후쿠라스
시부야역
사쿠라가오카
입구 지구
남관
토큐백화점
서관
도쿄 메트로 긴자선
동측입구역 앞 광장
JR선
Phase 4
(2023~2027년)
• 2023년경: 시부야역 사쿠라가오카 지구 준공
• 2027년경: 시부야 스크램블 스퀘어 제2기(중앙·서관) 준공
시부야역
사쿠라가오카
입구 지구
시부야 스크램블 스퀘어
제2기(중앙·서관)
서측 입구 역앞 광장
도쿄 메트로 긴자선
시부야역
JR선

역과 도시의 일체 개발이 곧 지역 공헌

2

시부야역

시부야역 주변 지역 개발에 있어서 '도시재생 특별지구'의 적용을 받아 민간 사업자의 활력을 살린 도시개발이 진행되고 있다(Column 1 참조).
도시재생 특별지구에서는 지금까지의 도시 계획 수법으로 요구되던 공지 확보뿐만 아니라 지역에서 부족한 기능 강화도 평가의 대상이 되고 있으며, 시부야역 지구에서는 '교통 결절점 기능 강화' '국제 경쟁력을 높이는 도시 기능의 도입' '방재와 환경'을 공헌 항목으로 용적 평가를 받고 있다.

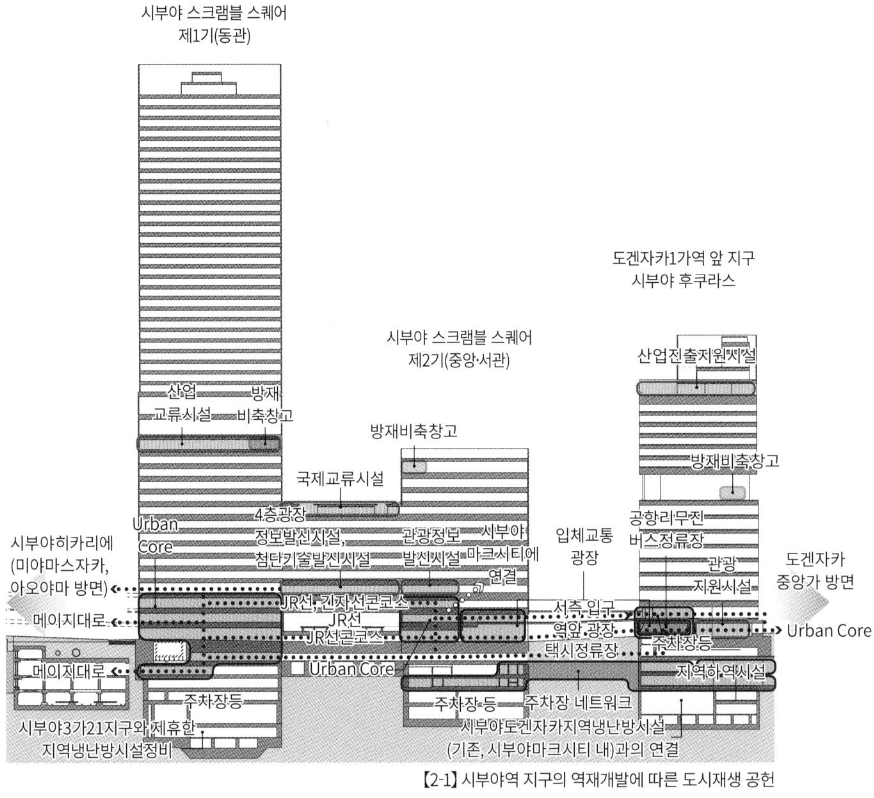

【2-1】 시부야역 지구의 역재개발에 따른 도시재생 공헌

또한 시부야역 그 자체를 포함한 시부야역 지구 개발(시부야 스크램블 스퀘어)에서는 역 시설과 역앞 광장 등 입체적으로 적층한 도시 인프라를 업그레이드해 나가기 위해 철도 개량 사업 및 토지 구획 정리 사업도 병행하고 있다. 우선 토지 구획 정리 사업에 의해 역앞 광장이나 하천 등의 도시 기반의 재정리, 건물 부지 정형, 집약화, 철도 확대 용지를 확보하고 다음 개발 사업과 철도 개량 사업으로 철도 위의 빌딩 건설과 맞게 입체 교통광장과 Urban Core(동선 공간)의 정비가 이루어지고 있다.
즉 민간 개발 사업뿐만 아니라, 철도 개량 사업 및 토지 구획 정리 사업이 일체적, 연쇄적으로 실시되는 이른바 삼위일체의 추진에 의한 역과 거리의 업그레이드이며 역 개발지구를 포함한 역 중심 지역의 기능 재구축이 진행되어, 주변 지역의 개발 계획이 보다 파급적으로 진행되고 있다.

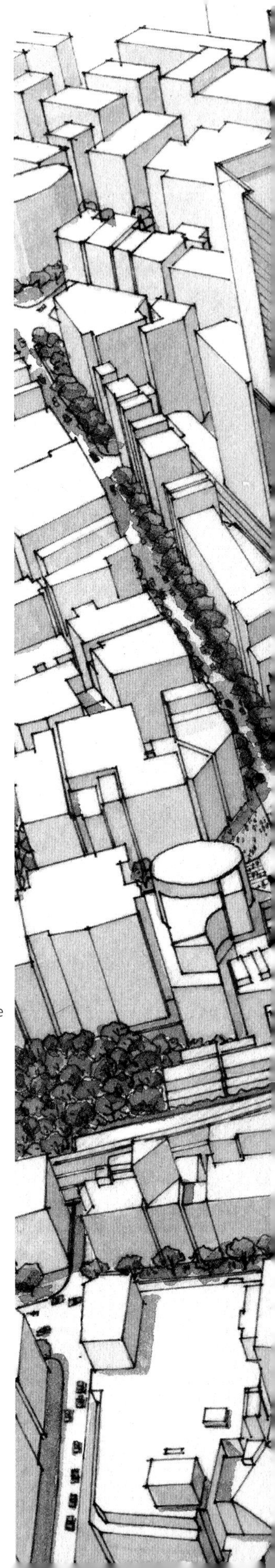

【2-2】 시부야역 주변 개발 이미지 ©시부야역에리어 매니지먼트

[3-1]

벽에서 게이트로

도쿄역

역 정면에 장벽과 같이 드높이 선 역 빌딩이 있었지만, 도쿄역에서는 마루노우치역 범위의 용적을 주변 지구에 매각하는 것으로 자금을 만들어 역사의 레트로피트 공법에 의한 건물의 보존 재건축을 실현, 수도의 관문으로서의 상징적인 역 광장을 부활시켰다.

또한 야에스 출구 재정비에 있어서도 용적을 남북의 타워에 집약해 중심축상에는 마루노우치 역사와 호응하는 프로포션의 루프를 만드는 것으로 사람들을 맞이하는 새로운 게이트를 만들었다.

사람들이 모이는 장소로서의 역앞 광장을 개방적인 공간으로 만들고, 주변의 상업·오피스의 밀도를 높이는 것으로, 여정 시작점의 흥분과 그것을 둘러싼 극적인 활력을 느낄 수 있는 공간을 창출하고 있다.

더욱이 도쿄역 야에스 출구의 재건축을 계기로 야에스 측의 재개발이 촉발되어, 개발에 맞춰 버스 터미널과 광장의 기반이 정비되어 역 뒷골목쯤으로 인식되던 장소가 도시의 새로운 관문으로 태어났다.

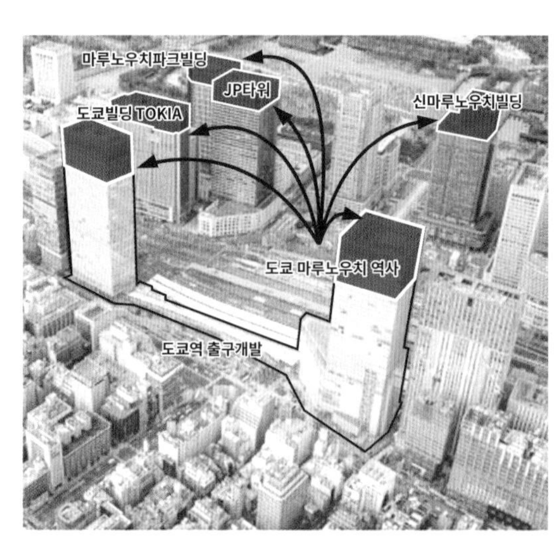

[3-3] 도쿄역 야에스 출구 개발 트윈타워의 실현에 있어서는 '특별용적률지구제도'의 적용으로 인해 도쿄역 마루노우치 역사의 미이용 용적률을 이전하는 것과 동시에 '종합설계제도'를 적용해 사이트 내부에 공개공지를 확보하는 것으로 용적률 완화를 받았다.

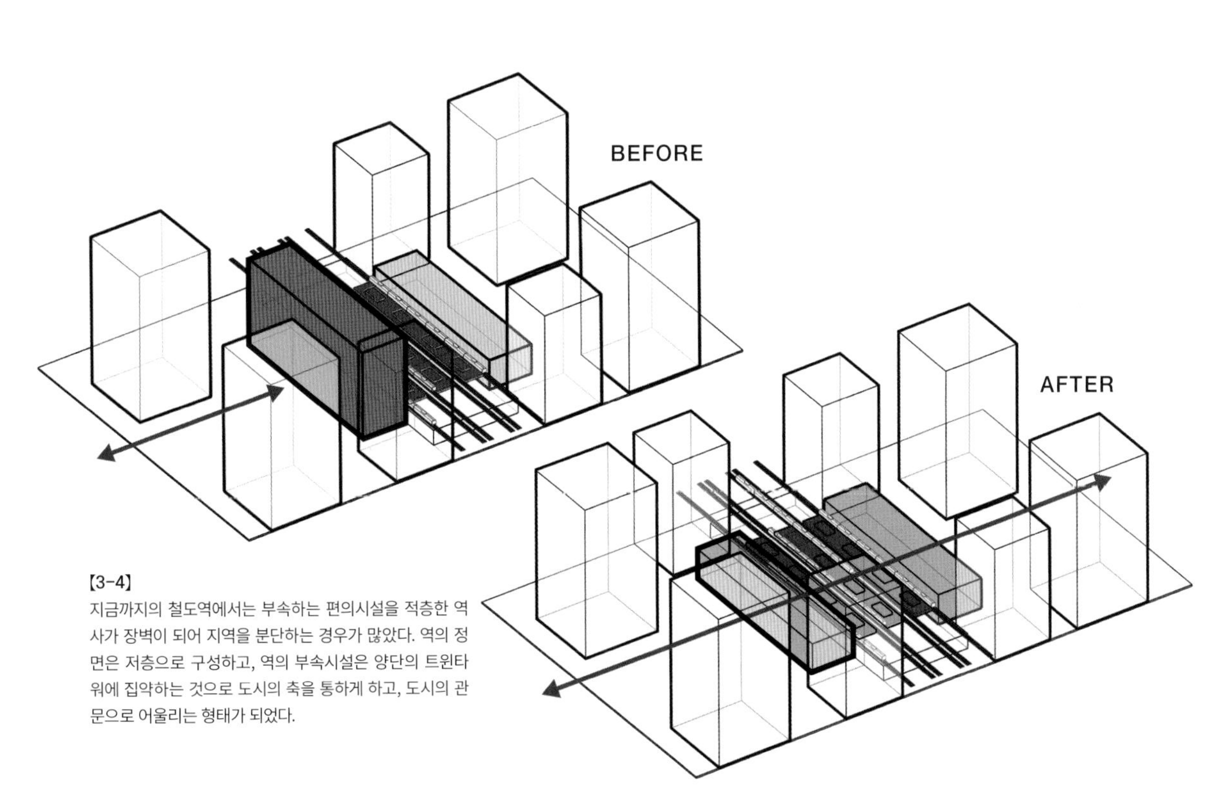

【3-4】
지금까지의 철도역에서는 부속하는 편의시설을 적층한 역사가 장벽이 되어 지역을 분단하는 경우가 많았다. 역의 정면은 저층으로 구성하고, 역의 부속시설은 양단의 트윈타워에 집약하는 것으로 도시의 축을 통하게 하고, 도시의 관문으로 어울리는 형태가 되었다.

1914

도쿄역 개발

도쿄의 현관은 적벽돌의 역사와 4개의 플랫폼에서 출발했다.
당시 야에스 측은 에도성의 일부가 남겨져, 교바시·니혼바시와는 분단되어 있었다.

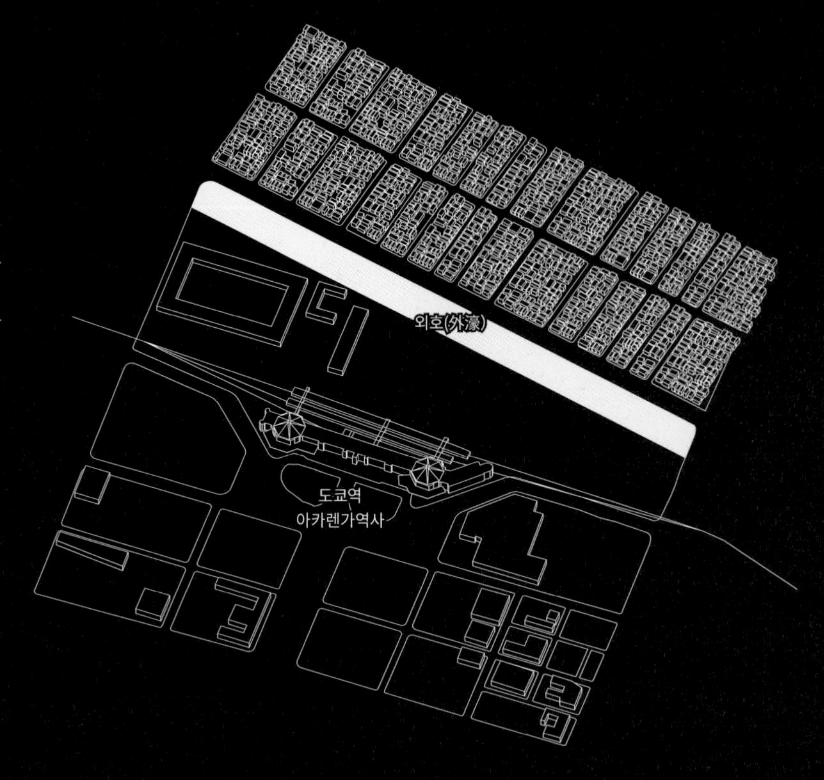

Growing Process of Tokyo Station

도쿄역을 둘러싼 도시의 발전

【3-5】

※본 그림은『도쿄역 '100년의 수수께끼'를 걷다. 그림으로 즐기는 '미궁'의 매력』(타무라 케이스케)을 참조하여 작성했다.

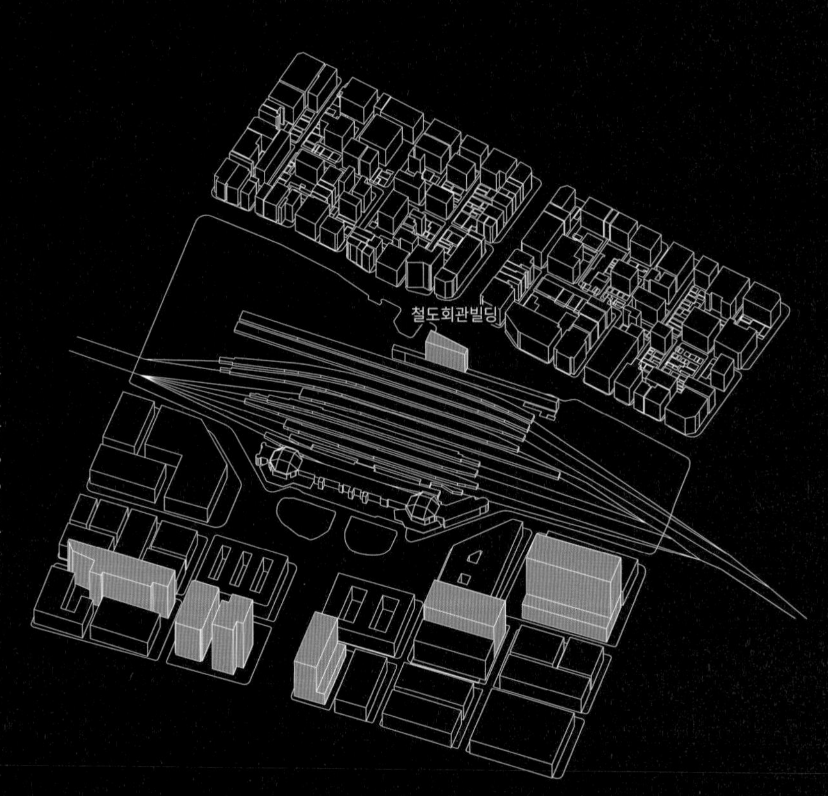

1990

야에스 출구는 1929년에 증설되어, 태평양전쟁에 의한 마루노우치 역사의 폐허화로 인해 역기능을 전담하던 시기도 있었다. 에도성의 외호가 매립되어 교바시·니혼바시 측으로부터의 접근이 개선되었다. 그 후, 전후 부흥기를 거치면서 시설이 확대되어, 1954년의 철도회관빌딩 건설, 1964년의 도카이도신칸선 개통과 야에스 지하가의 완성, 1972년 국철(현 JR) 요코스카·소부쾌속선의 개통, 그리고 1990년의 JR케이요선 개통에 의해 거의 현재의 모습이 되었다.

2014

1990년에 도쿄역 마루노우치 역사의 보존・복원이 발표, 2007년 공사 착공, 2012년 10월에 완성되었다.
마루노우치 역사의 용적을 활용한 신마루노우치빌딩 등의 재개발 진행과 함께 야에스 개발의 그랑도쿄 노스타워와 사우스 타워의 트윈타워도 2007년 11월에 오픈, 트윈타워를 연결하는 그랑루프가 2013년 9월 완성, 도쿄역 야에스 지역 개발의 그랜드 오픈을 맞게 되었다.

도쿄역 야에스 지역은 '역 뒷골목'의 이미지였지만, 도쿄역 야에스 출구 개발에 의해 야에스 지역의 기능 개선이 진행되고, 더욱이 인접한 역앞 지구 개발이 진행되고 있다.
도쿄역 야에스 출구 개발의 트윈타워는 글로벌화 고도 정보화에 대응하는 비즈니스 센터의 핵심을 담당하는 업무 시설과 야에스・니혼바시 지구의 활성화를 촉발하는 상업 시설에 의해 구성되었다. 그 실현에 있어서는 '특별용적률적용지구제도'의 적용에 의해 도쿄역 마루노우치 역사 미이용 용적을 이전하는 것과 동시에 '종합설계제도'를 적용해 사이트 내부에 공개 공지를 확보하는 것으로 용적률 완화를 받았다. 이 도시계획수법에 의해 1,604%에 달하는 고용적을 실현하고 있다.

Future

도쿄역 야에스 지역 개발의 완성에 의한 도시 근접성 향상을 계기로 역도로 건너편 야에스 1, 2 초메 지구 재개발이 현재 진행 중이다.
야에스 지역은 부지의 세분화와 건물의 노후화가 진행, 방재성이 저하되는 등 도쿄역 앞 지구로서 상응하지 않는 토지 이용이 전개되고 있는 상황이었다. '도시재생 특별지역구'를 활용한 시가지 재개발 사업에 의한 국제도시 도쿄의 관문에 맞게 교통 결절점 기능의 강화와 국제경쟁력 강화를 촉진하는 도시 기능 도입과 함께 고도의 방재 기능・환경 성능을 확보하는 개발이 진행되고 있다.

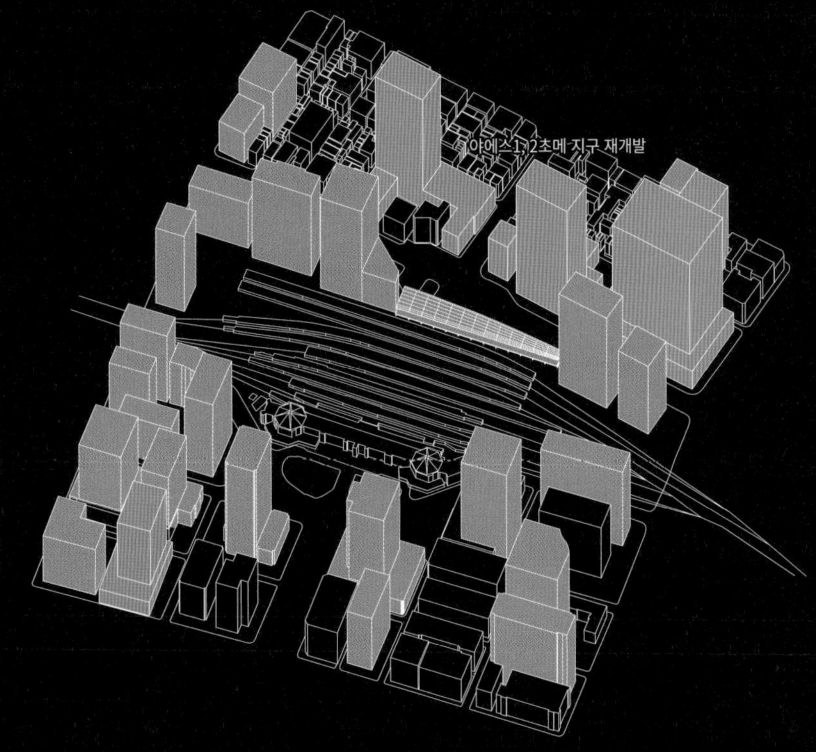

철도와 함께 도시를 구축한다

한큐우메다역

4

한큐우메다역의 초석을 만든 고바야시 이치조(1873~1957)는 “승객은 전철이 만들어낸다”고 말했다. 고바야시는 당시 승객이 거의 없는 연선이었던 미노아리마 전기궤도의 값싼 연선 토지에 분양주택을 건설하면, 철도를 이용하는 인구가 계속적으로 증가할 것으로 생각하고 철도회사의 자금으로 역앞에 주택지를 개발해 나갔다. 이케다 무로마치에서 시작해 지금도 간사이를 대표하는 고급주택가로 알려진 니시미야 주변의 주택지 등, 연선을 따라 점차적으로 주택지를 개발해 나갔다. 또한 도심의 터미널 역인 한큐우메다역에 세계 최초의 역 병설 백화점인 한큐백화점을 개업, 더욱이 미노, 다카라츠카, 록코 등 교외 터미널 역이나 연선에, 미노동물원, 다카라츠카 가극단, 록코산 호텔 등을 만들어 관광지 개발에도 주력했다. 그 외의 연선에도 야구장과 같은 대중 레저 시설과 간사이대학원 대학 등 교육시설을 유치해 교외형 라이프스타일을 대안해 철도 이용의 수요를 극대화했다. 이 비즈니스 모델은 그 후의 일본에 있어서 TOD 개발의 출발점이 되었다고 할 수 있다.

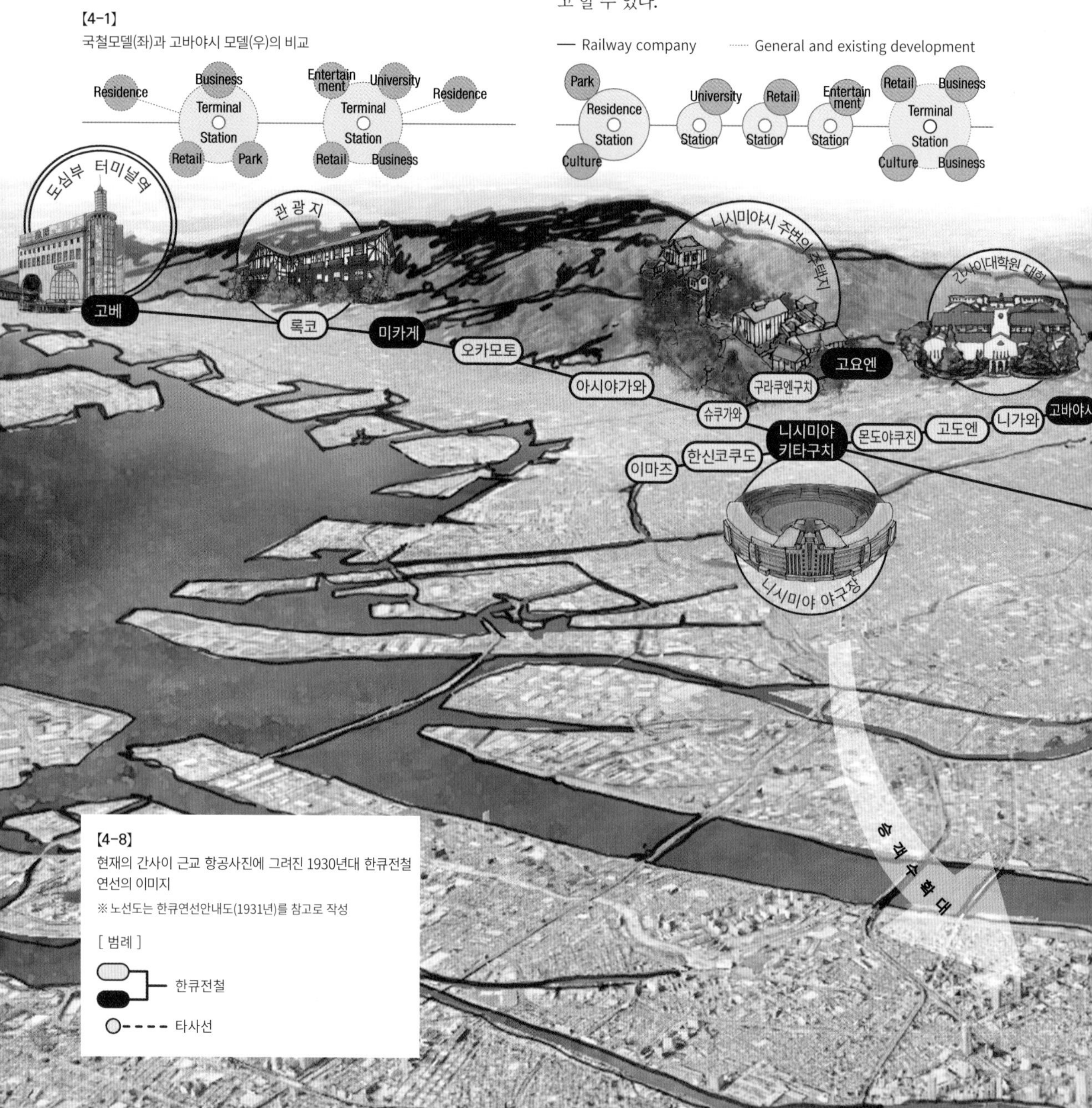

【4-1】
국철모델(좌)과 고바야시 모델(우)의 비교

【4-8】
현재의 간사이 근교 항공사진에 그려진 1930년대 한큐전철 연선의 이미지
※ 노선도는 한큐연선안내도(1931년)를 참고로 작성

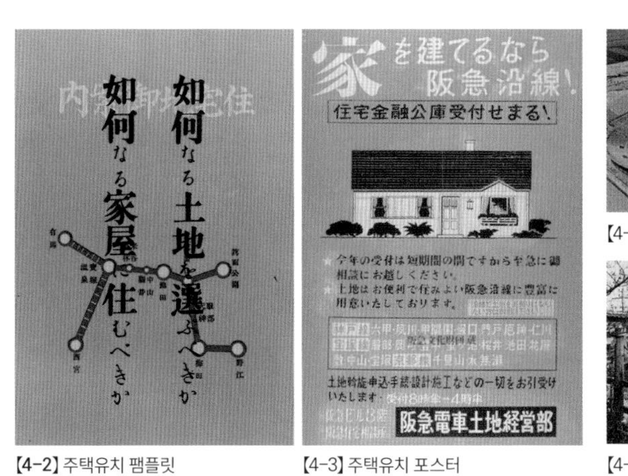

【4-2】 주택유치 팸플릿

【4-3】 주택유치 포스터

【4-4】 한큐니시미야 야구장

【4-5】 미노동물원

【4-6】 이케다 무로마치 주택지

【4-7】 다카로츠가 구 온천가

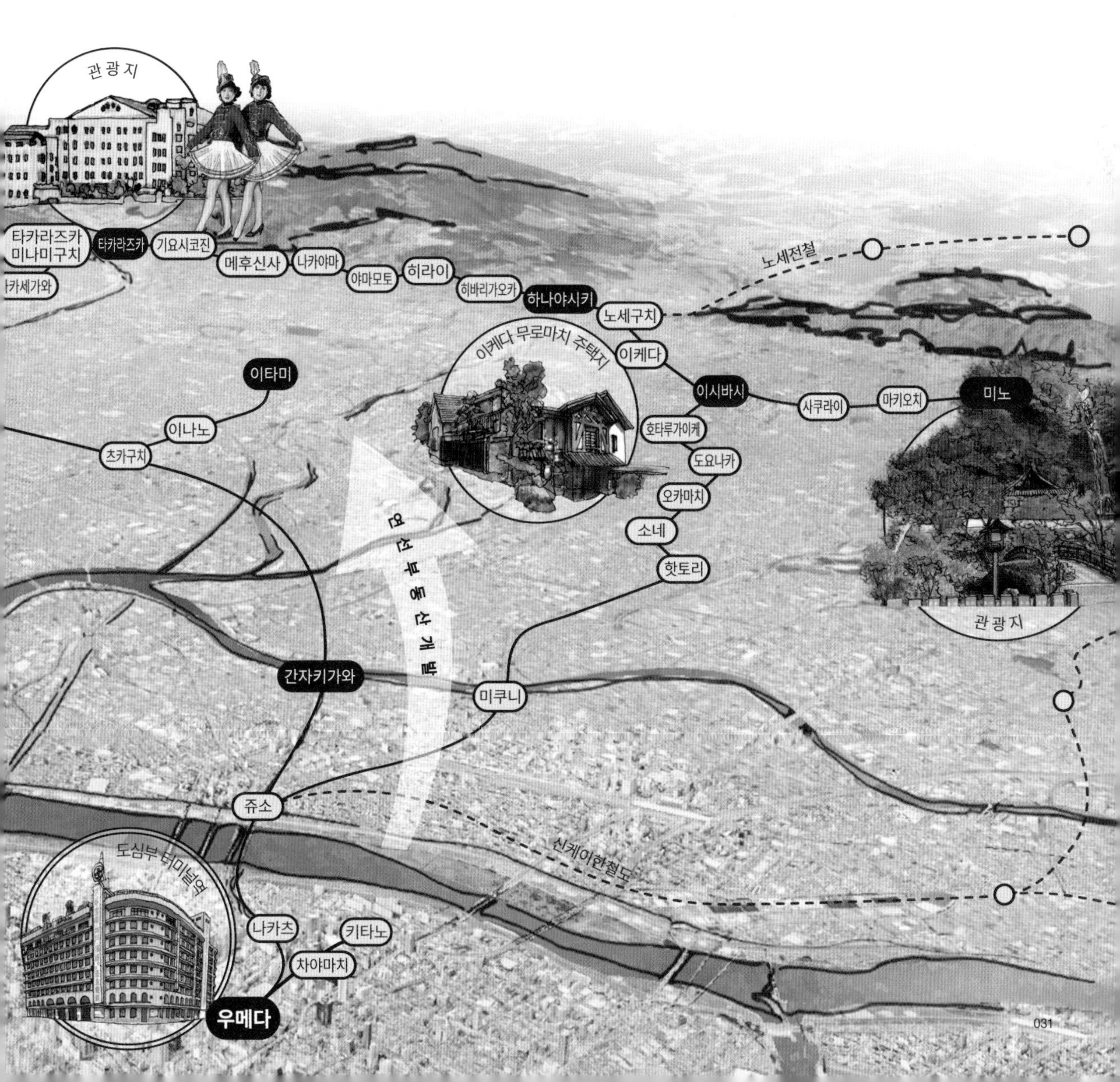

역은 하룻밤 사이에 변모한다

한큐우메다역

5

연선개발로 승객을 확대해 온 한큐전철은 승객수의 확대와 함께 그 모습을 변화시켜 갔다. 창업 당시만 해도 2층짜리 작은 터미널 역이었던 우메다역은 고바야시 이치조의 아이디어에 의해, 세계 최초의 '역+백화점'이라는 형태를 만들어 일본 TOD의 선구자가 되었다.

승객수 확대와 편의성 향상 가속화를 위해 일찍부터 고가화한 한큐전철, 인접한 국철의 고가화로 인해 노면화가 결정되고 승객들의 불편을 고려해 하룻밤 사이에 고가에서 노면선로로 변환했다고 한다. 이러한 한큐우메다역의 변모를 단면적으로 살펴보면, 항상 승객의 보행자 네트워크를 의식해 최적의 위치에 상업 시설을 전개하고 있는 것을 알 수 있다.

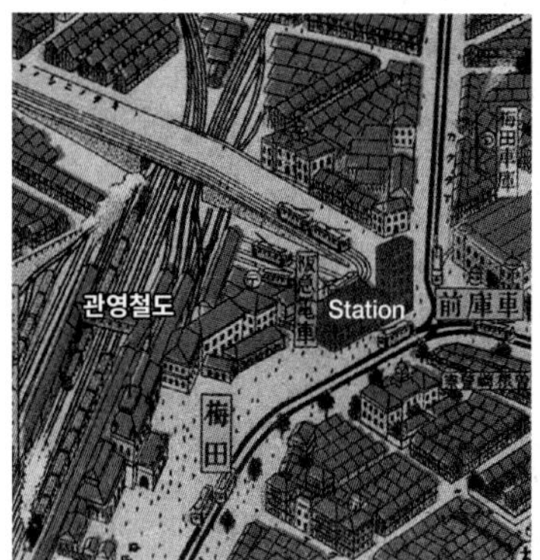

【5-1】 1924년경의 한큐우메다역 주변

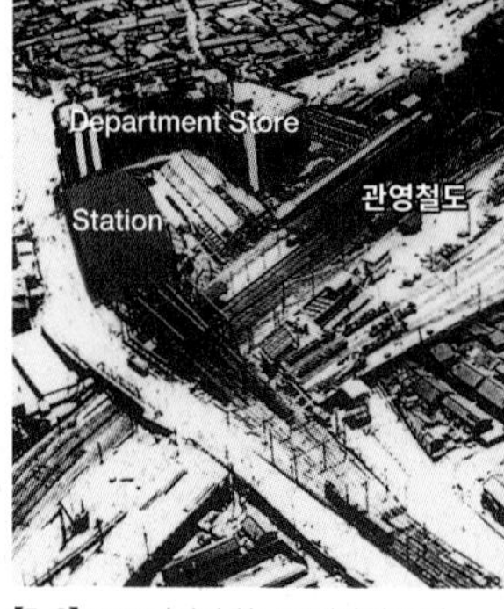

【5-2】 1934년경의 한큐우메다역 주변

【5-3】 1968년경의 한큐우메다역 주변

【5-4】 한큐우메다역 주변의 변화 이미지

1910년 미노아리마 전기궤도회사 운영개시

현재의 한큐전철의 전신인 미노아리마 전기궤도는 1920년에 우메다~다카라츠카역 간, 이시바시~미노역 간에 궤도법에 근거해 전철 운행을 개시했다. 기점이 되는 우메다역은 관영철도(전후의 일본 국유철도, 현 JR)의 선로를 넘어 현재 오사카역 남측에 지상 역으로 만들어졌다. 1920년에는 한큐고베서 본선이 개업했지만, 우메다~주조역 사이는 한큐 다카라츠카 본선과 선로를 공유하고 있었다.

1926년 우메다역이 고가 역으로

전철 운행수가 증가함에 따라 운송능력 보강을 위해, 우메다~주조역 간의 선로별 복선화・전용궤도화와 고가화가 결정, 1926년에 완성되었다. 또한 1920년에 한큐우메다 빌딩을 완성, 1층에 인지도 높은 백화점 시로키야의 분점을 유치하고, 2층에는 직영 식당을 영업하기 시작했다. 1929년에 이르러서 세계 최초 터미널 백화점인 한큐백화점을 개업하게 되었다.

1934년 관영철도가 고가화, 한큐선은 지상으로

시가를 분단하고 있던 선로・횡단로를 제거하기 위해 관영철도 오사카역 고가화와 함께 입체적인 전환 공사가 1934년 5월 31일 심야에 시행되었다. 이 전환공사는 관영철도, 한큐전철 상호가 장기 휴업 없이 하룻밤 사이에 시행되었다. 1959년에는 한큐 고베본선, 한큐 다카라츠카 본선, 한큐 교토본선의 3복선화가 완성되어, 고베본선・다카라츠카 본선은 각 3선, 교토본선 2선의 합계 9면 8선의 거대한 터미널 역으로 성장하게 되었다.

1966년 토카이도본선 북측으로 역 이설에 착수

1960년대 들어 승객수의 증가가 가속되어 차량 증결을 위해 플랫폼을 북측으로 연장해서 대응했으나 국철의 고가선이 장애가 되어 확장 한계에 도달, 1766~1973년에 걸쳐서 현재의 위치인 JR토카이도 본선 북측으로 이전 고가화・확장공사가 이루어졌다.

【5-5】'오사카우메다 조감도 2013' ©DAISKE AOYAMA 쿠도우텐

고립된 역을 도시로 연결한다

한큐우메다역

6

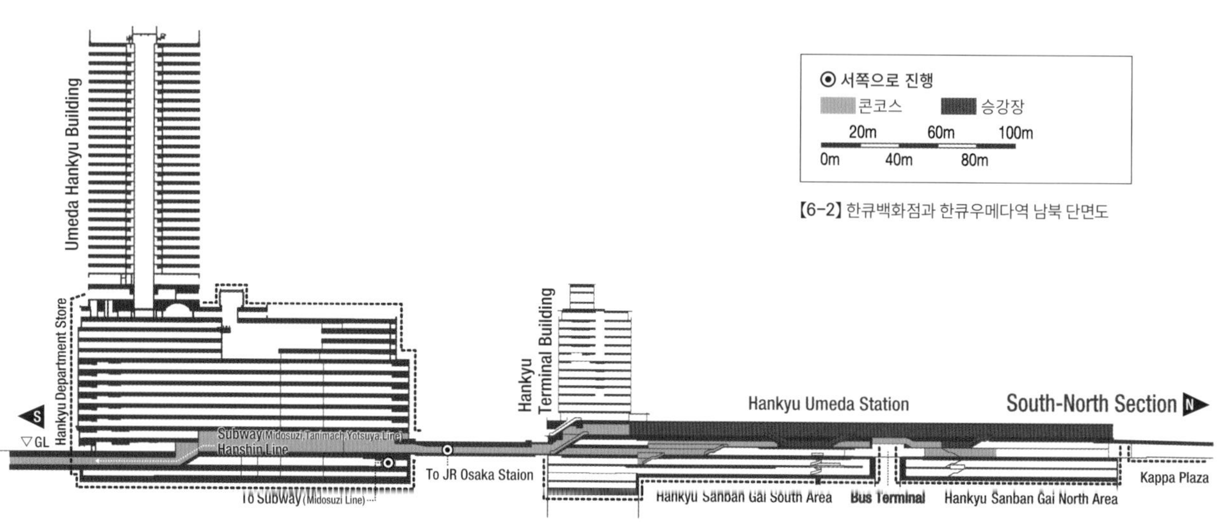

【6-2】 한큐백화점과 한큐우메다역 남북 단면도

터미널 백화점은 역이라고 하는 일상적으로 사람이 모이는 장소에 병설되어 압도적인 집객력을 가진다. 철도 사업으로서는 백화점의 집객이라고 하는 새로운 철도 이용자층을 획득해 이용자가 적은 평일의 낮 시간이나 휴일의 철도 수요를 만들고, 또한 연선의 주택 분양 사업으로서는 '백화점이 있는 터미널 역을 가진 연선'으로 연선브랜드의 향상이 기대되는 일석이조의 비즈니스 모델이 된다.

창업 당초 한큐백화점은 한큐우메다역에 직결해 있었지만, 1966년 이후의 역이동과 함께, 국유철도를 사이에 두고 남북으로 배치되었다. 그 후 한큐전철이 중심이 되어 역 주변의 거대 유동인구를 배경으로 한 사이트를 상업 시설로 개발해 교통 네트워크와 연결된 활기 넘치는 도시 공간이 전개되었다.

【6-1】 한큐우메다역 콘코스

1910~

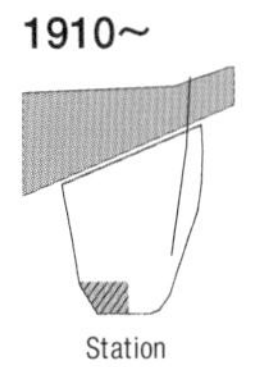

Around 1931

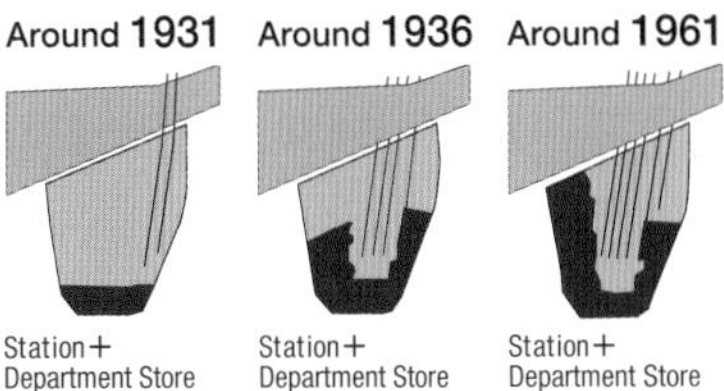

Around 1961

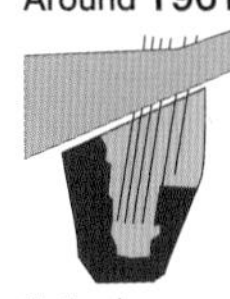

한큐전철은 한큐우메다역의 확장에 맞춰 상업 시설도 성장해 왔다. 1920년에 지상 5층의 우메다 한큐 빌딩이 완성되어 1926년의 역고가화를 계기로 1929년에 지하 2층, 지상 8층의 역 빌딩으로 변모했다. 1934년의 지상선으로 이설 후에도 증축이 계속되고, 2005년에서 2012년의 재건축을 거쳐 한층 더 우메다를 대표하는 빌딩으로 거듭났다.

국철 토카이도 본선 북측으로 한큐우메다역이 이설된 1966년 이후, 국철 및 오사카 시영 지하철 등 타 노선을 연결하는 지역에 한큐 3초메 상점가, 한큐 호텔, 한큐 터미널 빌딩(한큐 17번가), 한큐 그랜드빌딩 등이 계획되었다.

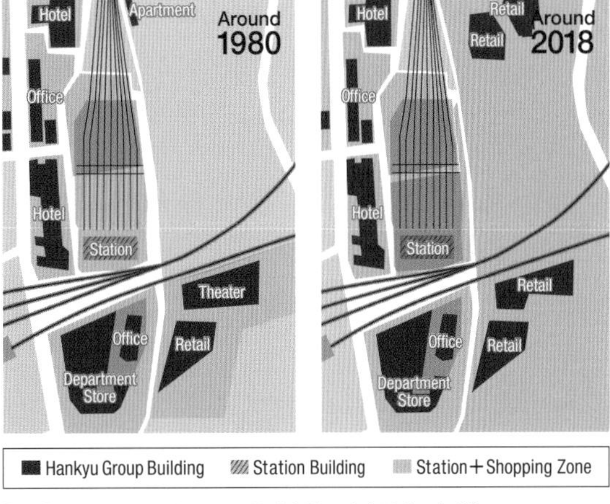

【6-3】 한큐우메다 주변의 한큐백화점과 한큐 관련 빌딩군의 변화

역은 도시의 배꼽

미나토미라이역 퀸즈스퀘어 요코하마

7

설계자: 니켄세케이 / 미츠비시지쇼 1급 건축사사무소

미나토미라이 21지구의 개발에 있어서 신설된 요코하마 고속철도 미나토미라이선 미나토미라이역은 개발에 사람의 흐름을 만드는 중요한 기점으로서 퀸즈스퀘어 요코하마의 계획이 선행되었다. 미나토미라이역은 사쿠라기초에서 요코하마 국제평화 회의장(퍼시피코 요코하마)을 연결하는 '퀸축'의 결절점에 위치하며, 역에서 상업복합시설인 퀸몰에 연결되는 다이내믹한 8층 보이드의 오픈 스테이션 코어(동선 공간)를 삽입하는 것으로 미나토미라이 21지구의 발전에 크게 공헌하고 있다.

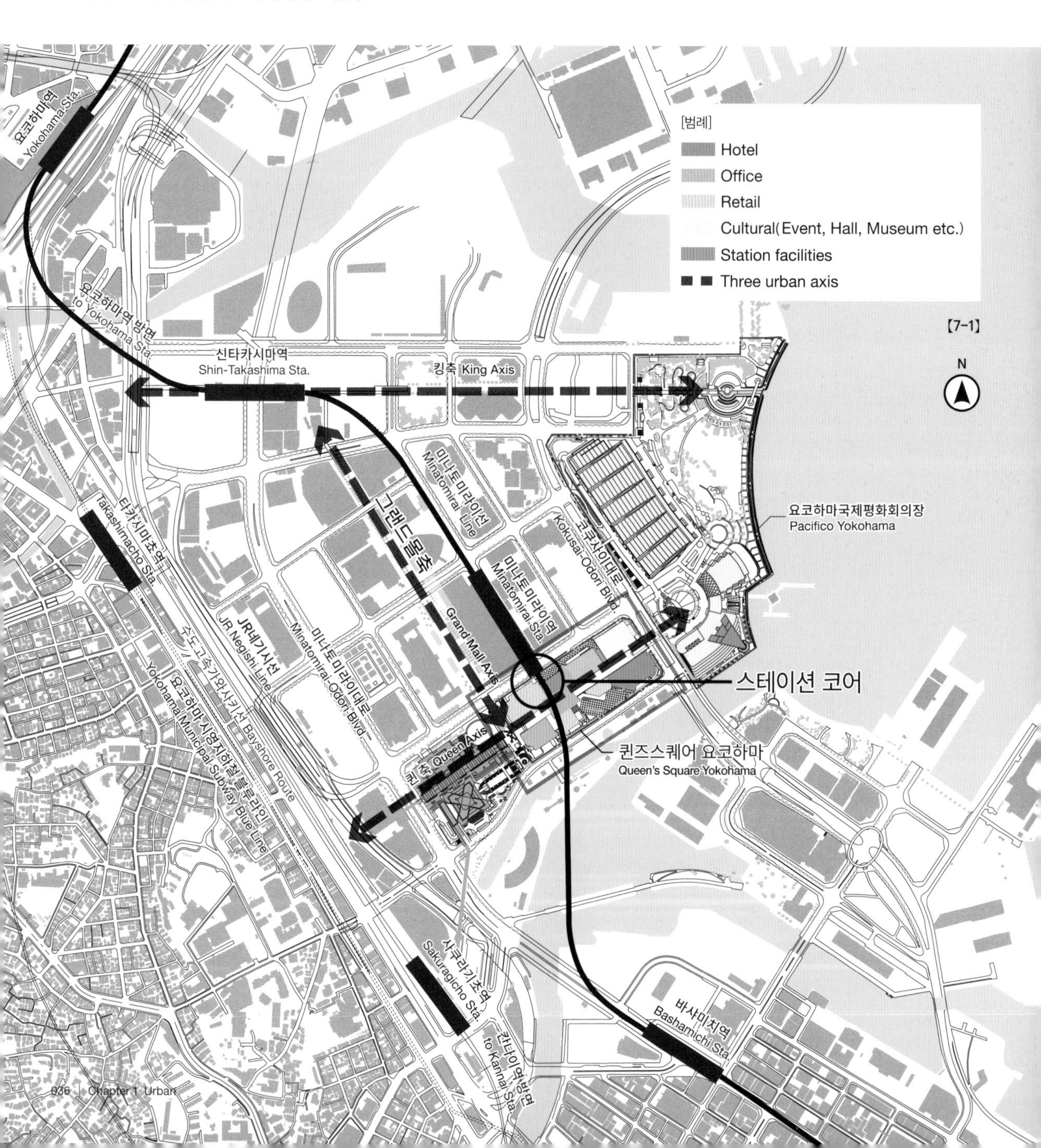

【7-1】

주차장
▲요코하마 방면
Retail
스테이션 코어
Office
Hall
요코하마 랜드마크타워
요코하마 국제평화회의징
Office
Queen Mall
Office
Retail
Retail
Hotel
Park
주차장
주차장
주차장
▼모토마치 방면
닛폰마루공원
미나토미라이선

【7-2】 퀸즈스퀘어 요코하마 배치도

미나토미라이역은 퀸즈스퀘어 요코하마가 준공하고 7년 후에 개통되었지만, 건설 계획은 퀸즈스퀘어 요코하마와 같은 시기에 입안되었다.
지하철역과 주변 개발이 어떻게 효과적으로 연결될지 쌍방이 협의한 결과, 당초 사이트 밖에 계획된 지하철역의 위치를 퀸즈스퀘어의 사이트 안쪽으로 이동시키고, 역과 시설 사이를 아트리움(스테이션 코어)을 연결해 일체화를 도모했다.

역에서 출발하는 도시 만들기 8

후타고타마가와역 후타고타마가와 라이즈

설계감리
[제1기] 설계: RIA / 토큐설계컨설턴트 / 니혼설계 설계공동체 디자인 감수: Conran and Partners
[제2기] 니켄세케이 / RIA / 토큐설계컨설턴트 설계공동기업체

당초 후타고타마가와역은 다카시마야 등의 상업 시설이 집약된 역의 서측과 미개발의 동측의 지역 차가 현저했다. 동측에 있어서는 교통광장과 도로정비가 불충분해 정체와 방재, 안전면 등 과제가 산적해 있었지만, 1982년부터 30여 년의 기간을 걸친 지역 주민들과의 대화를 통해 타마가와의 수변 환경과 녹지를 전면적으로 이용한 새로운 도시로 재생되었다.
타마가와와 고쿠분지가이선의 풍부한 자연을 살려, 동측에 공원을 배치하고, 서측은 상업 시설, 오피스, 주택, 광장 등을 배치했다. 철도에 의한 분단을 해소함으로써 서측에서 동측으로 사람들의 동선을 자연스레 유도, 고밀도의 도심과는 사뭇 다른 워크 & 라이프스타일을 가진 도시개발을 실현하고 있다.

【8-1】

【8-3】
후타고타마가와 라이즈 Ib지구 측에서 IIa지구 측을 바라봄. Ib지구와 IIa지구의 중간에 교통광장이 배치되고, 2층 레벨의 데크로 지구 전체를 연결하고 있다.

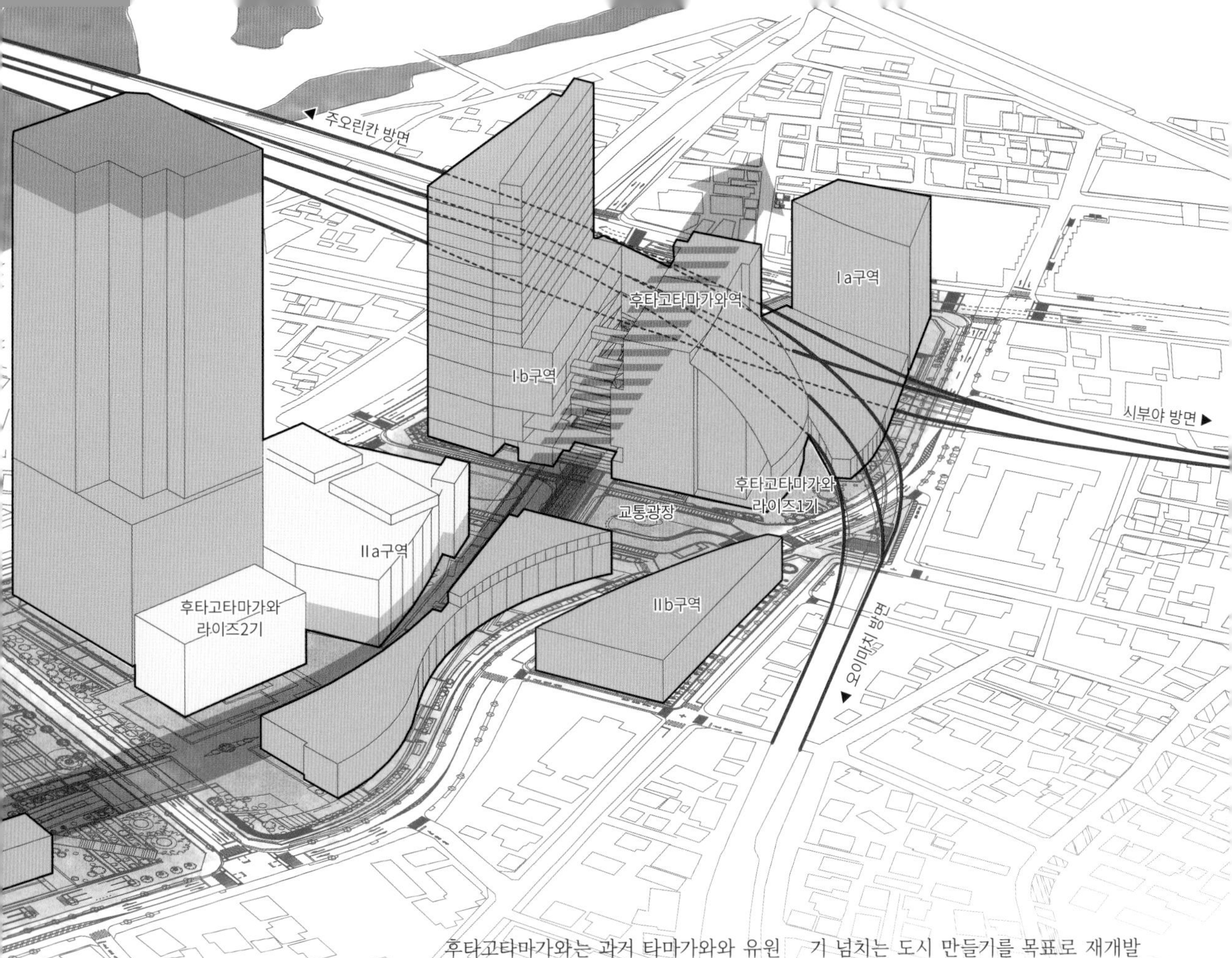

후타고타마가와는 과거 타마가와와 유원지의 행락객이 오가는 도쿄 근교의 리조트 지역으로 발전해, 그 후 다카시마야 백화점의 개업에 의해 역의 서측이 상업지역으로 번화하는 동안 동측 지역은 쇄락한 유원지로 남아 있었다.

1982년 재개발을 검토하는 조직이 발족되어 세타가야구가 후타고타마가와를 광역생활 거점으로 지정하는 것을 계기로 지역과 행정이 협력해 재해에 강한 활기 넘치는 도시 만들기를 목표로 재개발이 진행되었다. 역에서 동측 단부에 배치한 공원까지 접속하는 쾌적한 Urban Corridor(동선 공간)을 실현하기 위해 지역 전체를 관통하는 2층 레벨에 데크를 설치했다.

후타고타마가와역의 역앞이 아닌 블록의 중간에 교통광장을 배치해, 역에서부터 계속되는 활기가 Galleria를 통해 교통광장까지 자연스레 연결되도록 했다.

BEFORE

【8-2】

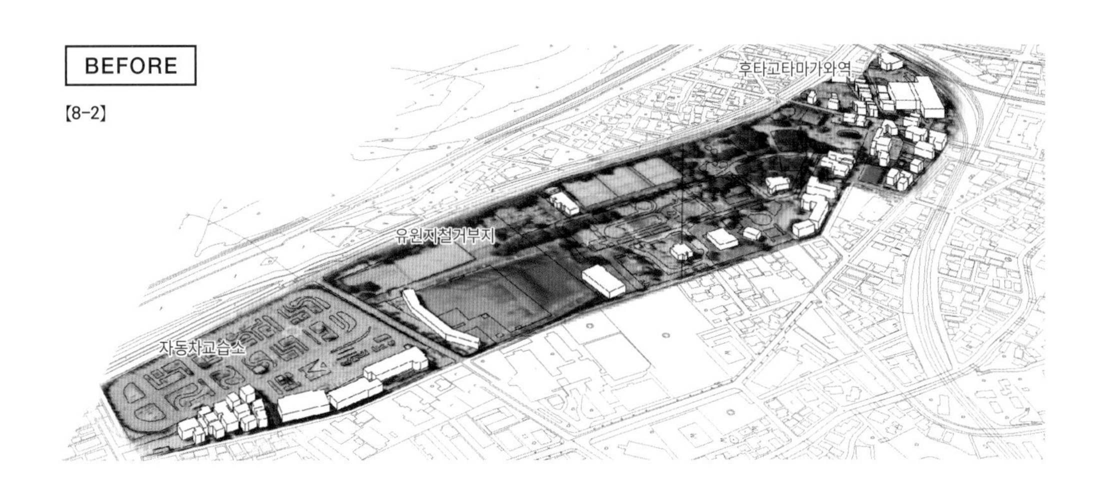

도시를 연결하는 인공지반

9

타마플라자역 타마플라자 테라스

설계자: 토큐설계컨설턴트

도시의 남측은 북측에 비해 발전이 뒤처져 있었지만, 기존 역의 콘코스로서 인공지반을 구축, 확장해 감으로써 도시가 하나로 연결되었다. 역에서 전방위로 연결되는 브릿지로 사람들이 오가고, 상업 시설의 활기가 더해지고, 교통시설의 편의성이 향상되어, 역의 이름인 '플라자'에 걸맞게 광장을 중심으로 한 도시 만들기가 실현되었다.

타마플라자역은 주변 주거 지역으로 연결되는 노선버스의 터미널이기도 하다. 경사면 부지의 특징을 살려, 버스 터미널의 북측 입구는 지하 1층에, 남측 입구는 지상 1층에 위치하고 있다. 전철과 버스의 환승은 실내를 통해 가능하고, 지상의 보행자 공간에 상업 시설을 배치하여 활력 넘치는 분위기를 만들고 있다.

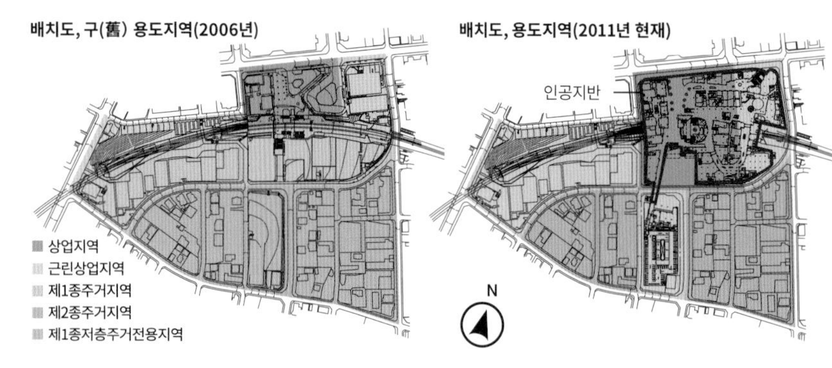

【9-1】

역 남측은 도시계획상 주택용지로 지정되어 있어 주차장과 주택 전시장만 자리하고 있었지만, 1986년에 철도 사업자와 행정이 연계해 지구 계획 책정을 추진하는 협의회가 발촉되어, 16년 후 2002년에 새로운 지구 계획이 결정되었다. 주거 용도의 일부가 상업 지역, 근린상업지역으로 되어 남북의 연계가 가능한 지역 지구의 설정이 되었다.

개발 전의 타마플라자역은 역을 사이로 남북의 지역이 분단되어 있었다. 재개발에 있어서는 지형의 고저차를 이용해 약 3ha의 인공지반을 구축하는 것으로 남북 간이 평면적으로 연결 가능하게 되었다. 더욱이 철도 시설과 상업 시설을 일체화 개발하는 것으로 도시 전체의 활성화가 실현되었다.

【9-2】

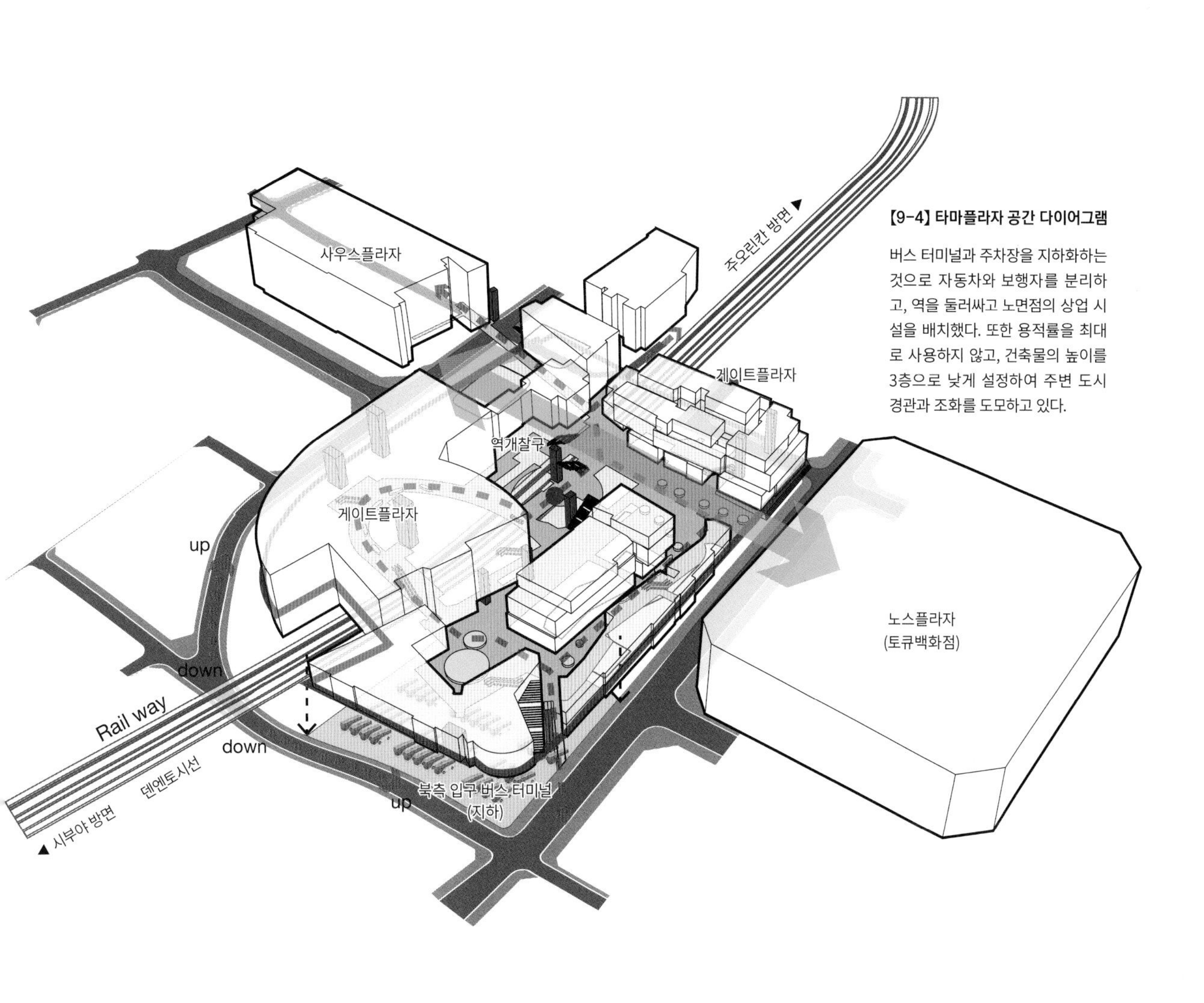

【9-4】 타마플라자 공간 다이어그램

버스 터미널과 주차장을 지하화하는 것으로 자동차와 보행자를 분리하고, 역을 둘러싸고 노면점의 상업 시설을 배치했다. 또한 용적률을 최대로 사용하지 않고, 건축물의 높이를 3층으로 낮게 설정하여 주변 도시 경관과 조화를 도모하고 있다.

【9-3】

역을 땅속에 묻어서 도시를 연결한다

초후역 토리에 케이오 초후

10

설계자: 니켄세케이

초후역은 케이오선과 케이오 사가미하라선의 분기 지점에 해당한다. 철도에 의해 오랫동안 지역이 남북으로 분단되어 있었지만, 연속입체 교차사업에 의해 철도가 지하화되어, 지역의 남북이 하나로 연결되게 되었다.

토리에 케이오 초후는 철도 지화화에 의해 생긴 대지에 A관, B관, C관의 3동으로 구성된 시설을 배치, 걷는 것으로 즐거운 도시 만들기를 주제로 저층부의 환경을 연속적으로 정비해서 지역의 회유성을 향상하고 있다.

철도 지하화한 후의 지상부 이용에 있어서는 철도 사업자와 행정이 협력하여 지구 계획을 책정해 용도, 건축 형태 규제, 공공 공간에 관한 룰을 정해 개발해 나갔다. 초후역 주변 지구는 시의 행정 / 문화 / 커뮤니티의 중심지임과 동시에 타마 지역 내의 주요한 관문으로, 또한 교통터미널에 걸맞게 광역 거점으로 정비되기를 기대했다. 이를 실현하기 위해 도로면 등의 도시 기반시설 정비의 촉진과 업무상업 기능 시설의 입지를 유도해 친근한 생활권의 중심으로서 매력 있는 시가지 형성을 위한 지구 계획이 책정되었다.

지구 계획에 있어서 A관의 1층 남측에는 지구 시설로서 필로티 형태의 보행자 공간, C관에는 2곳의 광장을 지정하는 한편, 행정이 정비하는 도로 및 산책로와 연계해 보행자를 위한 공간 만들기에 주력했다.

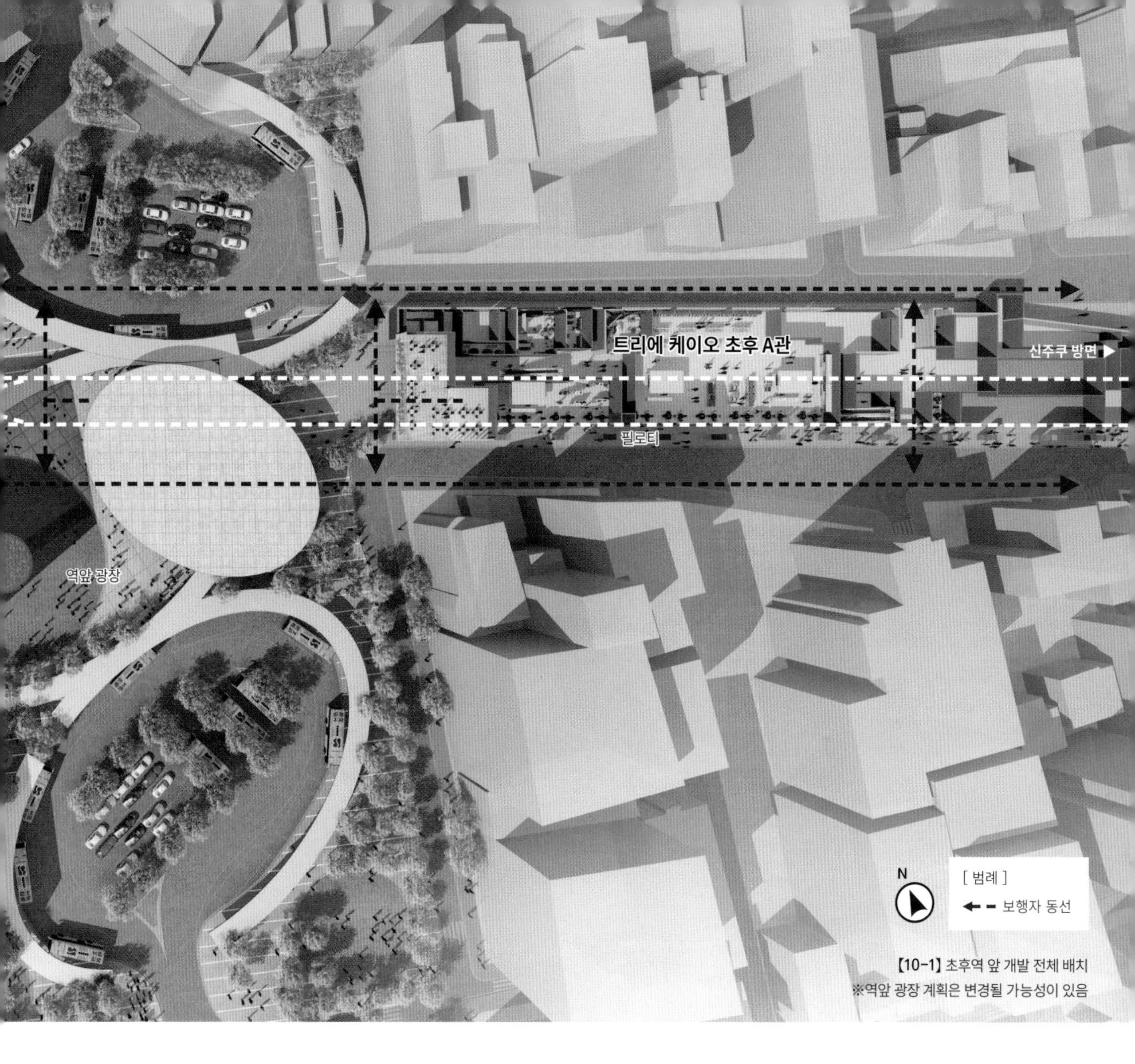

【10-1】 초후역 앞 개발 전체 배치
※역앞 광장 계획은 변경될 가능성이 있음

【10-2】 역앞 광장에서 연속입체교차 공사 중의 동측(신주쿠 방면) 가교 위 역건물을 바라봄

【10-3】 역앞 광장에서 철도가 지하화된 대지에 들어선 트리에 케이오 초후 A관을 바라봄

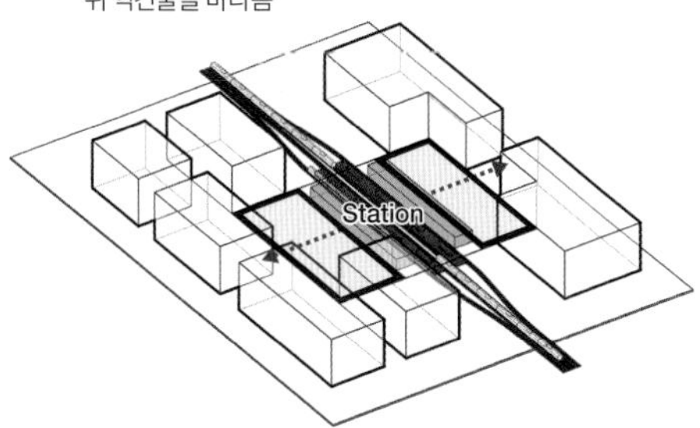

【10-4】 과거 지상 역으로 인해 분단된 남북지역

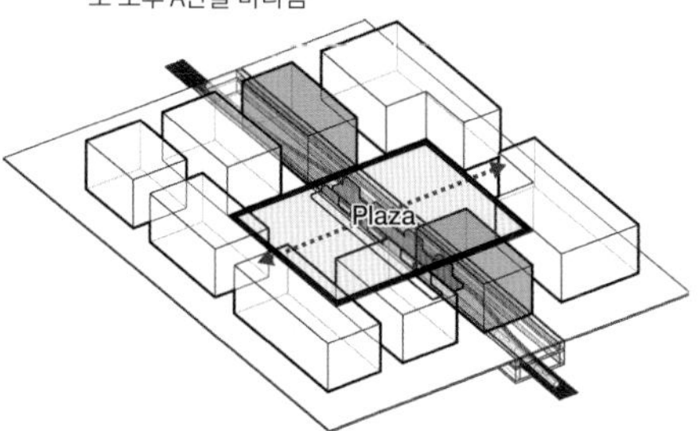

【10-5】 현재 역의 지하화로 연결된 초후 지역

도시의 매듭

11

충칭 샤핑바역 Paradise Walk

ShaPing Ba Station
Longfor paradise walk

설계자: 니켄세케이

BEFORE(2017)

【11-1】

중국 충칭(重慶)은 지형의 기복이 심하고, 급속히 정비된 큰 폭의 차도로 보행자 도로가 듬성듬성 끊어져, 결코 걷기 좋은 도시라고 말할 수 없다. 중경의 서쪽에 위치한 부도심 중 하나인 샤핑바 지역은 오랫동안 지상을 달리는 완행선의 역과 간선도로로 인해 지역이 남북으로 분단되어 있었다. 청두로부터의 고속철도의 증설을 계기로 역 전체가 재편·재건축됨과 더불어, 철도와 일부 도로를 지하화하고 지상에 새로운 보행자 전용도로를 설치, 철도 이용자의 동선과 주변의 보행자 네트워크를 접속했다. 더욱이 지역을 순환 가능한 동선과 활기 있는 공공 공간을 형성해 사람들의 액티비티가 유발되어 '걸어서 즐거운 도시'를 목표로 계획되었다.

Urban Core(동선 공간)는 회유 동선의 중심에 위치하여 사람들의 동선을 입체적으로 순환시키는 결속점이 된다.

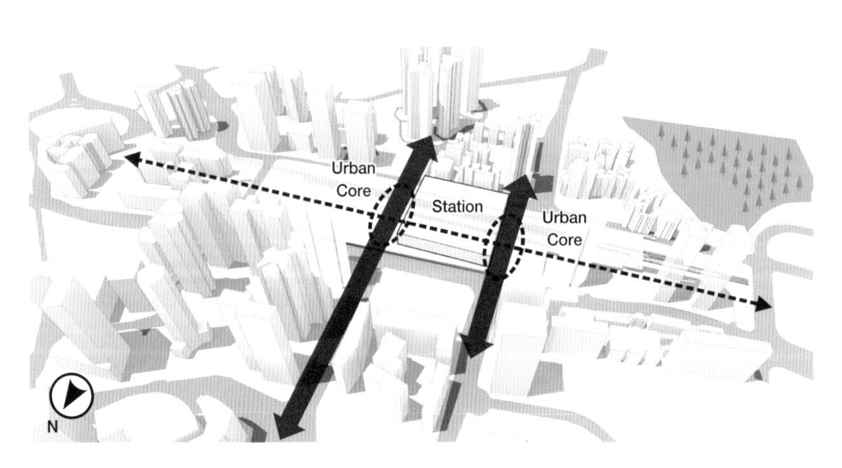

【11-3】

역을 중심으로 북측에는 상업군, 남측에는 주택군이 발달해 있다. 새로운 역 양옆으로, 데크레벨의 보행자 통로와 지하철, 버스 등 공공교통에 접속한 Urban Core를 설치해 남북 지역을 연결하고 있다.

【11-2】 초기 개념 이미지

사이트 남서쪽에 위치한 샤핑공원의 거대한 녹지와 연결되는 오픈 스페이스를 사이트 내부로 끌어들여 계획지 전체가 Urban Corridor(동선공간)로서 쾌적한 도시 공간 만들기의 기폭제가 되도록 했다. 사이트 주변으로부터의 주요 어프로치에 대해 다양한 특징을 가진 광장을 설치해 사람들의 동선을 포용, 접근을 원활하게 함과 동시에, 공공교통, 상업 시설, 업무 시설 이용자들의 다양한 액티비티를 유발하도록 계획했다. 2020년 완성 예정이다.

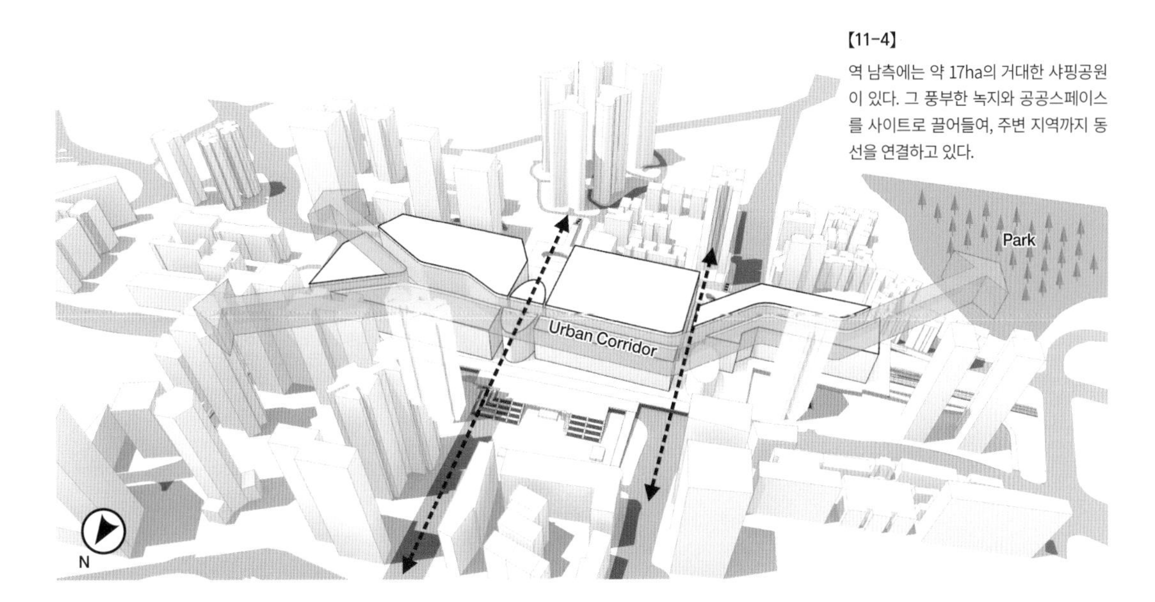

【11-4】
역 남측에는 약 17ha의 거대한 샤핑공원이 있다. 그 풍부한 녹지와 공공스페이스를 사이트로 끌어들여, 주변 지역까지 동선을 연결하고 있다.

King's Cross Station & Development Area

킹스크로스역과 주변 개발

케임브리지, 요크, 뉴캐슬, 에든버러, 글래스코를 연결하는, 영국 런던의 북쪽 입구로서 1852년 개통된 터미널 역. 빅토리아시대에는 산업혁명을 뒷받침하는 역이었으나 20세기 말부터는 치안이 불안한 슬램가로 정착했다. 그러나 바로 서측에 인접한 세인트 판크라스역이 2007년부터 워털루역을 대신해 영국과 유럽을 연결하는 유로스타의 종착역으로 변환된 것을 계기로, 킹스크로스 지구의 일체 개발이 시작되었다. 2008년에는 개발 플랜이 완성되었고, 2011년에는 런던예술대학 센트럴 세인트 마틴이 개발 지구 내에 이전, 2012년 런던 올림픽을 맞이하여 역이 리뉴얼 오픈, 2018년에는 Google 본사가 완성되어 약 7000명의 사원이 일하는 환경이 되었다. 이 런던 최대의 TOD에는, 약 27만 m² 부지의 50개의 새로운 빌딩을 시작으로, 20개의 보존 건축과 구축물, 1900호의 주거, 20개의 보행자 통로, 10개의 공원, 약 10만 m²의 퍼블릭 스페이스가 새롭게 완성되어, 2016년까지 3만 명의 인구 유입이 일어났다.

출전: www.kingscross.co.uk/

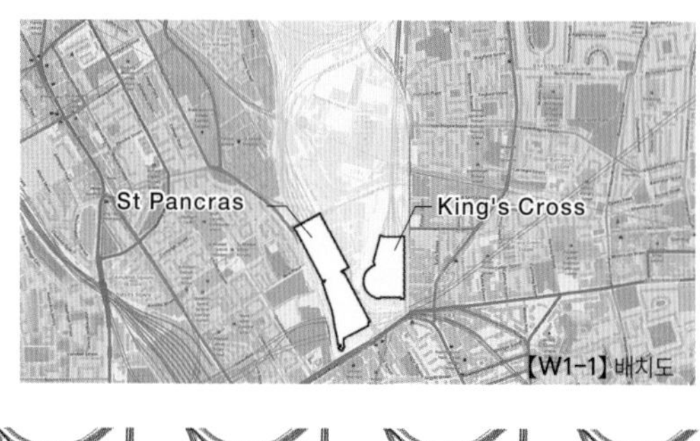

【W1-1】 배치도

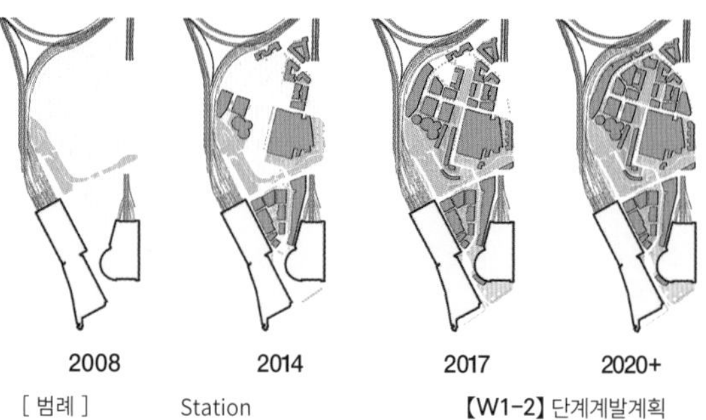

[범례] Station

【W1-2】 단계계발계획

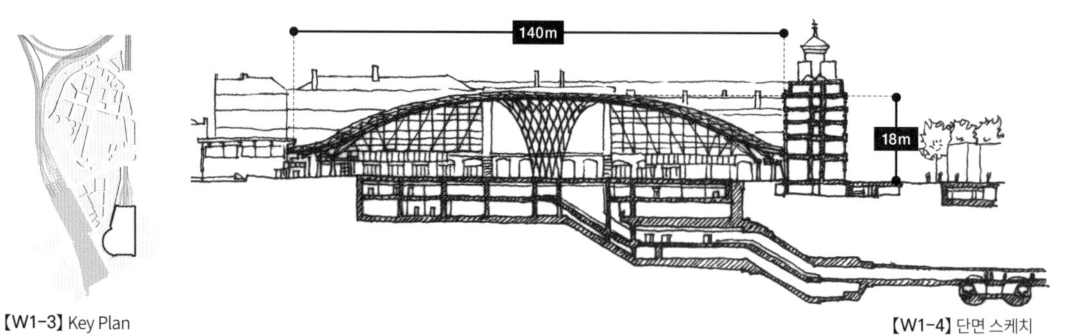

【W1-3】 Key Plan

【W1-4】 단면 스케치

【W1-5】 킹스크로스역 내부

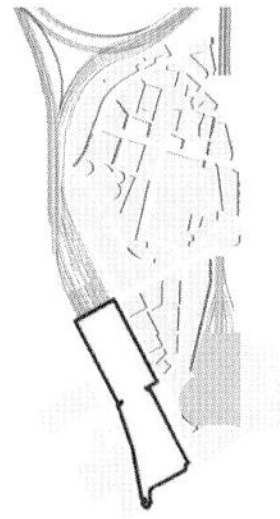

【W1-6】 Key Plan

【W1-7】 단면 스케치

St Pancras Station
세인트 판크라스역

미들랜드철도(현 런던미들랜드·스코티슈철도)의 터미널 역으로서 1868년에 개업. 레스타, 쉐필드, 리즈 등의 잉글랜드 중동부를 향해 네셔널 레일의 열차가 발착하고, 또한 유로스타가 들어온다. 세인트 판크라스역은 네오 고딕건축의 걸작이라고 일컬어지고, 역 내부는 기존의 스테이션 호텔을 개·보수한 5성급 르네상스 호텔이 위치해 터미널 역으로서 품격을 더했다. 이 150년의 역사를 가진 역은 역 광장과 일체된 리노베이션을 통해 센트럴 런던의 새로운 상징적 장소가 되었다.

출전: http://www.stpancras.com/

【W1-8】 역에서 북측개발지구를 바라봄

【W1-9】 세인트 판크라스 조감 사진

【W1-10】 북측 재개발지구에서 역을 바라봄

【W1-11】 세인트 판크라스역 내부

도시재생 특별지구의 활용
~TOD와 도시계획

해외여행객이 찾는 관광 명소가 되고 있는 시부야나 신주쿠 등의 역은 교통 동선이 복잡해 배리어프리(장애물 없는 생활환경)상 문제가 있는 상황이다. 그러나 역과 역앞 광장, 역 건물 등 다양한 시설이 복잡하게 얽혀 있어 갱신을 하기 위해서는 막대한 비용이 필요하다.

이러한 상황을 어떻게 해결하고, 더욱더 사용하기 쉬우면서 매력적인 역으로 업그레이드할 수 있을까?

시부야를 시작으로 TOD에서는 '도시재생 특별지구'의 적용을 받아 민간 사업자의 활력을 살린 도시개발이 진행되고 있다.

도시재생 특별지구는 국제적인 도시 간 경쟁과 기성 도시나 도시 기반의 갱신 수요를 배경으로 도시재생 특별조치법에 의해 새로운 도시 계획법으로 2002년에 정비되었다.

도시재생 특별지구는 '도시재생 응급 정비지역' 안에서 지역 정비 방침에 따라 도시재생 효과가 큰 사업 계획에 대해서 기존의 용도 지역 등을 기반으로 한 용도, 용적률, 형태 제한 등의 규제를 제외한, 자유도가 높은 계획을 정할 수 있는 특별한 도시계획제도다. 민간 사업자가 도시 계획을 제안할 수 있는 구조가 포함되어 있어 행정 절차의 신속화, 일률적 기준에 의하지 않고 각 안건마다 개별 심사를 통해 도시 문제의 해결을 도모하는 응급·즉효적인 제도다.

특히 공공 오픈 스페이스의 확보 등 특정 지구 등 기존 제도의 평가 항목에 한정하지 않고, 평가 항목이 폭넓고 다각적으로 다루어진다. 각 지역에 요구되는 기능의 충실과 강화가 좋은 예가 된다. 종래에는 없던 '역 주변의 교통 결절점 기능의 개선'이 평가의 대상이 되어 용적률 완화를 적용받는 것으로 민간의 활력을 살리면서, 역 재생을 실현할 수 있는 계기가 되었다.

건축제한 종류	도시재생 특별지구의 취급
용도 규제(건축기준법 제48조)	도시재생 특별지구의 도시계획으로 정해진 유도해야 하는 용도에 대해서는 적용 제외
특별용도지구내의 용도 제한(위와 동일 제49조)	
용적률 제한(위와 동일 제52조)	도시재생 특별지구의 도시계획으로 정해진 수치를 적용(또한, 건폐율에 대해서는 용도지역의 도시계획으로 정해진 수치완화는 불가능)
건폐율 제한(위와 동일 제53조)	
사선 제한(위와 동일 제56조)	적용 제외(도시재생 특별지구의 도시계획으로 정해진 제한을 적용)
고도지구 내의 높이 제한(위와 동일 제58조)	
일영 규제(위와 동일 제56조 2)	적용 제외

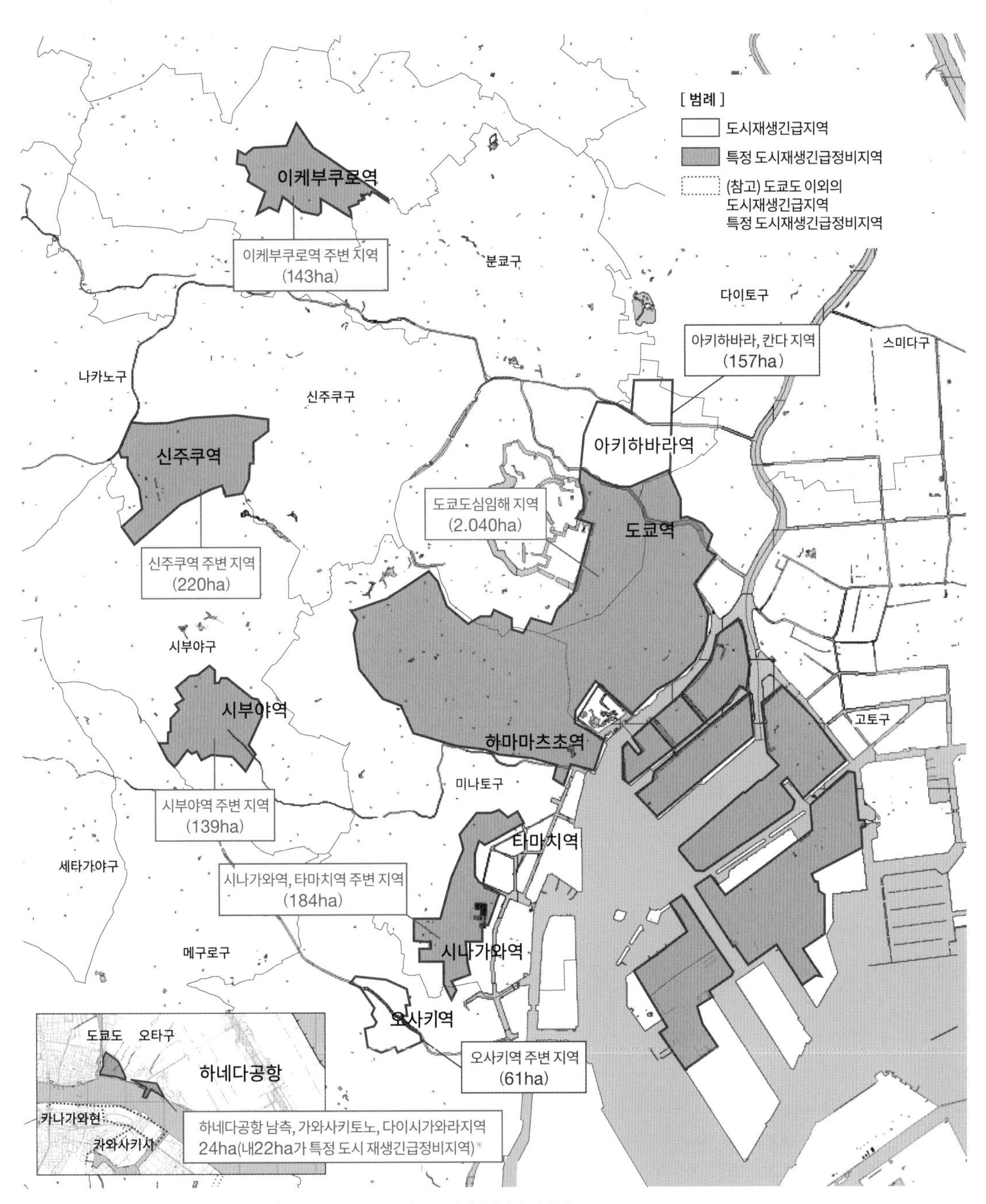

【C1-1】 도시재생긴급정비지역의 지정지역(도쿄도 HP 자료를 바탕으로 니켄세케이가 재작성)
※하네다 공항 남쪽, 가와사키 도노 마치, 다이시가와라 지역의 면적에 있어서 도쿄도 내 부분을 기재

철도 부지, 역 빌딩 부지
~TOD의 법적 취급 ①

레일에 의해 장대하게 이어지는 철도 부지가 건축 부지가 되면 막대한 용적이 발생하게 된다. 철도 부지에 건물을 지을 수 있을까?
건축기준법상 명확한 규정은 없지만 도쿄도에서는 건축 부지로 상정할 수 있는 철도 부지의 범위를 역 및 선로부지 내 첫 번째 신호의 안쪽으로 규정하고, 선로 상공에 인공 지반을 배치하고 피난등에 배려한 경우만으로 하고 있다. 실제로는 철도 부지를 건축 부지로 할 경우에는 해결해야 할 과제들이 있는 것이다.

【E1-1】 시부야역에 있는 부지범위의 예

선로 상공에는 노란색 범위에 인공 지반을 구축하여, 빨간선 안쪽을 건축 기준법의 부지 범위로 인정받았다.

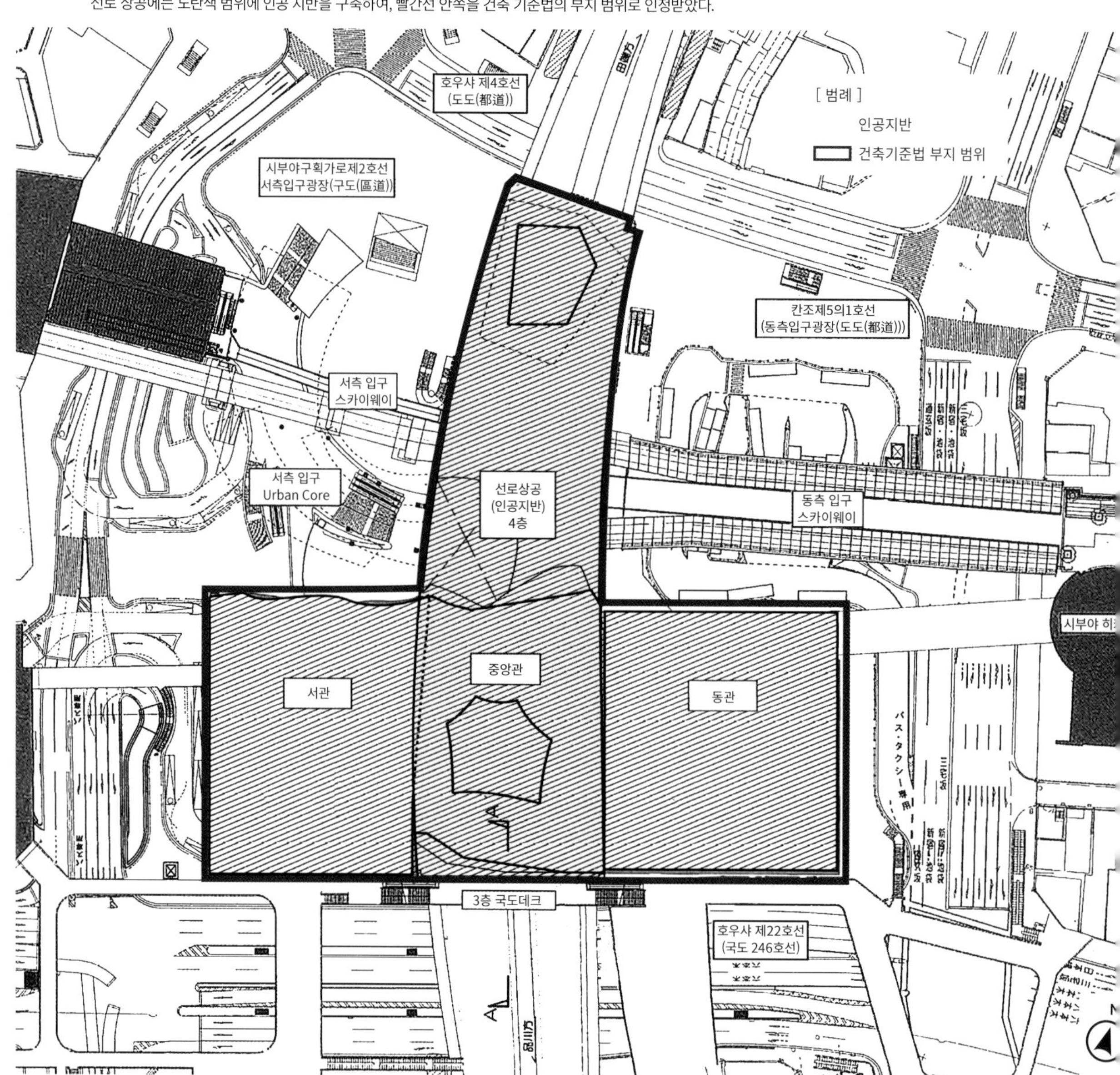

역은 건물인가?
~TOD의 법적취급 ②

건축기준법상, 역사는 건축물이다.
그러나 건축기준법 제2조 제1항에 있어서는 철도의 운전 보안에 관련하는 시설, 육교, 플랫폼의 지붕 등은 제외되어 있고, 개찰구의 내부, 이른바 '개찰구 내 콘코스'나 플랫폼도 건축 허가의 대상 외이다. 그런데 역무실이나 휴게실 등의 거실은 건축 허가의 대상이 되는 경우가 많으며 개찰구 내에서도 건축 허가의 대상이 될 때도, 그렇지 않을 때도 있다. 행정청에 따라서 판단이 다르기도 하므로 TOD 인허가 절차는 관할 행정청과 협의하여 결정하는 경우가 많다.

지상 역 타입

선로는 지상 플랫폼 및 역사 기능이 지상에 있는 타입이다. 플랫폼이 복수가 있는 경우는 육교와 지하 연결통로로 동선을 연결한다.

【E1-2】

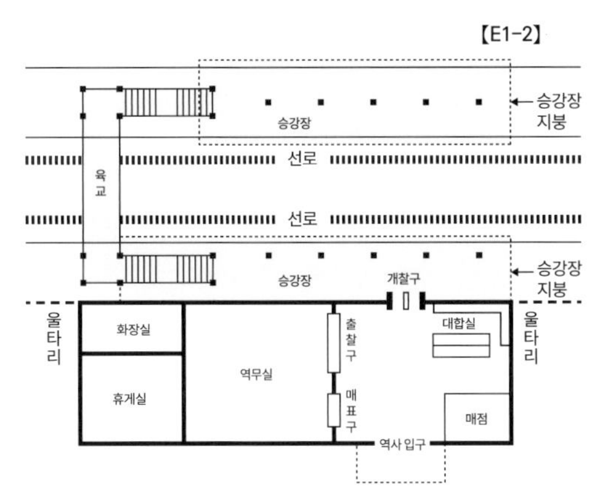

육교 이외 이와 유사한 시설(신청 대상 외가 되는 범위)

교상 역 타입

선로 및 플랫폼은 지상에 있지만 역사 기능은 플랫폼의 위층에 있는 형식. 전철을 타려고 하면 플랫폼이 있는 층으로 이동할 필요가 있으므로 계단, 에스컬레이터, 엘리베이터 등 승강 장치가 필요하다.

【E1-3】

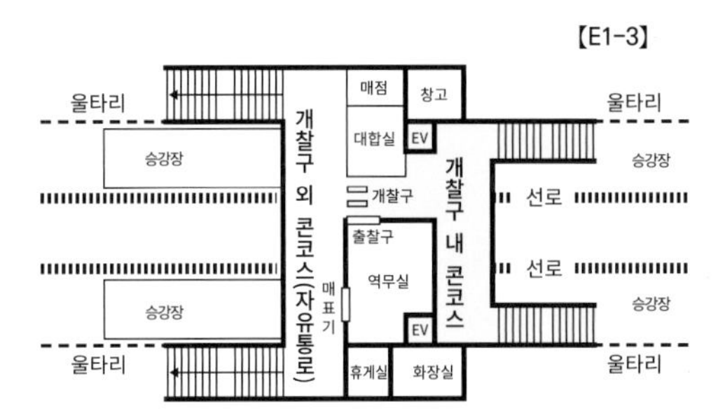

육교 이외 이와 유사한 시설(신청 대상 외가 되는 범위)

역빌딩 타입

선로 위를 인공지반으로 덮고 역사 기능을 겸비한 역 건물이 마련된 형식. 선로를 가로질러 올 수 있도록 자유 통로(개찰구 외 콘코스)나 승강장치가 설치된다.

【E1-4】

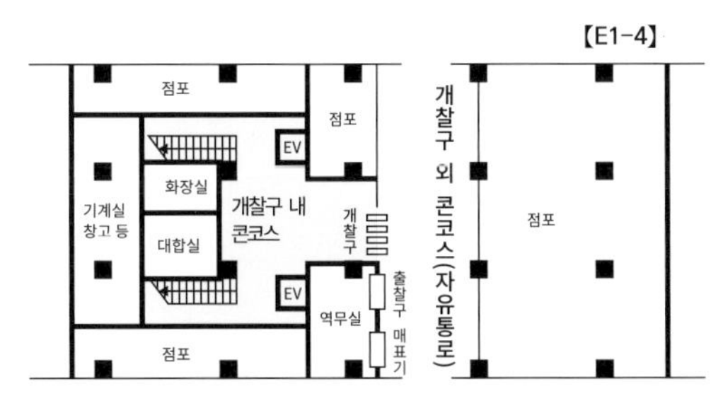

육교 이외 이와 유사한 시설(신청 대상 외가 되는 범위)

지하 역 타입

지상에는 출입구 계단만이 존재하고, 역사기능 및 플랫폼은 모두 지하에 있는 타입. 개찰기능은 홈 바로 위층에 있는 경우가 많고, 개찰구 외 콘코스에 의해 인접한 건물과 연결되는 경우도 있다.

【E1-5】

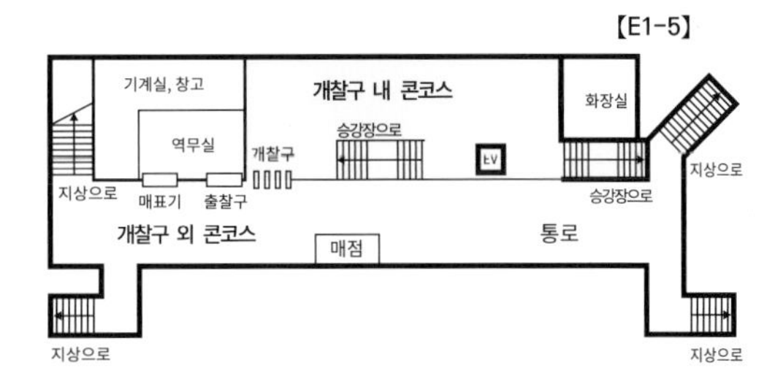

육교 이외 이와 유사한 시설(신청 대상 외가 되는 범위)

↑2

Public Space

12 — 21 퍼블릭 스페이스

TOD 구성요소로서 역 / 역앞 광장 / 버스・택시 터미널 / 콘코스 / 지하가 등이 있다. 그중 퍼블릭 스페이스로서의 기능을 가진 역앞 광장은 역의 축제적인 공간으로 정비되었지만, 또 하나의 중요한 기능은 철도와 자동차 교통의 인터페이스로서의 역할이다. 일본의 고도경제 성장기에는 역앞 광장이 버스・택시 정류장으로 점거되어 사람들을 위한 광장은 가장자리로 밀려나게 된다.
그 후 자동차와 보행자를 분리해 광장을 사람들을 위한 공간으로 재생하는 시도들이 일본 각지에서 일어나고, 더불어 역을 중심으로 한 타운 매니지먼트의 기법이 생겨나기 시작했다.
법률상, 용도 구분상 역앞 광장은 도로로 취급된다. 그러나 입체 도시 계획 제도에 의해, 버스・택시 터미널과 사람들을 의한 교통광장을 건축물의 상하부에 겹쳐 계획하는 것이 가능하게 되었다.
이 장에서는 TOD에 있어서 퍼블릭 스페이스의 활용의 방법, 역과 상업 시설을 배려한 배치 계획 등에서 보이는 여러 가지 수법을 살펴보기로 하겠다.

Public Space Typology

TOD 퍼블릭 스페이스의 유형

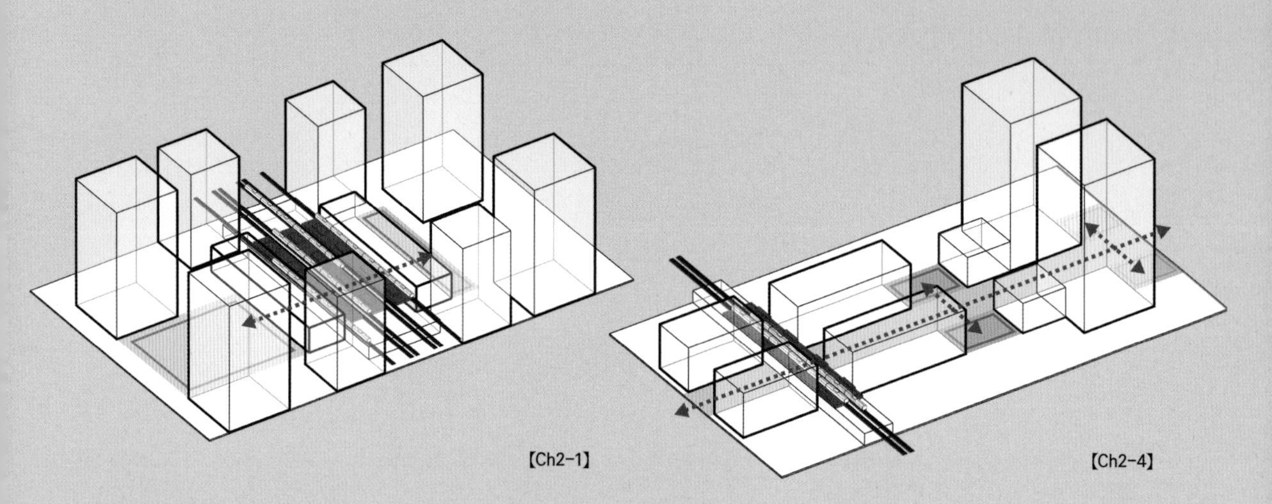

【Ch2-1】

【Ch2-4】

Type A 집중형

터미널 역의 역앞 광장은 도시를 상징하는 오픈 스페이스이기도 하다. 버스·택시의 교통광장을 도로 네트워크와 접속이 용이한 장소에 집약하고, 사람들을 위한 메인 광장은 역의 입면과 조화롭게 배치하는 것으로, 그 지역의 입구를 상징하는 장소가 되고 사람들의 다양한 액티비티와 이벤트의 장이 된다.

【Ch2-2】 도쿄역 마루노우치역 앞 광장

【Ch2-3】 도쿄역 야에스 입구 교통광장

Type B 분산형

역에서 지역의 단부까지 사람을 유도하는 장치로, 교통광장과 이벤트 광장, 포켓파크 등의 오픈 스페이스를 분산 배치한다. 지역 전체 조닝에 걸맞은 테마를 가진 오픈 스페이스의 배치와 함께 주변 시설과의 연동을 도모하는 것이 중요하다.

【Ch2-5】 후타고타마가와 라이즈 Galleria

【Ch2-6】 후타고타마가와 라이즈 리본스트리트

[범례] 광장 교통광장 동선 공간

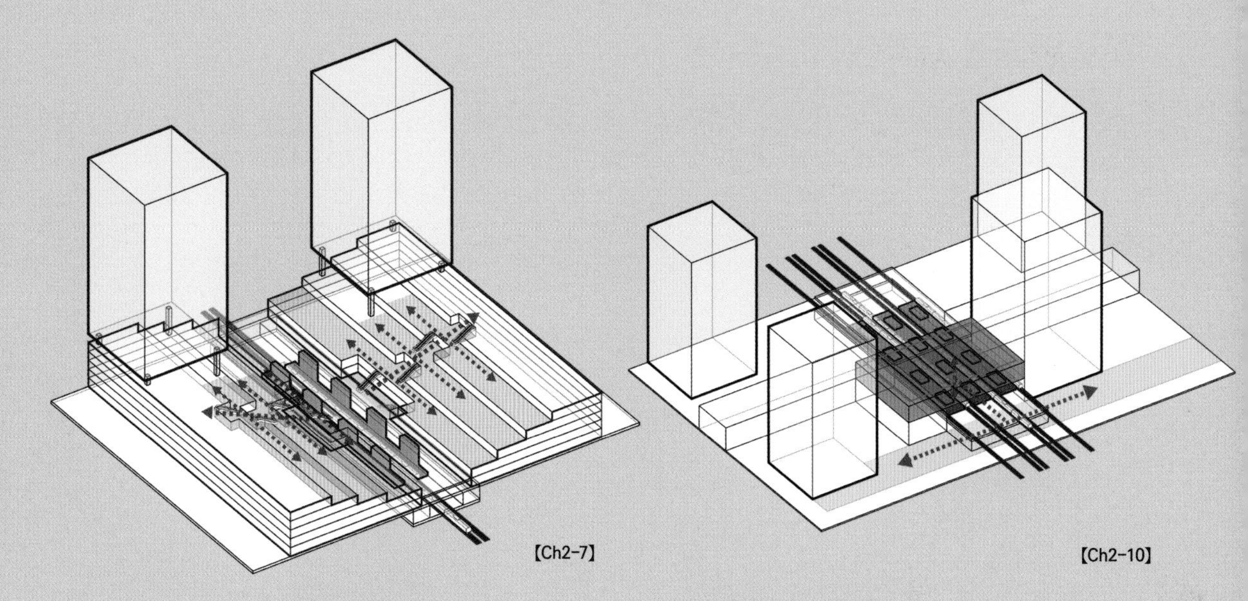

【Ch2-7】

【Ch2-10】

Type C 입체확장형

TOD에 있어서 시설의 복합화가 진행되면서 시설 사이와 옥상에는 오픈 스페이스가 배치되게 되고, 보다 입체적이고 유기적인 공공 공간의 네트워크가 발생하게 된다. 그 네트워크는 역에서 각각의 방향에 동선 유도를 도모함과 동시에 경우에 따라서는 랜드마크의 역할을 하기도 한다.

【Ch2-8】 상하이 녹지 중심

【Ch2-9】 상하이 녹지 중심

Type D 적층형

도심과 같은 고밀도 지역에 있어서 역과 시설의 확장과 동반하여 더욱이 기능의 추가가 필요한 경우, 선로 상공은 인공지반을 설치하는 것으로 유효한 부지가 된다. 역에서 버스・택시 등으로 환승하기에 최적의 위치에 있고, 더욱이 옥상은 정원과 광장으로 활용이 가능하다.

【Ch2-11】 신주쿠 바스타

【Ch2-12】 신주쿠 바스타 4층 버스 승차장

[12-1]

12

역사가 배경이 된 '도쿄의 광장'

도쿄역 마루노우치역 광장 Type A

설계·감리: 도쿄역 마루노우치 역사 보존복원 설계공동기업체
(건축설계: JR동일본 건축설계사무소 / 토목설계: JR동일본 컨설턴트)

도쿄역 마루노우치 광장은 오랫동안 자동차 교통에 점거되어 왔다. 근래의 사회경제의 정세가 반영되어 수도 도쿄의 도심 재생의 기운이 높아지고 있는 가운데, 마루노우치 측 역 보존·복원과 함께 역 광장의 재정비가 구상되었다. 정체가 만연한 버스·택시와 역물류 동선을 정비해 광장 공간을 시민에게 되돌려주고, 교코오로(行幸通り)를 포함해 수도 도쿄의 얼굴이 되는 경관을 재정비하기 위해 '도쿄역 마루노우치 주변 토탈디자인 팔로업 회의'가 열리게 되었다. 역앞 광장의 마스터플랜을 책정한 자문단에 더해 JR 동일본, 오테마치·마루노우치·유락초 지구 도시 만들기 협의회, 도쿄도, 치오다구 등의 관계자가 얼굴을 맞대고 열띤 토론을 장기간 지속해 왔다.
그 결과 자동차 교통은 남북에 집약되고, 중앙에는 교코오로와 연접한 약 6500㎡의 대규모 보행자 공간이 생겨났다. 또한 오랫동안 광장에 있었던 13m 높이의 환기탑은 기류 계산 등의 재검토를 통해 4m로 축소, 마루노우치 지역 경관 축을 살림과 동시에 역의 복원된 입면과 광장의 일체화를 도모했다.
오래전부터 역의 상징으로서 사람들에게 열린 공간이었던 역앞 광장은 긴 세월을 거쳐 적벽돌의 마루노우치 역사의 복원과 함께 시민들을 위한 공간으로 다시 태어났다.

수도 도쿄의 얼굴

도쿄역 마루노우치 광장은, 수도 도쿄의 '얼굴'에 걸맞은 품격 있는 경관을 창출함과 동시에 교통 결절점으로서 필요한 교통 기능 확보를 목적으로 도쿄역과 황궁에 이르는 일반적인 도시 공간 정비로서 도쿄역과 JR 동일본 등의 관계자가 연계되어 추진해 온 프로젝트였다.

2002년 1월에는 '도쿄역 주변의 재생 정비에 관한 연구위원회[위원장: 이토시게루 와세다대학교수(당시)]'에 의해, 수도 도쿄의 얼굴에 상응한 경관 만들기, 국제도시 도쿄의 중앙역에 걸맞은 교통 결절점의 정비, 관민 공동에 의한 도시 기반 정비와 도심의 활력 창조의 일체적인 추진 목표로서 주변 정비 방침이 정해졌다. 또한 2002년에는 마루노우치역 광장에 있어서, 도시계획도로와 교통광장, 지구 시설로서의 보행자 전용광장에 관한 도시계획의 결정·변경이 되었다. 이것을 기본으로 경관 정비를 일체적으로 디자인하는 관점에서의 검토 조정이 다방면의 관계자의 참여하에 이루어졌다. 또한 역앞 광장의 교통 결절점과 역물류 동선을 유지하면서 약 3년에 5회에 걸친 도로 변환·이설 등의 과정을 거쳐 비로소 2017년 12월에 전체가 완성을 맞았다.

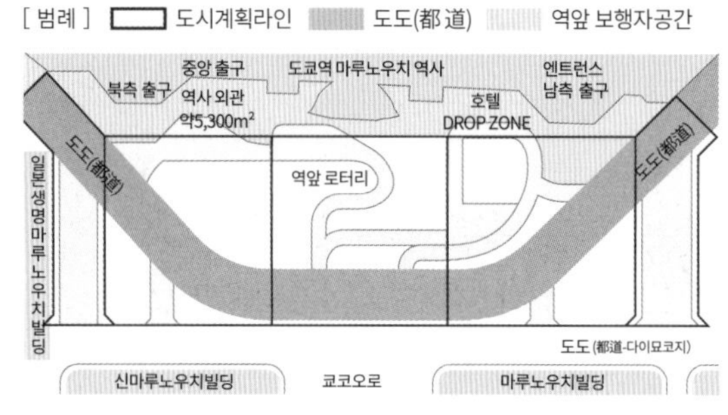

【12-2】 역앞 광장 구성의 전후 비교

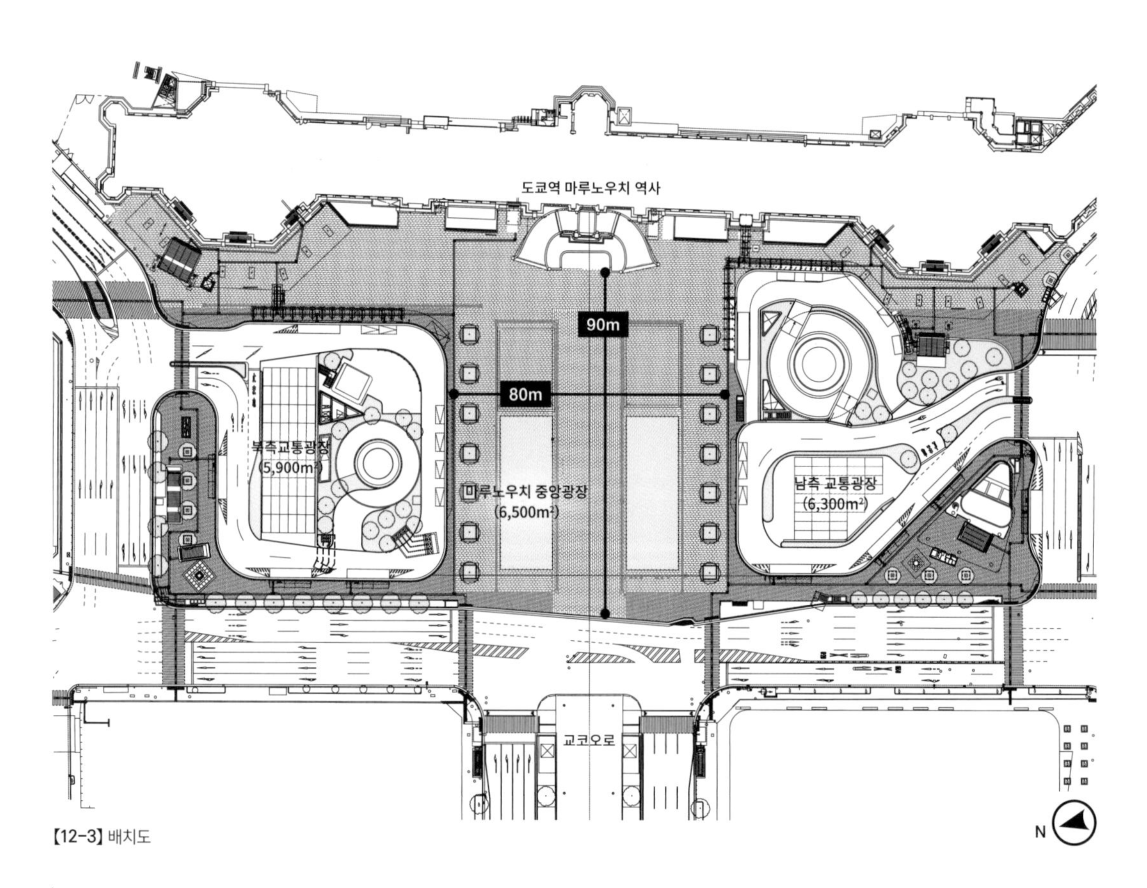

【12-3】 배치도

BEFORE(1914)

【12-4】

AFTER(2017)

【12-5】

26.3m
docomo

도시를 담은 '도쿄의 텐트'

13

도쿄역 야에스구치역 광장 Type A

설계, 감리: 도쿄역 야에스개발 설계공동기업체
(니켄세케이, JR동일본 건축설계사무소)

막 구조 지붕으로 구성된 '그랑루프'는 남북의 트윈타워를 연결하는 동시에 개방적이고 시야가 뚫린 공간이면서, 야에스 입구를 크게 감싸 역과 도시의 일체감을 만들고 있다. 광장의 바닥 재료는 따뜻한 색깔의 아르헨티나산 반암을 사용해 흰색의 심플한 형태의 막 구조 지붕과 조화를 이룬다.

원래 도쿄역의 야에스 입구역 광장은 건물이 선로를 따라 장벽과 같이 세워져 있었기 때문에 지역의 경관을 분단하고 있었다. 또한 역 광장은 사람들이 모이거나 식재와 어메니티 등을 위한 여유 공간 없이 전철에서 내려 그저 버스나 택시를 갈아타는 장소에 지나지 않았다.

야에스 입구 역앞 광장의 재생에 있어서는 역앞 광장과 소유자가 서로 다른 3건물의 대지를 일체적으로 계획, 건물의 기능을 양단에 위치한 두 곳의 타워에 집약하는 것으로 역앞에 있던 장벽의 건물을 철거하고 거대한 막 구조 지붕을 설치해 도쿄역의 새로운 얼굴을 만들었다. 더욱이 역앞의 기존 건물을 철거해서 생긴 공간을 활용해 역앞 광장을 넓혀 교통 기능을 정비함과 동시에 사람들을 위한 어메니티 공간을 만들어 도시를 대표하기에 충분한 기능과 상징성을 지닌 장소로 만들었다.

【13-1】

BEFORE

【13-2】

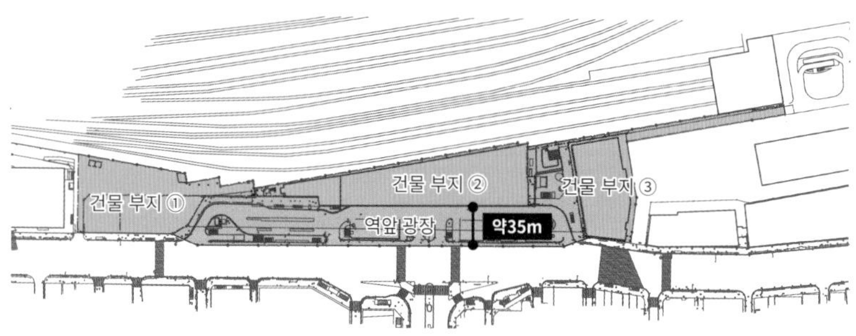

【13-4】

전에는 광장의 정면에 철도회관빌딩(건물 부지 ②)이 장벽처럼 세워져 광장 공간을 압박함과 동시에 광장은 버스・택시 등의 자동차 교통으로 점거되어 있었다.

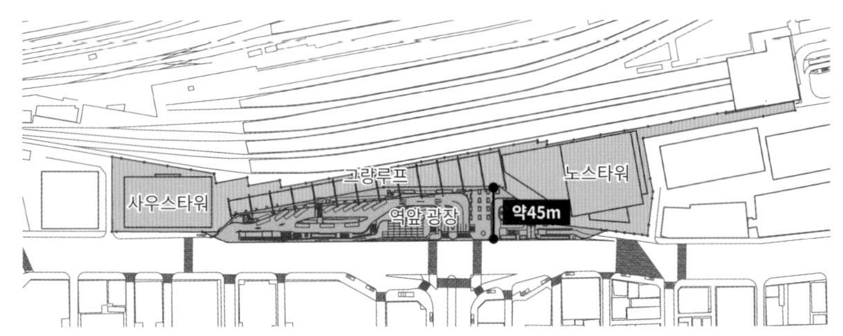

【13-5】

야에스 입구 개발 완료 후는 건물이 남북의 트윈타워에 집약되는 것으로, 광장에는 보행자를 위한 공간이 정비되고, 경쾌한 그랑루프에 감싸진 상징적인 광장이 되었다.

역 광장이 지역 재생의 최전방

14

오사카역 그랑프론트 오사카 Type A

설계자: 니켄세케이 / 미츠비시지쇼설계 / NTT퍼실리티즈

이른바 역세권이라 일컫는 역앞의 토지 가격은 하늘을 찌를 듯하고, 때문에 토지 보유자는 고밀도의 건축을 통해 최고의 바닥 면적을 확보해 활용하는 것을 생각한다. 그래서 역앞은 콘크리트 정글이라고 불리는 숨 막히는 장소가 증식을 거듭해 왔다. 근년에는 도시계획제도들을 활용한 공공 공헌과 그에 더불어 인센티브에 의해 충분한 연면적을 확보하면서도 효과적으로 광장을 만드는 것이 가능해졌고 이렇게 해서 만들어진 역앞 광장은 도시에 부가가치를 가져다줄 큰 가능성을 가지고 있다.

그랑프론트 오사카에서는 계획 시점부터 브랜딩을 고려, 열린 지역 만들기로서 매력을 널리 발신해 나가는 목표가 있다. 약 1700㎡의 오픈 스페이스를 확보한 '우메키타 광장'에서는 정기적으로 이벤트가 기획되어 지역 전체에 활력소가 되고 있다. 미스트에 의한 연출 아트작품 '안개의 조각'을 체험하거나, 밤에는 광장 바닥이 빛의 연출로 오아시스와 같이 변한다. 터미널 역으로서의 상징을 배려한 '사람 중심의 광장(사람이 모여 활용되는 광장)'으로서, 인접한 관광 안내소, 카페, 상점가, 다목적 공간 등과 연동한 일상적인 활력 만들기에 공헌, 우메키타 지역에 부가가치를 낳는 지역의 얼굴이 되었다.

【14-1】 우메키타 광장

【14-2】 대계단 옆의 미니라이브

【14-3】 대계단에서의 기념촬영

【14-4】 수변 요가

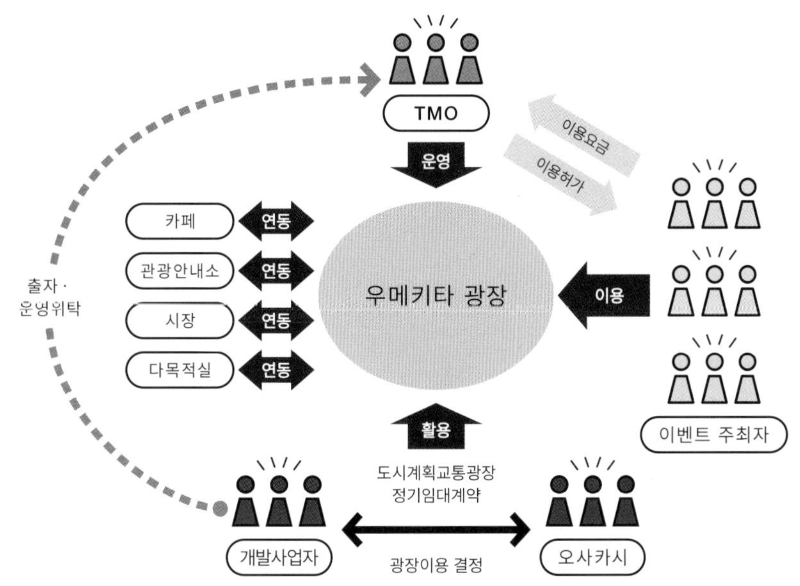

【14-5】 우메키타 광장의 구조

우메키타 광장은 도시계획으로 결정된 교통광장을 개발 사업자가 정기 차용 계약에 의해 오사카시로부터 차용하여 TMO(타운 매니지먼트 기관) 주최로 운영된다. 문화적인 교류 촉진에 연결되는 참가와 체험 가능한 독창적인 이벤트를 사계절에 걸쳐 다양하게 개최하여, 지역의 브랜드 이미지를 주체적으로 형성하고 있다.

교통과 활력을 연결하는 플라자

15

타마플라자역 타마플라자 테라스 Type B

설계자: 토큐설계컨설턴트

지역의 남북을 관통하는 콘코스의 양단에는 각각 다른 특징을 가진 역앞 광장이 배치되어 있다. 북측의 Station Court는 보행자를 중심으로 한 개방감 있는 광장으로 백화점과 상점가로 연속하는 활기의 기점이 되고 있다. 한편 남측광장은 지상 레벨에 교통광장의 기능을 부여해 버스와 택시, 근린 주민의 자동차가 모이는 장소가 되어, 주변 교통 네트워크의 기점이 되고 있다. 또한 상업시설 내에도 광장이 계획되어 시설 내의 활력의 중심이 되며, 근린 주민에게는 평일, 휴일 관계없이 이용할 수 있는 편이성을 제공하고 있다.

결코 크지 않은 다양한 용도의 광장이 이 지역에 사는 사람들의 생활 기반이 되고, 역과 지역을 연결하는 인터페이스로서 기능하고 있다. '플라자'라는 역의 이름에 걸맞은 장소가 바로 이곳에 만들어져 있다.

【15-1】

【15-2】

【15-3】 Station Court는 약 40m각의 광장으로 주동선과 휴식의 장소를 디자인함에 있어 레벨차와 수목배치를 고려했다.

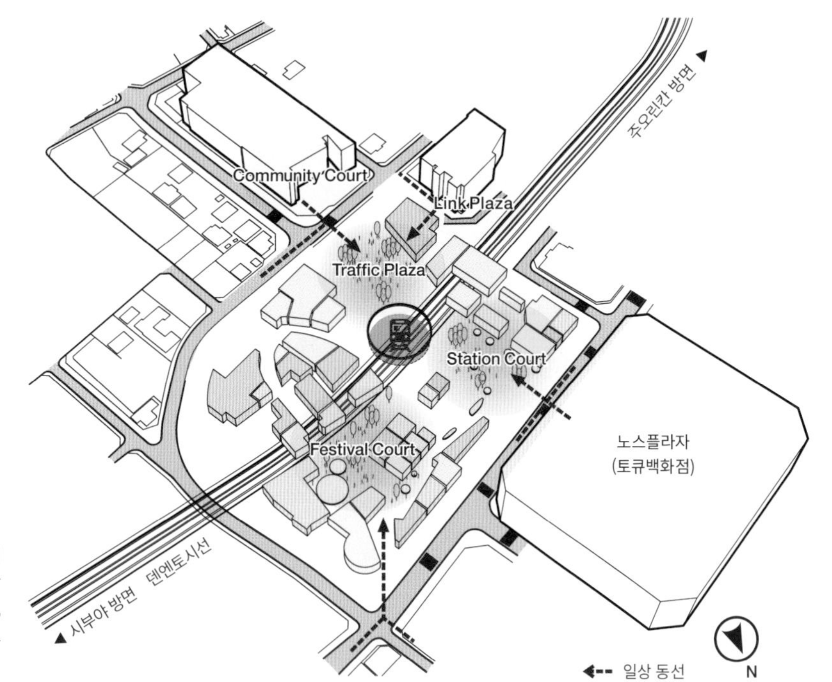

【15-4】
광장에 일상 동선을 배치

개찰구를 중심으로 한 지역의 기점이 되는 위치에 광장을 적절히 배치하고 있다.
전철을 타기 위해 역을 이용할 때는 반드시 어딘가의 광장을 경유하도록 주요 동선상에 광장을 배치하여 일상 이용을 촉진함과 동시에, 이는 광장의 이벤트에 있어서 집객 효과로도 연결된다.

【16-1】

Re-born Street

16

후타고타마가와역 후타고타마가와 라이즈 Type B

설계자 [제1기] 설계: RIA / 토큐설계컨설턴트 / 니혼설계 설계공동체 디자인 감수: Conran and Partners
[제2기] 니켄세케이 / RIA / 토큐설계컨설턴트 설계공동기업체

리본스트리트는 길이 약 1km의 보행자 전용도로로 후타고타마가와역 서측에서 재개발 지역을 관통하여 후타고타마가와공원과 타마강까지 연결된다. 역앞의 활력 있는 Galleria에서는 풍부한 문화공간, 그리고 자연으로 변화되는 이채로운 분위기를 느낄 수 있다. 후타고타마가 라이즈에는 역앞에 집약된 백화점형 상업 시설과, 리본스트리트를 따라 배치된 오픈형 상업 시설로 구성되어, 츠타야가전과 같은 라이프스타일 제안형 및 체험형의 신기능을 유치하고 있다. 더불어 주민의 평일 이용성을 높이기 위해 슈퍼마켓을 지하에 배치해, 청과점 등의 노면점을 생활 동선상에 배치하고 있다.

사뭇 단조로워질 수 있는 보행자 공간에 액티비티를 유발할 수 있는 다양한 스케일의 광장을 배치해 길게 연속된 동선임에도 식상하지 않게 계획되었다. 특히 동선의 중앙부인 IIa 블록은 리본스트리트에 면해 문화적인 시설이나 특징적인 노

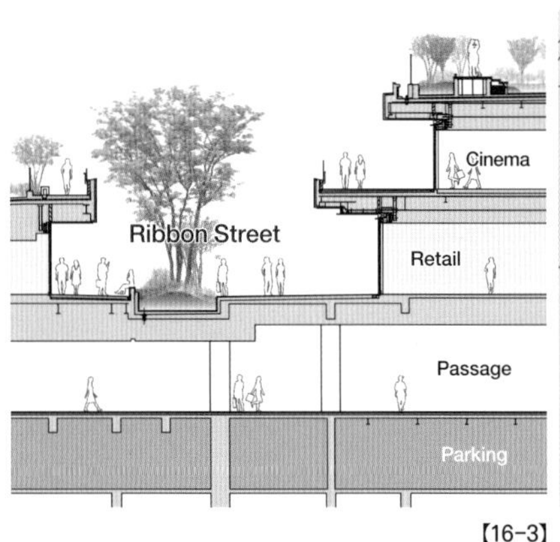

【16-3】

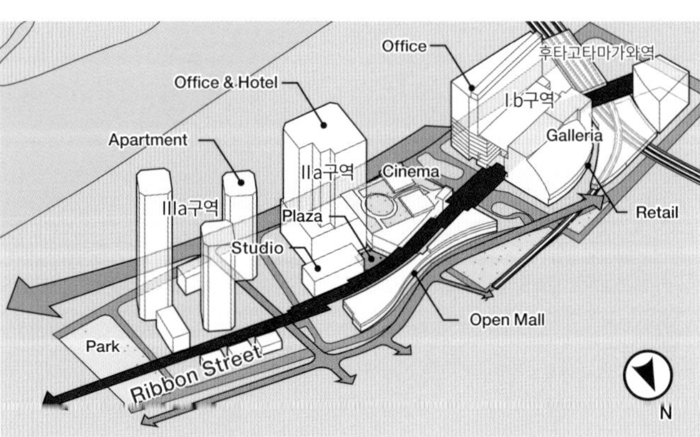

【16-4】

면상업 시설을 배치해 걷는 것만으로도 즐거운 장소가 되고 있다.

건물 상부의 옥상정원은 사람들이 적극적으로 이용할 수 있도록 계획해, 리본스트리트와 공간적인 연속감을 가지면서도 차분한 휴식을 위한 공간, 생물학습이 가능한 비오톱, 개방적인 테라스가 펼쳐져 있다. 또한 리본스트리트와 면한 중앙광장에 라디오 방송국 스튜디오, 오피스, 상업 시설을 연접, 일체화된 이벤트와 정보 발신의 장이 되고 있다. 이처럼 역을 중심으로 도시의 활력과 자연의 여유와 따사로움이 조화롭게 공존하는 장소 만들기야말로 TOD의 궁극적인 목표라 할 수 있을 것이다.

【16-5】 Studio와 Plaza의 일체화 이용이 시험되고 있다.

【16-6】 Galleria의 동선상에 이벤트가 기획되고 이벤트를 브릿지 등에서 바라볼 수 있도록 했다.

【16-7】 옥상정원은 비오톱, 텃밭, 식물원 등 다양한 테마로 형성되어 있다.

17

사람들이 모여드는 Green Roof

상하이 롱화중로역 녹지 중심 Long Huazhong Lu Station Shanghai Greenbland center

Type C

설계자: 니켄세케이

녹지 중심은 지하철 7호선과 12호선이 교차하는 룽화중로역을 중심으로 한 재개발 프로젝트다. 사이트 중앙에 위치한 지하철 상부의 건축이 제한된 부분에 보행자 주동선인 프롬나드를 만들고 양쪽으로 연접해 계단형의 저층부가 확장되어 간다. 잔디가 펼쳐진 언덕과 같이 구성하는 것으로 건축과 프롬나드가 일체화된 도시의 색다른 상징이 되고 있다. 건축 볼륨과 식재에 대한 환경 시뮬레이션 검증을 통해 지하철역과 버스 터미널을 연결하는 상업 메인 스트리트와 퍼블릭 스페이스를 공조가 필요 없는 옥외 공간으로 계획, 자연을 느낄 수 있는 도심의 에너지 절감형 환경건축을 지향했다.

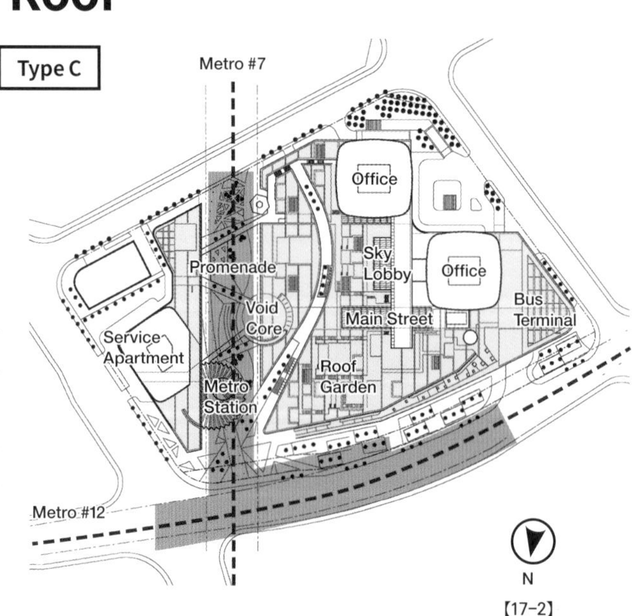

【17-2】

【17-1】

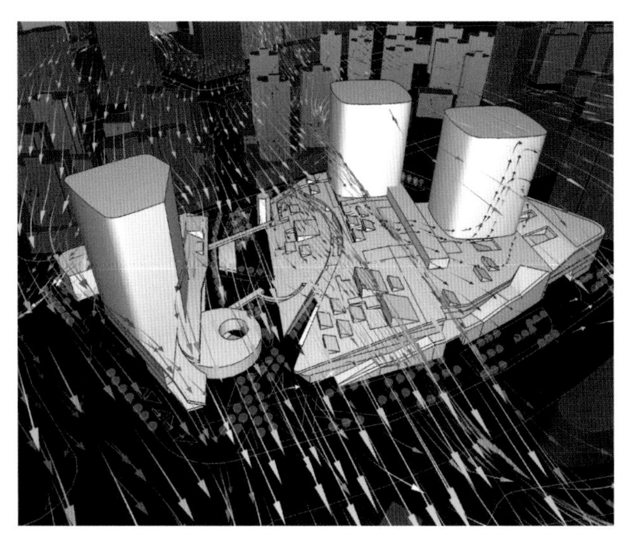

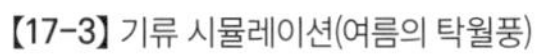

【17-3】 기류 시뮬레이션(여름의 탁월풍)

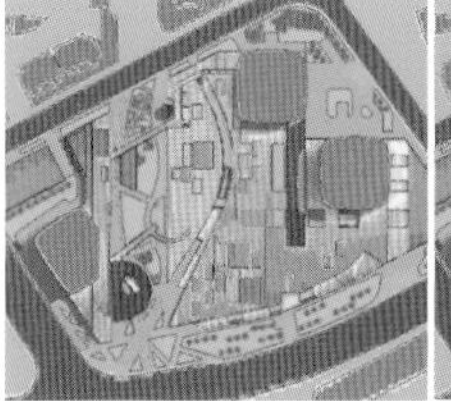

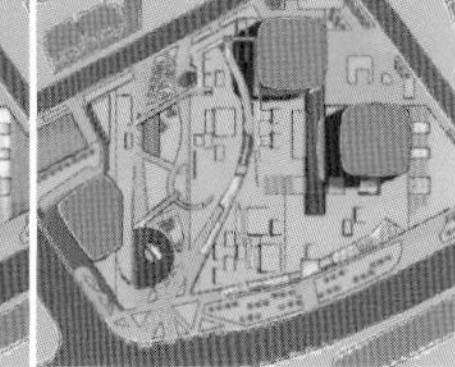

【17-4】 표면온도분포 시뮬레이션
(좌: 옥상 녹화가 없는 경우, 우: 옥상 녹화의 경우)

캐니언 형태의 저층부와 프롬나드에서 후퇴해서 배치한 고층동의 구성은, 여름 탁월풍을 통하게 한다. 또한 옥상 녹화는 건축 구체 표면의 온도 상승을 억제함과 동시에 빛의 표면 반사를 절감하여 쾌적한 옥외 공간 형성에 기여한다.

[17-3 범례]
풍속[m/s]
0.0 1.0 2.0 3.0

[17-4 범례]
온도[℃]
30 40 50 60

【17-5】 역 상부, 풍부한 녹지의 오픈 카페가 위치한 프롬나드

지하철역과 상업이 직결되는 보이드 공간은 버스 터미널과 옥상을 연결, 상업 메인 스트리트의 결절점이 된다. 녹화된 지붕의 경사에 따라 상승하는 에스컬레이터는 뒤편의 활기와 함께 옥상으로 사람들을 유도한다. 프롬나드와 옥상에는 쾌적하고 다양한 옥외 공간이 점재되어 자연스레 사람들이 모이는 도심의 오아시스가 되고 있다.

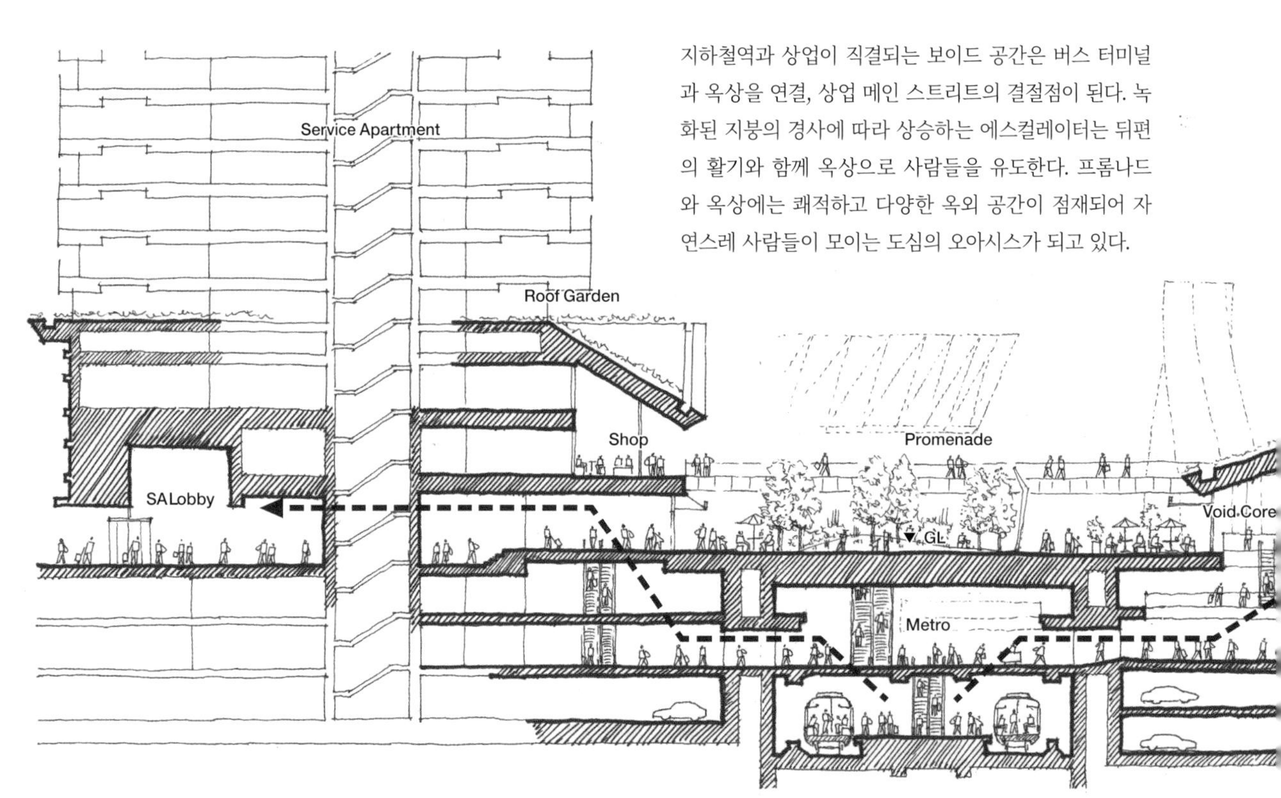

【17-6】 옥상의 퍼블릭스페이스. 옥상의 경사를 이용해 설치한 미끄럼틀은 특히 어린이들에게 큰 인기가 있다

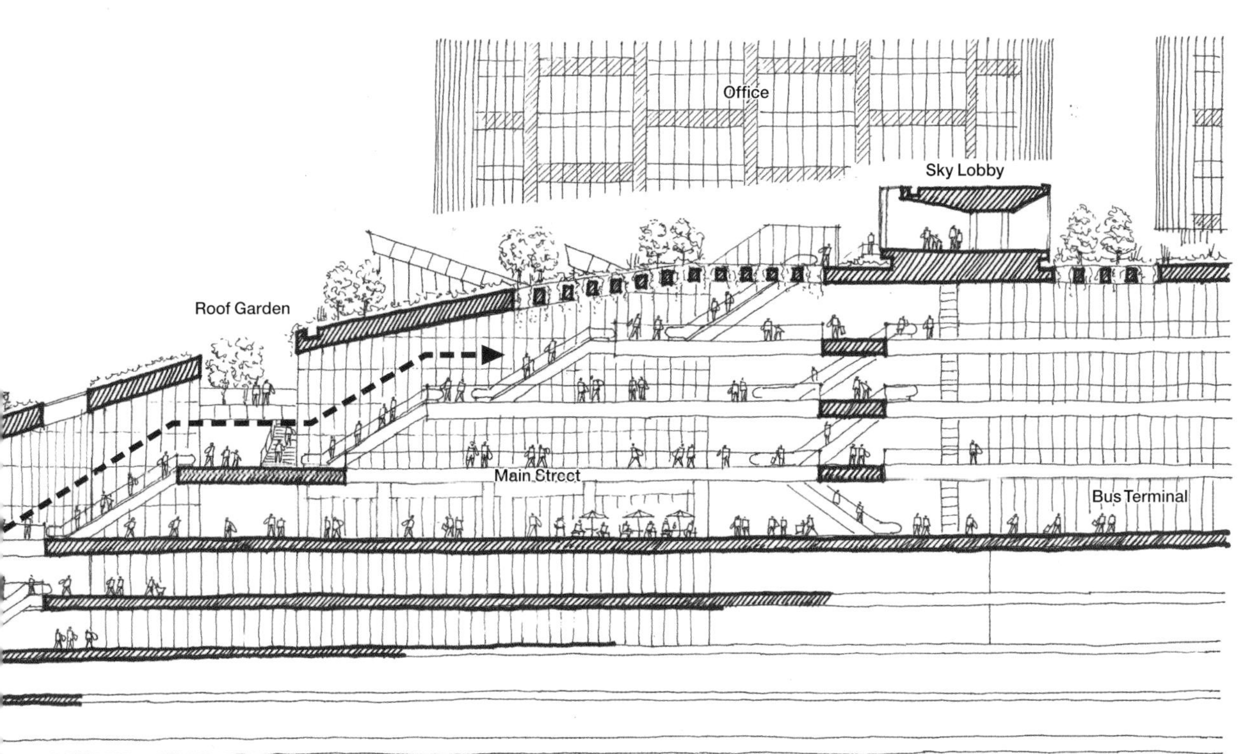

【17-7】

역과 도시를 연결하는 Green Hill 18

부산역 광장 Busan Station　**Type C**

설계자: 니켄세케이

【18-1】

부산은 대한민국의 남부 항만도시로, 1950년 이후 인구와 경제 규모가 약 300배로 급성장한 대한민국 제2의 도시다. 지형의 기복이 있는 도심부와 항이 접하는 부산역은 항 부근의 대규모 재개발과 기존의 도시 기능의 연결점이 된다.
프로젝트는 부산역의 역앞 광장을 재생하는 계획이다. 새롭게 설치된 계단형의 옥상정원인 '100 Squares'는 기존역의 3층 콘코스에서 지면 레벨의 교통광장을 연결하는 슬로프로 구성되어, 역과 지역을 연결하는 매개체가 된다.
도시와 역의 단차를 연결하는 것 이외에, 다양한 규모와 형태의 옥외 퍼블릭 스페이스의 집약체로서 계획되어 있다. 기능으로는 갤러리 집회장, 대여 오피스 등이 배치되어 사람들의 교류를 유발하는 장이 될 것이다.

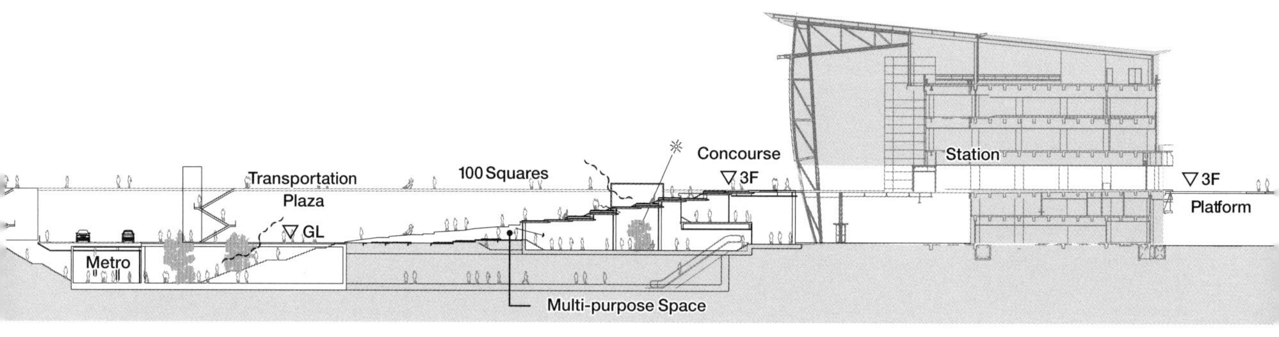

【18-2】
단면도. 기존의 고속철도 부산역의 지상 3층 레벨의 콘코스와 지하철의 지하 1층 레벨의 콘코스 사이를 새로운 오픈 스페이스와 소규모의 다기능 공공시설로 채웠다. 또한 지역의 크리에이티브 활동을 지원하는 목적으로 전시 스페이스, 연구·교육기관의 안테나 오피스, 커뮤니티 스페이스 등도 계획되어 있다.

【18-4】

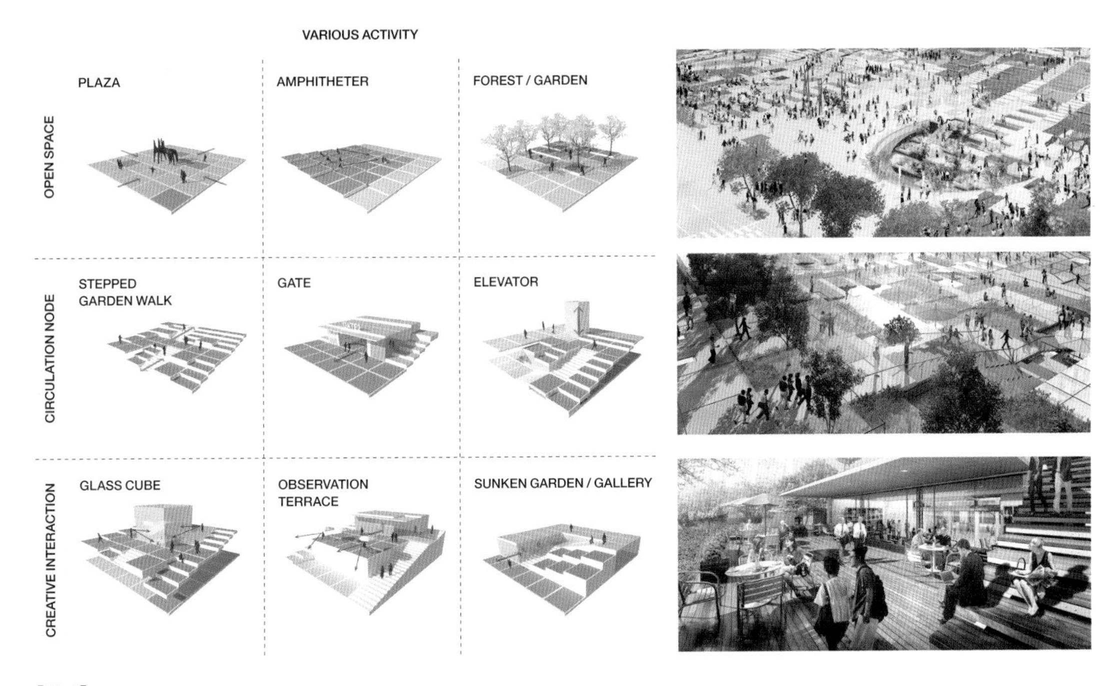

【18-3】

'100 Squares'라고 하는 옥상정원은 녹지와 이벤트를 위한 광장을 다양한 규모와 레벨에 배치하는 것으로, 장소에 따라서 서로 다른 풍부한 공간체험을 제공하는 동시에 사람들의 다양한 엑티비티를 유발시키도록 계획되었다.

【18-5】

【19-1】 시부야역 지구 시부야 스크램블 스퀘어 동측동 옥상 전망시설 조감 이미지 ©시부야 지구 공동 빌딩 사업자

19

도시에 열린 Rooftop

시부야역 시부야 스크램블 스퀘어 Type C

설계자: 시부야역 주변정리 공동기업체
(니켄세케이 / 토큐 설계컨설턴트 / JR동일본 건축사무소 / 메트로 개발)
디자인 아키텍트 : 니켄세케이 / 쿠마켄고건축도시설계사무소 / SANAA 사무소

시부야 스크램블 에리어 제2기(중앙)관의 4층과 10층의 옥상광장은 공공공간으로서 정비, 최신 기술 발신 시설과 국제 교류 시설이 배치되어 다양한 이벤트가 개최 가능한 공간이 되도록 계획했다. 또한 동측동의 옥상에는 전망시설이 설치되어 각각의 옥상광장에서는 동서의 역앞 광장과 스크램블 교차점을 내려다볼 수 있고 주변을 오가는 사람들의 보고, 보여지는 관계가 유발하는 도시의 풍경이 펼쳐진다.

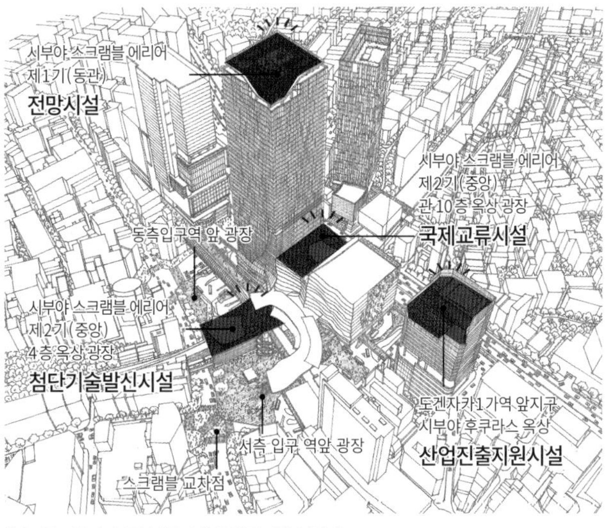

【19-2】 시부야역 중심지구의 옥상 광장 배치 이미지

【19-3】 시부야 스크램블 에리어 제1기(동관) SHIBUYA SKY 스크램블 교차로를 바라본 이미지 © 시부야 지구 공동 빌딩 사업자

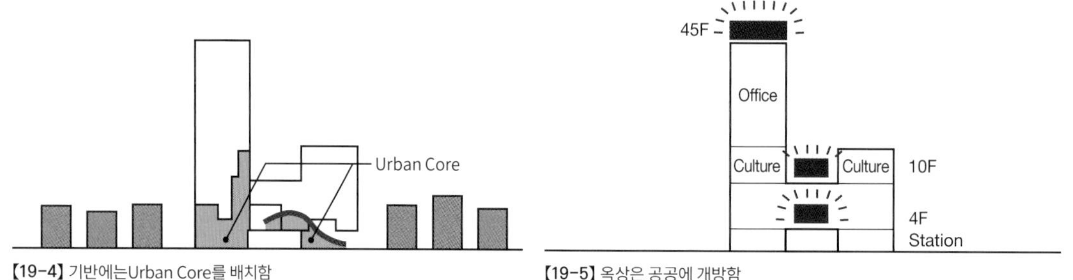

【19-4】 기반에는Urban Core를 배치함

【19-5】 옥상은 공공에 개방함

시부야 스크램블 에리어 제1기(동관) 전망시설 –SHIBUYA SKY

시부야 지구에서 가장 높은 약 230m의 빌딩옥상을 전망시설로 활용하여 주위를 막힘 없이 360도 조망이 가능하다. 요요기공원 뒤편으로 펼쳐진 신주쿠의 고층 빌딩군, 롯본기 도심 방면, 그리고 후지산에 이르기까지 전망을 즐길 수 있다. 더욱이 세계에서 가장 유동인구가 많은 세계적인 관광명소인 시부야 스크램블 교차점을 한눈에 담은, 압도적인 Dynamism을 체감할 수 있는 도쿄의 명소다.

【19-6】 하치코역 광장에서 바라본 이미지 © 시부야 지구 공동 빌딩 사업자

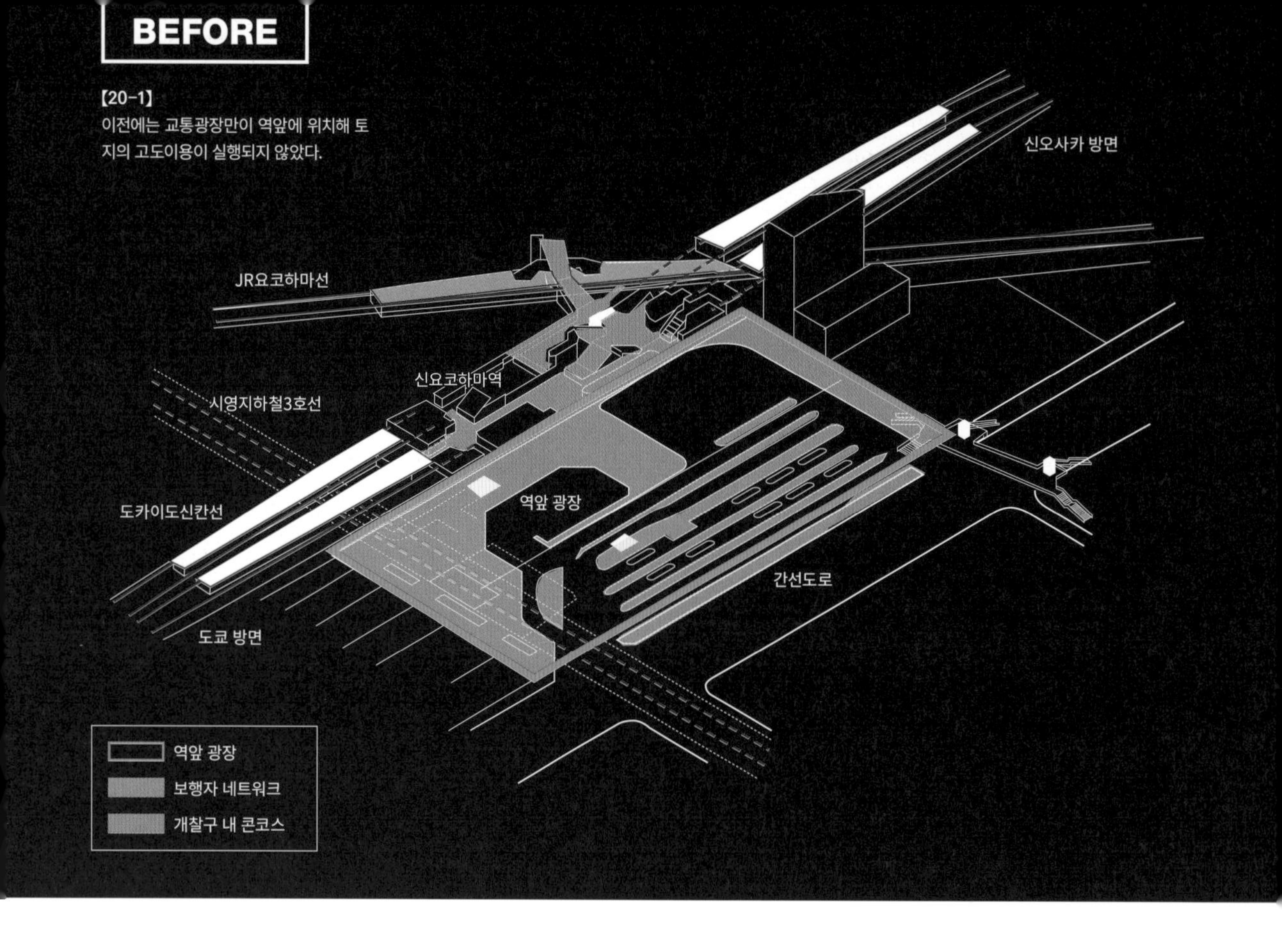

【20-1】
이전에는 교통광장만이 역앞에 위치해 토지의 고도이용이 실행되지 않았다.

교통광장의 적층 1

신요코하마역 큐비클 플라자 Type D

20

설계자: 신요코하마역 정비, 역 빌딩 실시설계 공동기업체(니켄세케이 / JR도카이 컨설턴트)

역 주변에는 버스, 택시 터미널 등의 교통광장과 보행자를 위한 광장 등의 스페이스가 필요하지만, 사람들로 붐비는 역 주위에는 그 이외의 시설도 집중 배치되기 때문에 공간이 늘 부족하다.

철도에서 자동차 교통으로 환승의 편의성을 확보하면서, 이벤트 등이 가능한 보행자를 위한 공간을 창출하기 위해서는 어떤 방법이 있을까?

도시계획의 지정을 받은 시설('도시 시설'이라고 함)이기도 하고, 또 도로로 규정되는 역앞 광장은 통상 건축물과 겹쳐서 설치하는 것이 가능하다.

도시계획법상 지금까지의 도로, 하천 등의 도시 시설은 평면 개념인 '구역'을 지정하는 것만으로, 입체적인 규정이 없었다. 구역 내에 있어서 건축물의 건축에 대해서는 비록 도시 시설의 정비에 전혀 지장이 없는 경우도 허가를 취득할 필요가 있지만, 2000년의 도시계획법 개정에 의해 도시계획에 도로 등의 도시 시설을 정비하는 입체적인 범위를 정하는 것이 가능해져, 도시 시설 내의 건축물의 건설이 가능해졌다.

신요코하마역을 내포하는 큐비클 플라자 신요코하마는 제한된 용지에 버스, 택시, 일반 차량의 승차장을 정비하고, 더욱이 보행자를 위한 광장을 확보하기 위해, 입체도시계획을 이용해서 도로로 규정된 역앞 광장의 기능을 역 빌딩의 내부에 중층적으로 확보하고 있다. 빌딩의 1층은 버스·택시 터미널, 2층은 역의 콘코스과 일체적으로 활용 가능한 광장이, 지하에는 새로운 도시계획 주차장이 입체적으로 정비되어 있다.

AFTER

【20-2】
역앞 광장을 확장하는 것과 함께, 입체도시계획제도에 의한 역앞 광장 상공에 터미널 빌딩을 건설.

2F PLAN

큐빅플라자 신요코하마
신오사카 방면
요코하마선역사(기설)
JR요코하마선
승강장 계단(기설)
요코하마선 개찰
승강장 계단(신설)
신칸선 개찰
매표소
역앞 광장 확장부분
시영지하철 3호선
매표소
광장(실내2층)
보행자 데크(기설)
신칸선 개찰
보행자 데크(신설)
도카이도 신칸선
버스승강장
지하철역 (B2F)
도쿄 방면
간조 2호선

1F PLAN
기설 지하통로(시노하라출구로)
역 남북 연결통로
신칸선고가 밑
퇴출로
택시 승강장
지하철역 주차장 진입로

【20-3】 남동측 외관

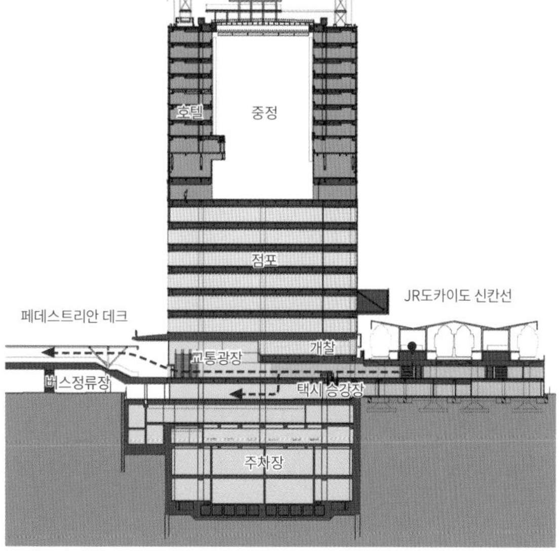

【20-4】
2층 교통광장의 상부는 역직결의 편의성을 이용해, 3~10층에 상업, 11층 이상에는 호텔, 오피스가 배치되어 있다. 1층의 택시풀, 2층의 역 개찰구와 직결된 셔틀 엘리베이터가 호텔 로비층을 겸한 10층까지 연결되어 상부로 사람들의 동선이 유도되도록 했다.

교통광장의 적층 2

21

신주쿠역 바스타신주쿠 / JR신주쿠 미라이나 타워

Type D

설계자: 동일본여객철도 JR동일본 건축설계사무소

신주쿠역 신미나미 입구 선로 상공에 새로운 대지가 생겨났다. 16개의 선로 위를 가로지르는 인공지반은 중앙에 퍼블릭 스페이스로서 광장을 가지고, 신주쿠 사잔 테라스와 신주쿠 타카시마백화점의 데크로 연결되는 보행자 네트워크의 기점이 되고 있다. 동서 방향의 테크 연장과 주변 개발로의 접속 등, 편의성과 안전성, 주변 전체의 조화로운 발전과 활력 만들기에 크게 기여하고 있다.

약 120m각의 거대한 인공지반은 국도 20호(코슈카이도) 입체 교차로의 노후화에 의한 재건축 공사 시 만들어진 가설 작업대를 활용, 교통 인프라의 포화 상태인 신주쿠 주변 문제를 해결하기 위해 고속버스와 택시 승차장 등을 선로 상공에 만드는 고난도의 인프라 확충 계획이었다. 이는 고밀도 개발의 연속으로 인한 포화 상태를 맞은 도시의 새로운 토지 이용과 문제 해결의 가능성을 제시하고 있다.

[21-1]

[21-2] 동서단면. 용도를 적층하다

선로 상공의 2층은 주로 보행자를 위한 공간이 되고, 철도 이용자의 역 개찰구에서 주변의 보행 공간으로 연결된다. 역 남측의 광장을 중심으로 한 개방적인 퍼블릭 스페이스에서 저층부의 상업과 문화 시설, 고층부의 오피스로의 접근이 가능하다. 역을 시작으로 교통 결절점과 복합용도가 고밀도로 공존하는 TOD의 대표적인 사례라고 할 수 있다.

[범례]

Office

Retail

Cultural(Studio, etc.)

[21-3] 인공지반뿐만 아니라 국도의 재건축을 포함해, 사람들의 사용을 담보하면서 시공되는 공사이므로 장기간이 걸렸다. 안전을 배려하면서 역 이용을 위한 가설통로의 변환 작업은 공사 공정의 복잡한 조정을 필요로 한다.

교통용도를 적층한다

코슈카이도에서 차량과 버스를 선로 위 교통시설로의 접근은 보행자와의 교차를 피하기 위해 건축물을 둘러싸고 보행자 통로 상부에 매달린 형태가 되었다. 3층과 4층의 각 교통시설로의 진입로와 택시풀, 4층의 버스 터미널은 국도 20호의 부속시설로 도로로 인정되어 선형에서 표지까지 국도의 도로 매뉴얼을 기반으로 설계되었다.
퍼블릭 스페이스로서의 광장은 출근과 통학 등의 보행자 동선을 확보함과 동시에, 레벨 차와 녹화 등, 휴먼 스케일을 고려한 디자인을 채용하고 있다.

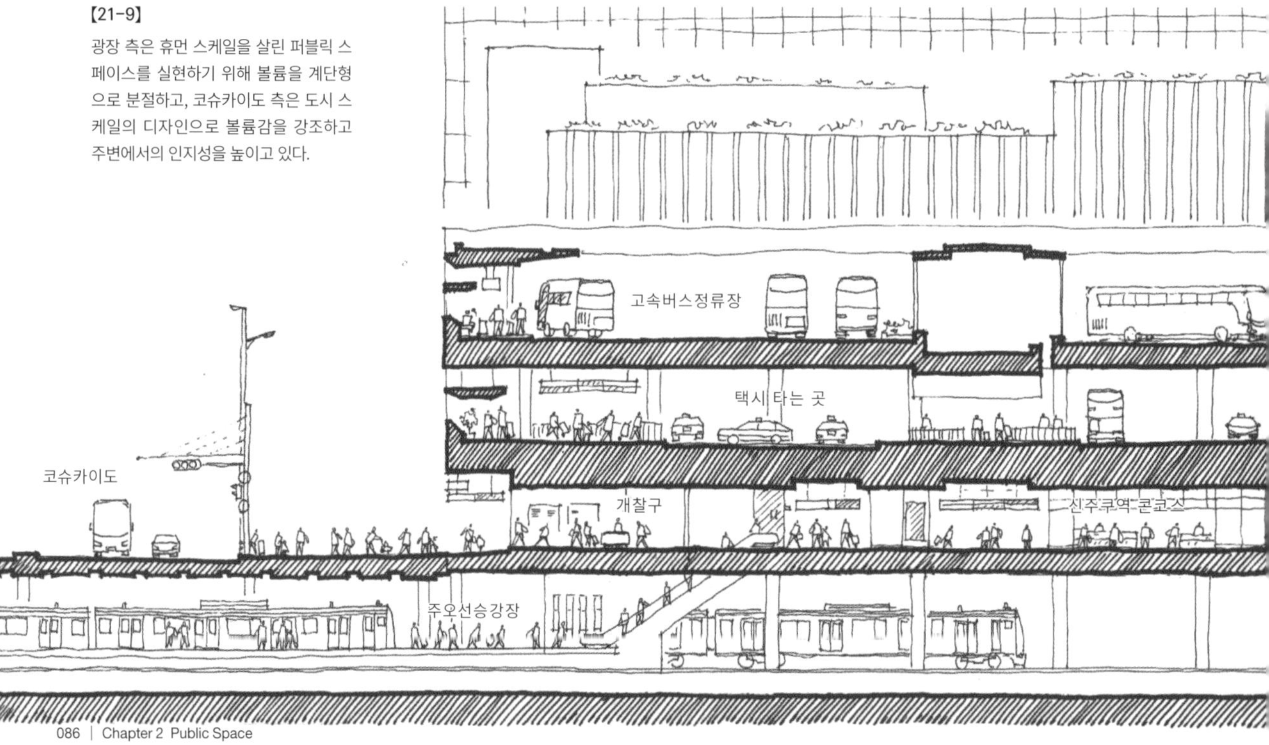

【21-9】
광장 측은 휴먼 스케일을 살린 퍼블릭 스페이스를 실현하기 위해 볼륨을 계단형으로 분절하고, 코슈카이도 측은 도시 스케일의 디자인으로 볼륨감을 강조하고 주변에서의 인지성을 높이고 있다.

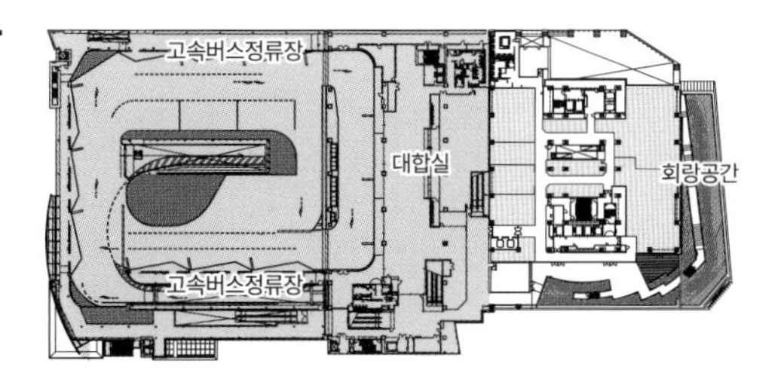

【21-6】 4층은 버스의 승차공간으로 하차 동선과 분리되어 동선의 교차를 피하고 있다.

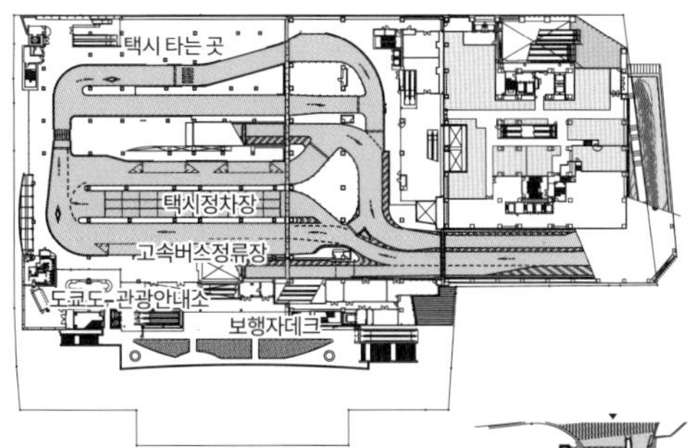

【21-7】 건축물에 매달린 도로의 볼륨

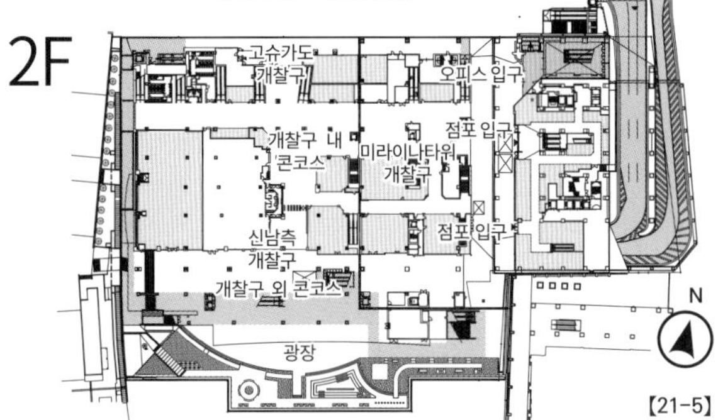

【21-5】

【21-8】 레벨 차와 수목 배치로 휴먼스케일의 공간을 연출하고 있다.

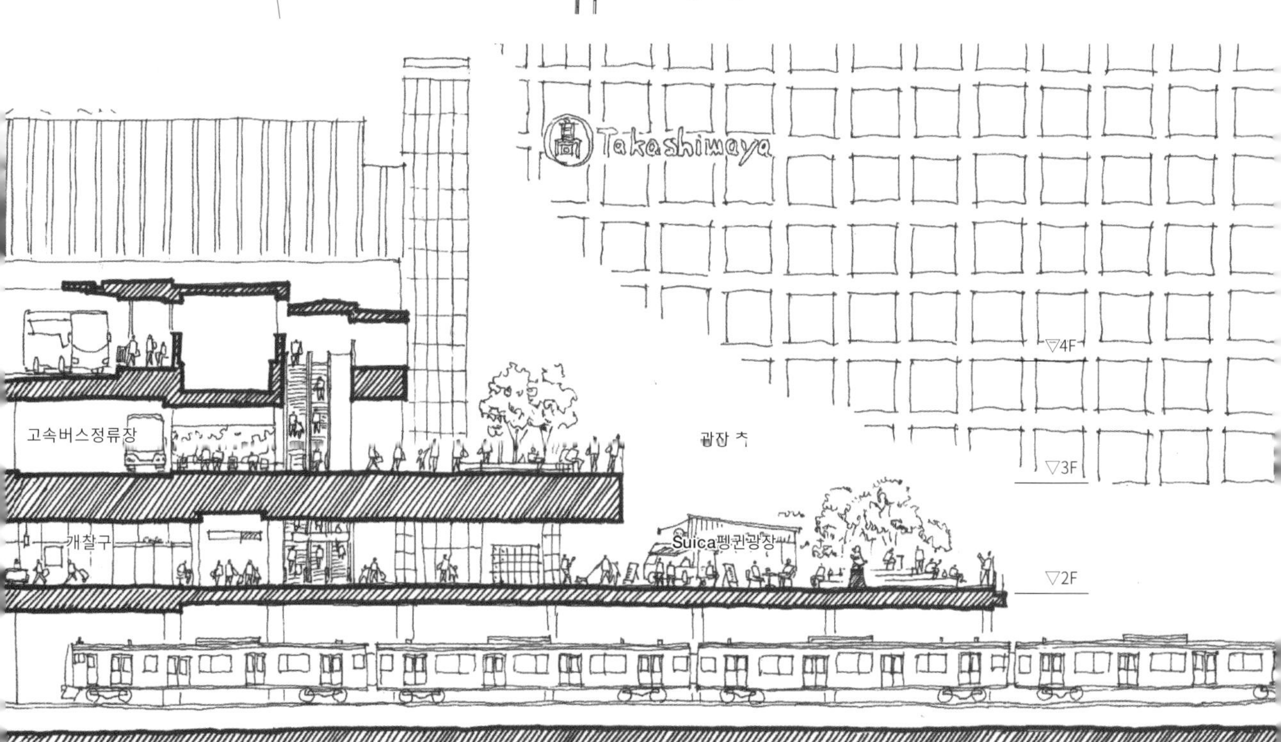

안정적인 대량운송의 실현이 요구된 역 '신주쿠'

【21-10】 일러스트: 타나카 토모유키(TASS건축연구소/쿠마모토대학)

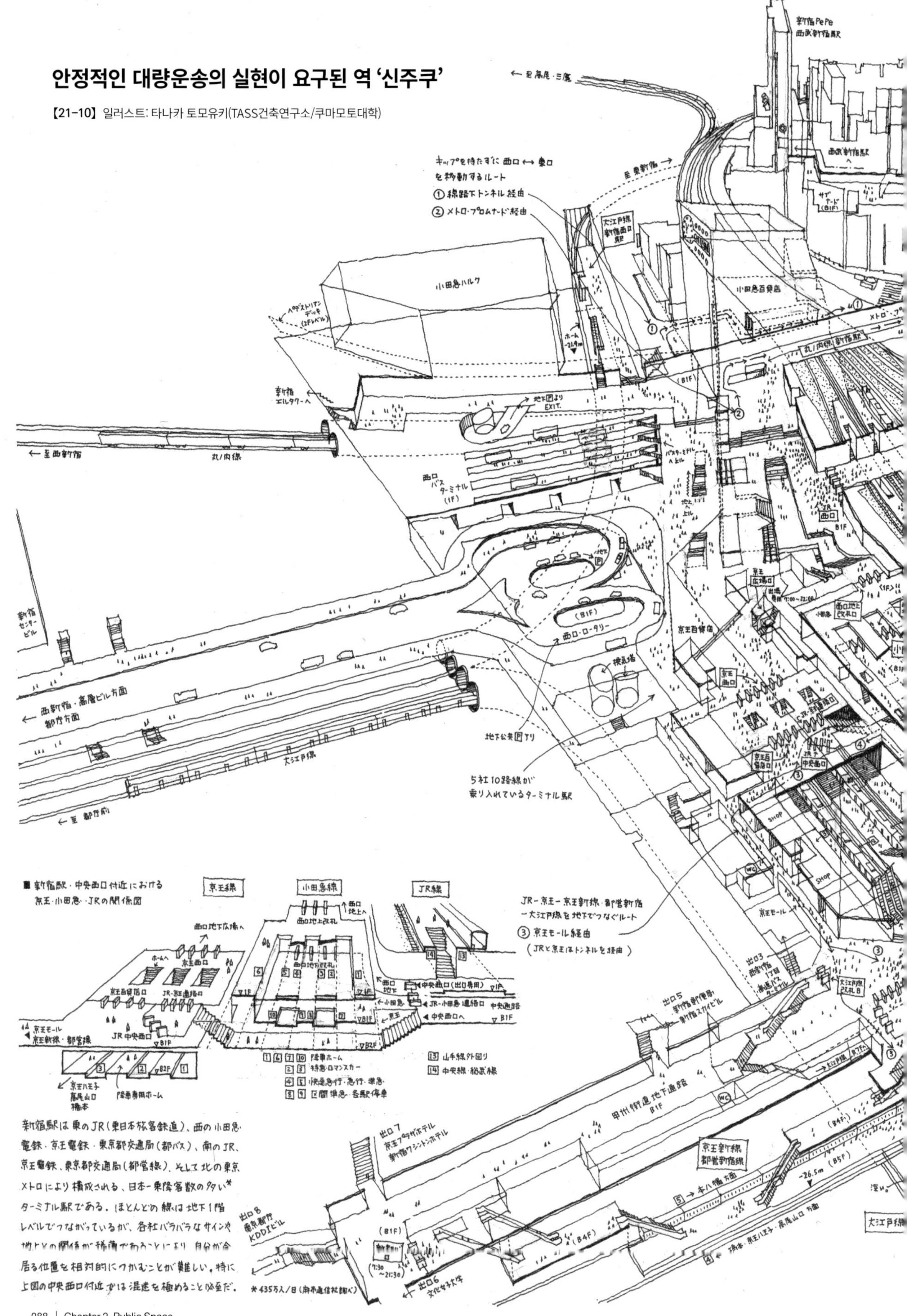

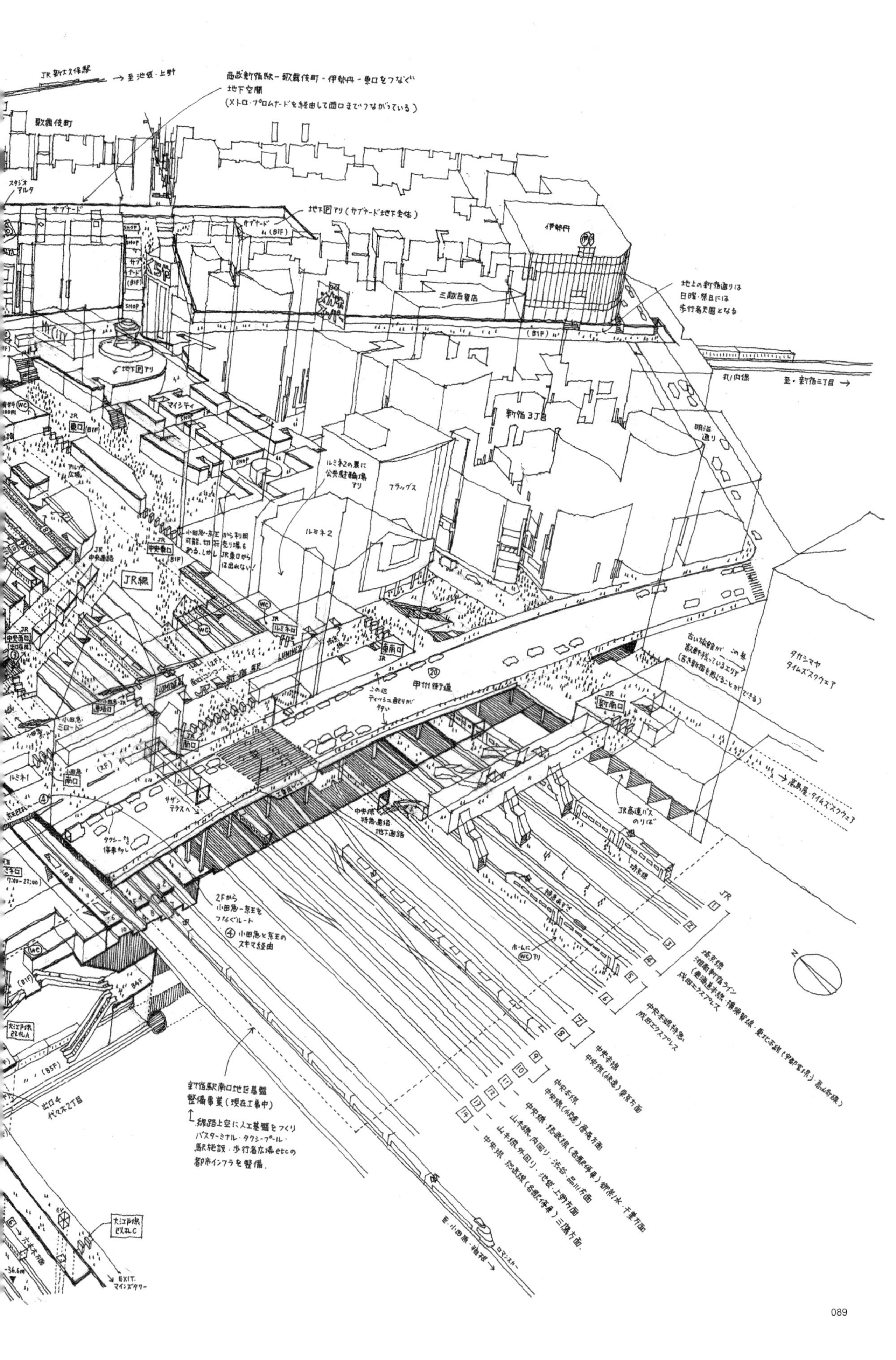

JR新大久保駅
→ 至池袋・上野
西武新宿駅－歌舞伎町－伊勢丹－東口をつなぐ
地下空間
(メトロ・プロムナードを経由して西口までつながっている)
歌舞伎町
スタジオアルタ
サブナード
地下P アリ（サブナード地下全体）
伊勢丹
三越百貨店
地上の新宿通りは
日曜・祭日には
歩行者天国となる
丸ノ内線
至・新宿三丁目 →
マイシティ
地下P アリ
JR 東口
アルプス広場
新宿3丁目
明治通り
ルミネ2の裏に
公共駐輪場
アリ
フラッグス
ルミネ2
JR 中央東口
小田急・京王から利用
可能。切符売り場も
ある。しかし
JR東口から
は出れない！
JR中央通路
JR線
JR 中央西口
JR ルミネ口
JR 東南口
LUMINE 2
JR 新宿駅
甲州街道
この辺
ティッシュ配りが
多い
古い旅館が、この辺
数軒残っているエリア
（古き新宿を感じることができる）
タカシマヤ
タイムズスクウェア
JR 新南口
→ 高島屋・タイムズスクウェア
JR高速バス
のりば
小田急ミロード
ルミネ1
小田急 南口
JR 南口
サザンテラスへ
タクシー・車
停車スペース
中央線
特急連絡
地下通路
2Fから
小田急・京王を
つなぐルート
④ 小田急と京王の
スキマ経由
ホームに WC アリ
埼京線
湘南新宿ライン
(東海道線・横須賀線・東北本線(宇都宮線)・高崎線)
成田エクスプレス
中央本線特急
成田エクスプレス
中央本線
中央線(快速)東京方面
中央本線
中央線(快速)高尾方面
中央線・総武線(各駅停車)御茶ノ水・千葉方面
山手線 内回り・渋谷・品川方面
山手線 外回り・池袋・上野方面
中央線・総武線(各駅停車)三鷹方面
新宿駅南口地区基盤
整備事業（現在工事中）
↑ 線路上空に人工地盤をつくり
バスターミナル・タクシープール・
駅施設・歩行者広場etcの
都市インフラを整備。
出口4
代々木2丁目
大江戸線
改札A
大江戸線
改札C
EXIT.
マインズタワー
至・小田原・箱根 →
ロマンスカー

The High Line
하이라인

미국 뉴욕시 맨해튼 남서부, 폐업한 전체 길이 2.3km의 웨스트사이드선로의 분기선 고가 부분이 공원 등의 퍼블릭 스페이스로 전용되었다. 2006년에서부터 전용을 하기 위한 공사가 시작되고, 제1구간이 2009년, 2구간이 2011년에, 그리고 최종구간인 제3구간이 2014년에 완성되어, 연간 약 500만 명이 방문하는 관광명소가 되었다. 슬램화가 진행되고 있던 주변 지역이 활력 넘치는 장소로 변했고, 지역을 분단한 철도가 사람들이 애용하는 장소로 변화했다. 하이라인은 지역활성화의 기폭제가 되어 주변에 30개 이상의 재개발이 실시되고, 그중에서도 하이라인과 접속하는 허드슨 야드 재개발 프로젝트는 16동의 초고층 건물이 건설되어, 약 110만㎡의 오피스, 주택, 상업 시설 등이 새롭게 생겨날 예정이다.

출전: https://www.thehighline.org/, F. Green and C. Letsch. "New High Line section opens, extending the park to 34th St.". Daily News, https://www.hudsonyardsnewyork.com/

【W2-1】 배치도

【W2-4】 쾌적한 보행공간

【W2-2】 다양한 퍼블릭 스페이스

【W2-3】 풍부한 녹화 스페이스

【W2-5】 허드슨 야드 개발이 배경이 된 하이라인

World Trade Center Station

월드트레이드센터역

맨해튼 월드트레이드센터(이하, WTC) 내부에 있는 터미널 역이다. 원래의 역은 2001년에 일어난 미국 동시 다발 테러에 의해 기능이 마비되어, 가설 역사로 전용되어 2003년부터 사용되다가 월드트레이드센터 트랜짓 스테이션 허브(WTC Transportation Hub)로서 2016년 완성되었다. 새의 날개와 같은 외관의 역은 WTC2번 지구와 WTC3번 지구에 위치하고, 지하 1층 콘코스 레벨에서는 새로운 WTC 빌딩군과 네셔널 셉텐버11 메모리얼&뮤지엄의 지하를 일체적으로 연결한 동선의 결절점이 된다. 거기에 더해 콘코스 주변에는 약 3만 4천m²의 거대한 상업 몰을 시작으로, 다양한 퍼블릭 스페이스와 접속해, 줄곧 사람들의 활기가 끊기지 않는 장소가 되었다. 슬픈 과거의 기억을 넘어서, 후세에 계속 이어질 수 있는 새로운 가치를 만들어 내기 위한 역이라 하겠다.

【W2-6】 배치도

【W2-7】 역 외관

【W2-8】 역 내부

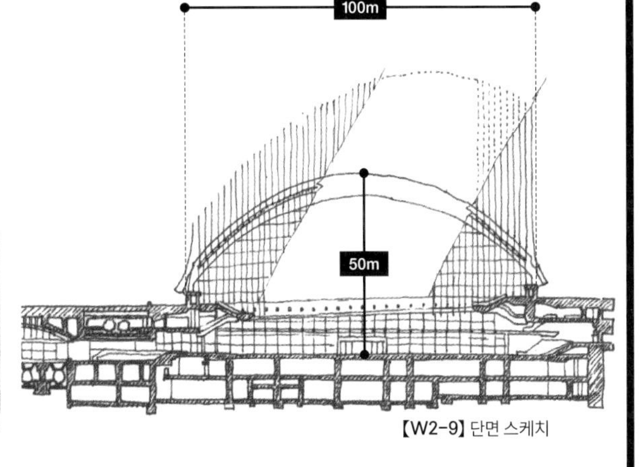

【W2-9】 단면 스케치

【W2-10】 역 내부

철도역의 피난, 역 빌딩의 피난
~TOD의 피난계획 ①

역 빌딩 등 건축 허가 범위 내의 피난은 건축기준법의 규정을 준수하고 계획할 필요가 있다. 이에 대해 철도역의 피난은 어떠한가. 플랫폼 부분은 건축 허가 대상에서 제외되며, 열차에서의 피난 계획은 철도사업법에 의해 면허를 받은 철도 사업자가 안전성을 확인한다. 그러나 TOD에서는 건축 허가 대상이 아닌 개찰구 내에서의 피난자도 건축 허가 신청의 피난 계획에 포함하지 않으면 안 된다. 피난하는 사람을 구별할 수는 없다. 결국 안전한 장소까지 피난 경로를 종합적으로 계획할 필요가 있는 것이다.

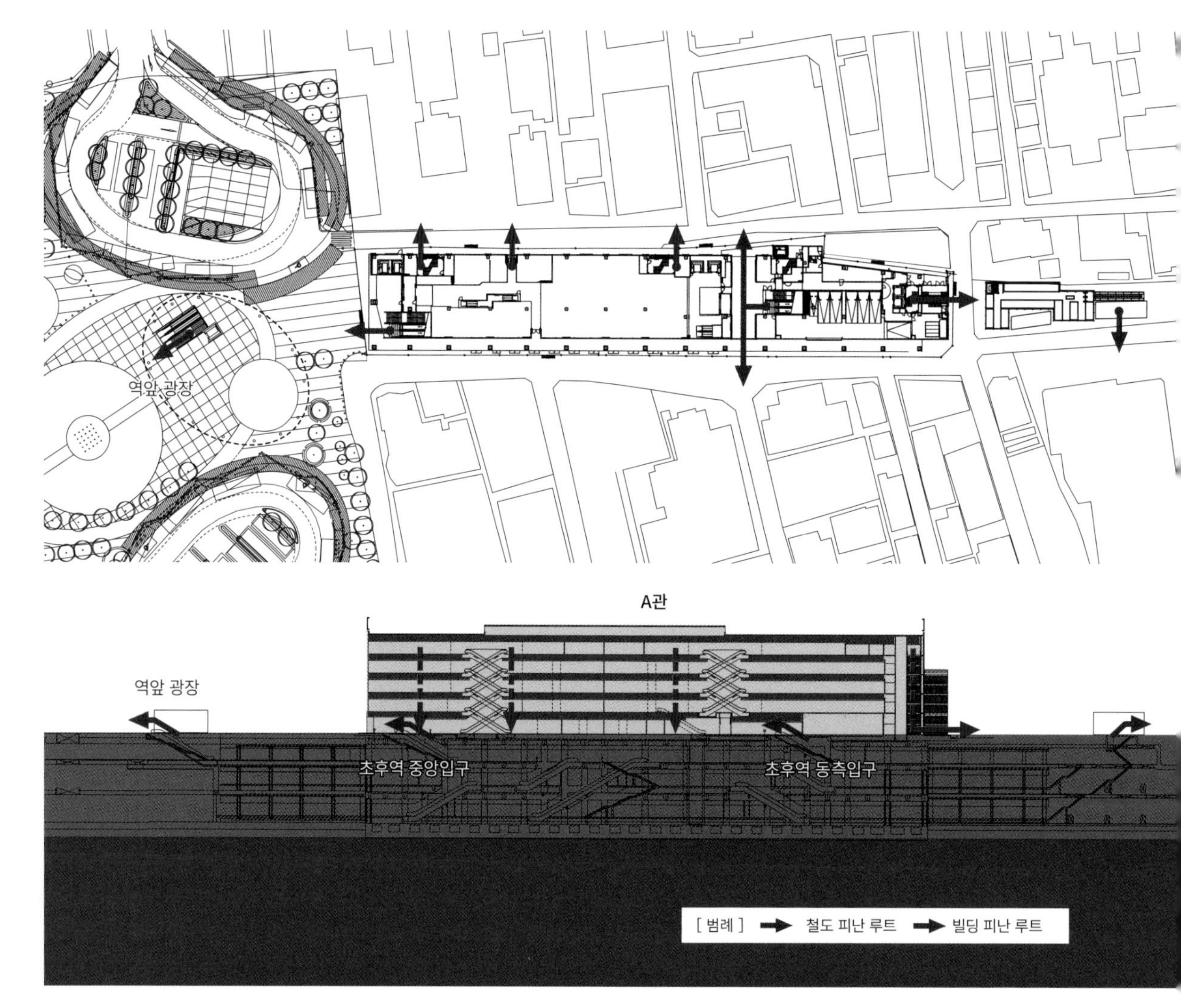

【E2-1】 케이오선 초후역의 피난의 고려

케이오선 초후역 지하에서의 피난은 토리에 게오 초후 A관 1층의 중앙출구 콘코스 및 동쪽의 남북 통로를 경유해서 지상부로 한다. 토리에 케이오 초후 A관의 피난 원칙은 피난 계단으로 직접 피난하고, 철도역의 피난은 최대한 혼재시키지 않는 것으로 하고 있다.

연결하면서 자른다
~TOD의 피난 계획 ②

여러 노선이 연결되는 TOD에서는 부지의 경계를 넘어 사람의 흐름이 발생한다. 건축기준법상의 부지 경계에서 신청 단위가 나뉘지만, 소방법상의 경우에는 방화상의 구분의 유무에 따라 취급이 다르다. 연소를 막는 장치가 없는 경우, 부지를 넘어 하나의 소방 활동의 대상물(이것을 소방법상 '방화 대상물'이라고 한다)이라고 하고, 일체적인 방화 체제의 구축을 요구한다. 하지만 둘 이상의 서로 다른 철도회사가 혼재할 경우에는 지휘 계통이 달라 어렵다. 따라서 이중 셔터에 의한 연소 방지 공간('완충 지대'라 한다)을 설치하여, 다른 방화 대상물로 하는 방법을 취한다. 연결하면서 자르는 노력이 요구되는 것이다.

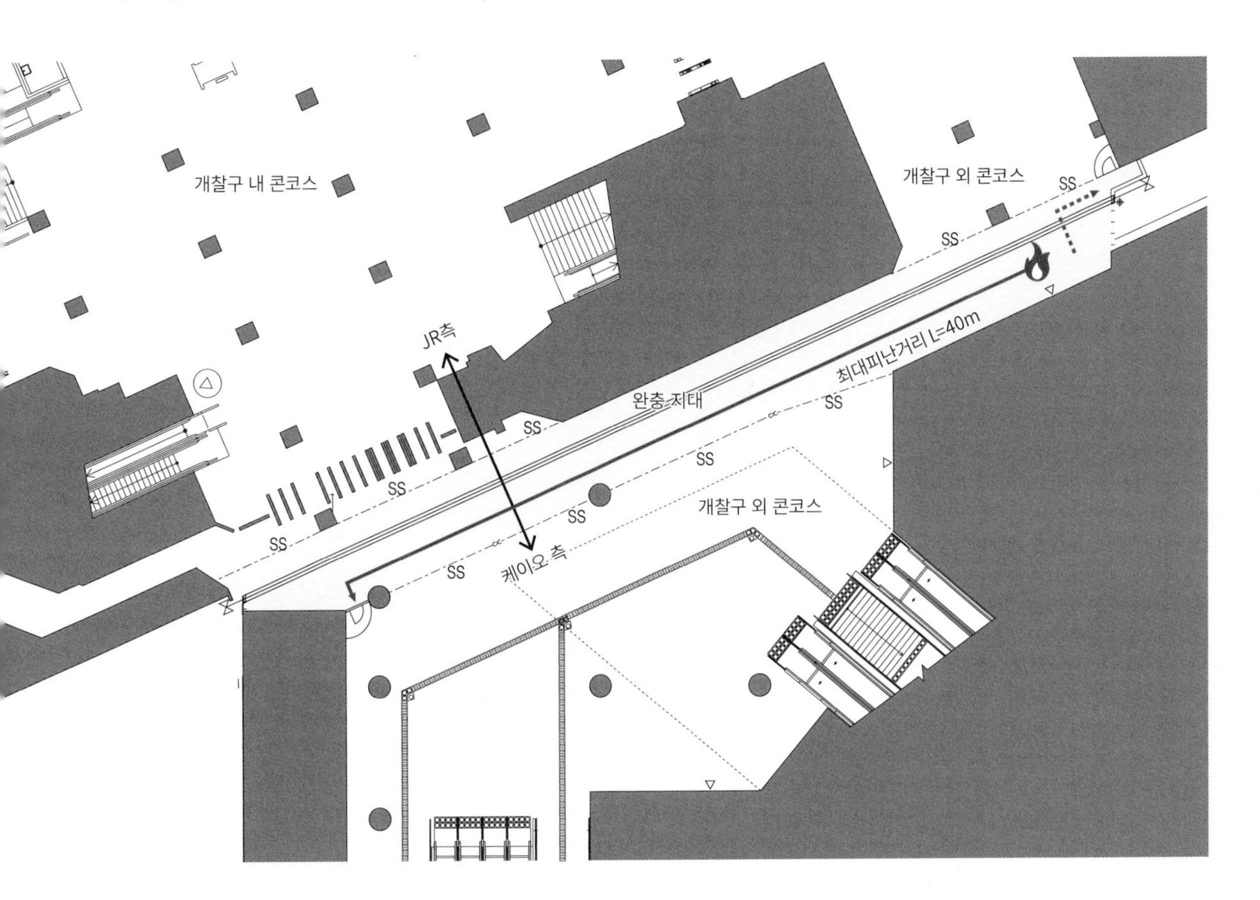

【E2-2】 키치조지역에서 완충 지대의 사례

키라리나 케이오 키시조지는 2층 레벨에서 JR선 개찰구, 3층 레벨에서 케이오 이노가시라선 키치조지역의 개찰구가 있고, 개찰 층과 일체로 보이드 공간이 있어 3층 레벨에 있는 JR선 플랫폼을 창문 너머로 볼 수 있다. 완충 지대는 2층 레벨의 보이드 공간이 없는 범위에서 2중 셔터와 방화문으로 방화·방연 구획을 하고 있다.

【E2-3】 케이오 측에서 완충 지대를 바라봄

←3

Circulation

22 — 31 동선

TOD의 성공을 위해서는 역에서 도시로 사람들을 어떻게 유도할 것인가가 포인트가 된다. 특히 도심부의 역은 단계적인 개발에 의해 역과 역을 연결하는 환승 동선과 도시로의 동선이 복잡하게 얽혀 배리어프리 등 이동의 문제가 있는 역이 많고, 그 개선이 TOD에 있어서 중요한 주제가 된다.
TOD에 있어서 정체 없는 동선의 실현을 위해 아래와 같은 공간을 역과 역 빌딩 혹은 역과 도시 사이 공간에 삽입하는 수법이 사용된다.

① Station Core … 역과 TOD 내의 시설을 연결하는 수직 동선 공간
② Urban Core … Station Core를 브릿지 등 수평 동선으로 연결, 역과 도시를 매개하는 동선 공간
③ Urban Corridor … 역과 도시를 연결하는 수평적인 외부 동선 공간
④ Metro Network … 지하 역과 도시를 연결하는 동선 공간
시설을 이용하기 쉬운 위치에 이 장치들을 배치하는 것과 함께 이동이 즐겁고 쾌적하게 느낄 수 있는 공간을 연출하는 것이 포인트가 된다.
공간을 밖에서 잘 보이도록 하는 것으로 이동의 방향성을 알기 쉽게 함과 동시에, '보고·보여지는' 관계성을 발생시켜 도시의 활기를 연출하는 공간으로 기능하게 한다.
이 장에서는 TOD에 있어서 매력적인 이동 공간의 사례와 그 수법을 살펴보도록 하겠다.

Circulation Typology

TOD 동선시스템의 유형

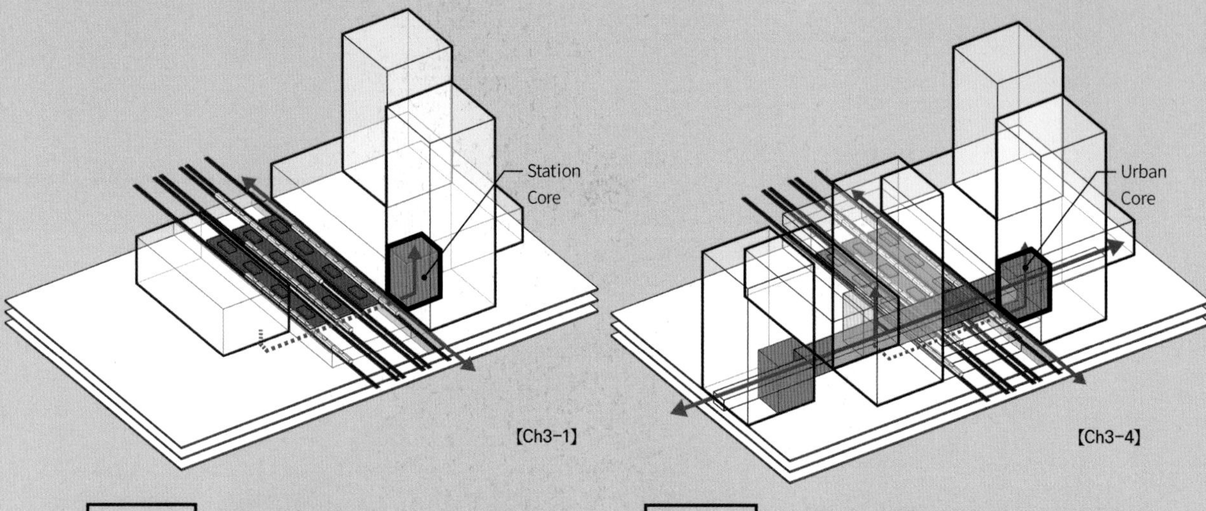

【Ch3-1】 【Ch3-4】

Type A Station Core

역과 역 빌딩을 연결하는 TOD의 기본 단위가 되는 수직 동선 공간. 특히 지하 역에 있어서는 지상으로부터의 빛, 바람의 통로가 되어 쾌적한 공간 만들기에 기여한다. 요코하마 미나토미라이역이 대표적인 사례다.

Type B Urban Core

역, 역 빌딩, 도시를 입체적, 유기적으로 연결하는 동선 공간. 특히 도심의 고밀도 대규모 복합 개발에 있어서 복잡한 동선을 효율적으로 연결하기 위해 복수의 Station Core를 브릿지 등의 명확한 수평 동선으로 연결해 주변 지역에 유도한다. 시부야 히카리에를 포함한 시부야 일대의 개발이 대표적인 사례다.

【Ch3-2】 미나토미라이역

【Ch3-5】 시부야 스크램블 스퀘어

【Ch3-3】 미나토미라이역

【Ch3-6】 시부야 히카리에

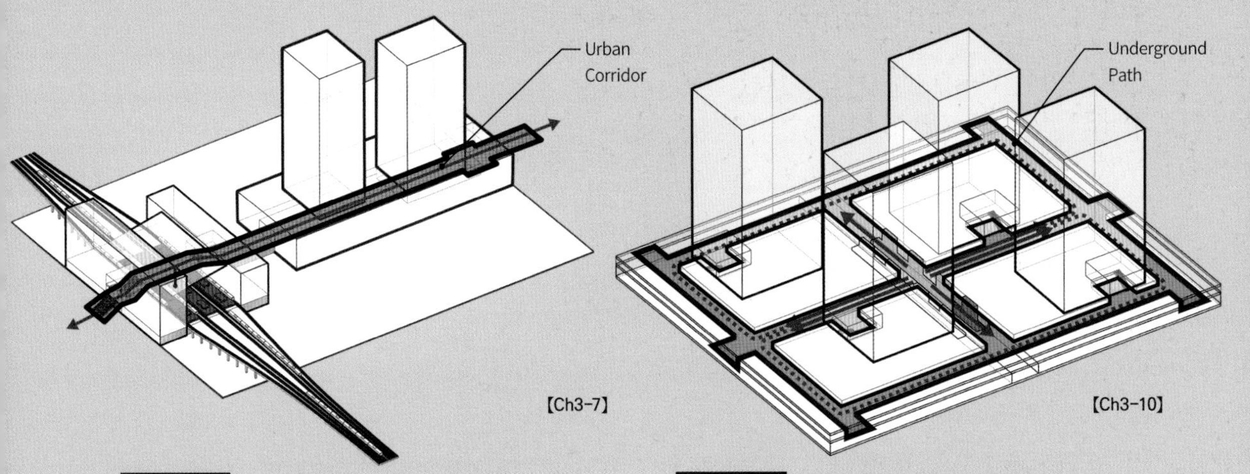

Type C Urban Corridor

주로 역과 지역을 연결하는 수평 동선 공간, 교외나 부도심 등의 개발에 있어서 역에서 주변 지역에 이르는 옥외 혹은 반옥외의 프롬나드 공간이다. 그 주변에는 상업 시설을 베이스로 광장, 공원 등의 퍼블릭 스페이스가 배치되어 활기를 유발하는 장치로 기능한다. 이즈미가든의 Urban Corridor, 그랑프론트 오사카의 콘코스가 대표적인 사례다.

Type D Metro Network

주로 지하철역 사이의 보행자 네트워크로 형성되어, 지하 공간에 역과 역 빌딩을 접속시켜 평면적으로 광범위한 이동이 가능하게 된다. 상점과 선큰가든 등의 퍼블릭 스페이스를 배치하는 것으로 지역의 명소로 인지되는 사례도 많다. 도쿄역 및 오사카역 주변 지하가가 대표적인 사례다.

【Ch3-8】 롯본기 1초메역 이즈미가든

【Ch3-9】 그랑프론트 오사카

【Ch3-11】 도쿄역 긴노스즈광장

【Ch3-12】 오사카역 주변 지하가

22

플랫폼까지 관통하는 Station Core

미나토미라이역 퀸즈스퀘어 요코하마 Type A

설계자: 니켄세케이 / 미츠비시지쇼 1급건축사사무소

【22-1】
Station Core에서 플랫폼을 내려다본 전경

【22-2】 플랫폼에서 Station Core을 올려다본 전경

【22-3】 Station Core의 아트리움 내부

지하 6층 레벨의 지하철역의 플랫폼의 상부가 오픈되어, 지상 2층 레벨의 Queens Mall까지 일체의 동선 공간(Station Core)으로 되어 있다. 지상 레벨은 유리 커튼월의 아트리움으로, 상징적인 붉은색의 에스컬레이터가 관통하는 공간에서 내려다보면 플랫폼으로 들어오는 전철을 볼 수 있다. 역이 깊숙이 감춰진 일반적인 지하철역에서는 상상할 수 없는 개방감과 일체감을 준다.

개발 당초, 건물과 떨어져 배치된 역이 역 개발자와 건물 개발자 간의 조절을 통해 일체화가 조절되어 실현되었다. 이 역과 지역을 연결하는 공간이야말로 Station Core의 원형이라 할 수 있다.

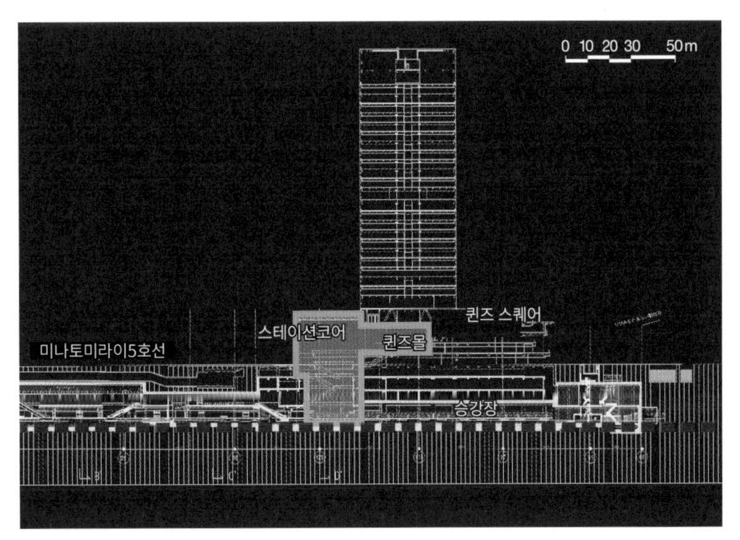

【22-4】 단면도

역과 도시를 연결하는 Spectacle Space

23

시부야역 시부야 히카리에 Type B

설계자: 니켄세케이 / 토큐 건설컨설턴트 공동기업체

히카리에는 도쿄메트로 부도심선의 개통과 토큐토요코선과의 상호직통운전 개시와 동시에 정비되었다. 히카리에 저층부의 Urban Core는 지하 3층의 부도심선 개찰구에서 지상 4층까지 수직으로 연결하며, 메이지로에서 아오야마로 쪽으로 2층 레벨의 콘코스와 함께 역에서 도시로 통하는 결절점으로 기능한다.

지하 역에서 도시로의 연결을 일체적으로 느낄 수 있는 공간은 알기 쉬운 교통 동선임과 동시에 도시의 활력을 가져다주는 극적인 공간이기도 하다.

일본의 지하층에 설치된 상업 시설은 통상적으로 지하 2층까지가 대다수이지만 히카리에는 부도심선에서 사람들의 흐름을 유입시키기 위해 지하 3층까지 상업 시설이 배치되어 있어 사람들의 움직임과 활기가 단절 없이 지상층까지 연결된다.

또한 자연광이 들어오는 지하 오픈공간은 전철의 배기열을 외부로 배출시키는 기능과 지하철역과 역 빌딩의 방재상의 완충 지대로 기능한다. 더욱이 민간시설 내에 이러한 공공 동선을 확보하는 것은 도시재생 특별구에 있어서 공헌 시설로 용적률 완화의 대상이 된다.

【23-1】 2층 콘코스

【23-2】 지하 3층 콘코스

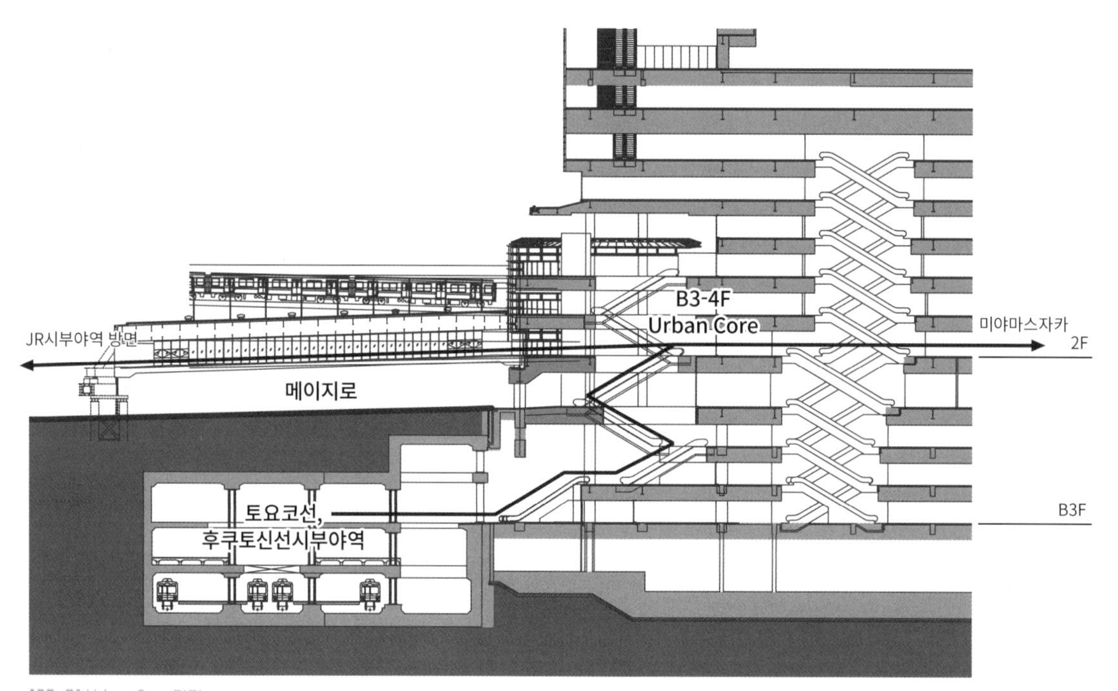

【23-3】 Urban Core 단면

2012.05.24

선로를 넘어, 분단된 지형을 연결한다

24

시부야역 시부야 스크램블 스퀘어 Type B

설계자: 시부야역 주변정리 공동기업체(니켄세케이 / 토큐 설계컨설턴트 / JR동일본 건축사무소 / 메트로 개발)

시부야역은 4개의 철도 각사의 플랫폼과 콘코스가 각각 다른 레벨에 불규칙하게 위치하여, 환승 동선이 미로와 같이 복잡하다. 또 역앞 광장은 보행자의 체류 공간이 부족하고 동선이 뒤엉켜 있어 보행자의 안전마저 담보되지 않는 상황이었다. 더욱이 역 주변에는 분지 지형과 간선도로, 철도에 의해 지역이 분단되어 역과 주변시가지를 연결하는 네트워크가 극히 빈약했다. 간선도로에는 통과 교통과 역 근접 교통이 폭주하여 만성적인 교통 정체가 일어나며, 불법 주륜과 화물 주차에 의한 보행 공간의 악화 또한 큰 문제점이었다.

이런 문제를 해결하기 위해 시부야 주변 개발에서는 지형의 고저차와 지역의 분단을 해소하는 입체적인 보행자 네트워크의 정비에 의해 역 주변에 안전하고 쾌적한 보행자 공간의 정비를 계획했다. 시부야 히카리에와 같이 지면·2층 데크·지하의 다층 레벨에 걸쳐 역과 지역 간의 액세스 향상을 도모함과 동시에 다층으로 분산된 공공교통기간을 연결하는 Urban Core를 정비하였다. 이로 인해 환승 공간이 집약되고 배리어프리화를 도모하여 보행자의 편의성이 크게 향상되었다. 시부야 지구 시부야 스크램블 스퀘어는 역을 내포해 역과 도시를 연결하는 시설로 동서 측에 Urban Core가 정비되었다. 동측 Urban Core는 지하 2층 토큐토요코선, 도쿄메트로 부도심선 → 1층의 JR 개찰구, 3층의 JR선, 도쿄 메트로 긴자선에 접속하는 데크 네트워크를 구축하고, 주변의 개발과 연계해 사람들을 도시로 유도하고 있다.

【24-2】 Urban Core 모식도

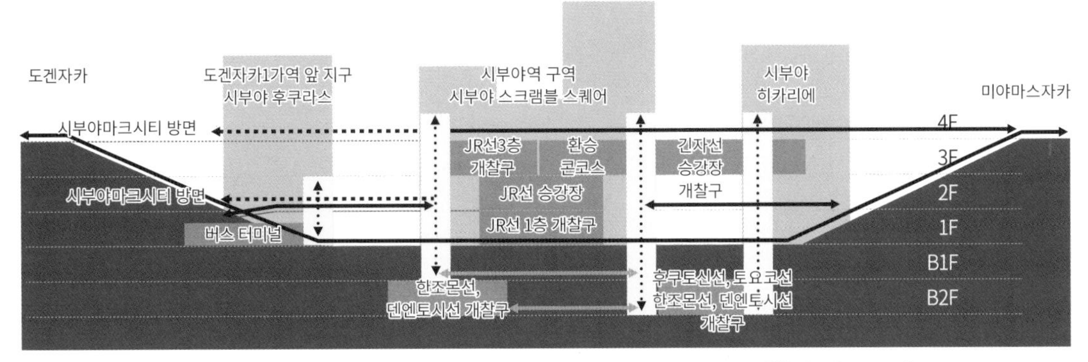

【24-1】 동측 Urban Core 이미지

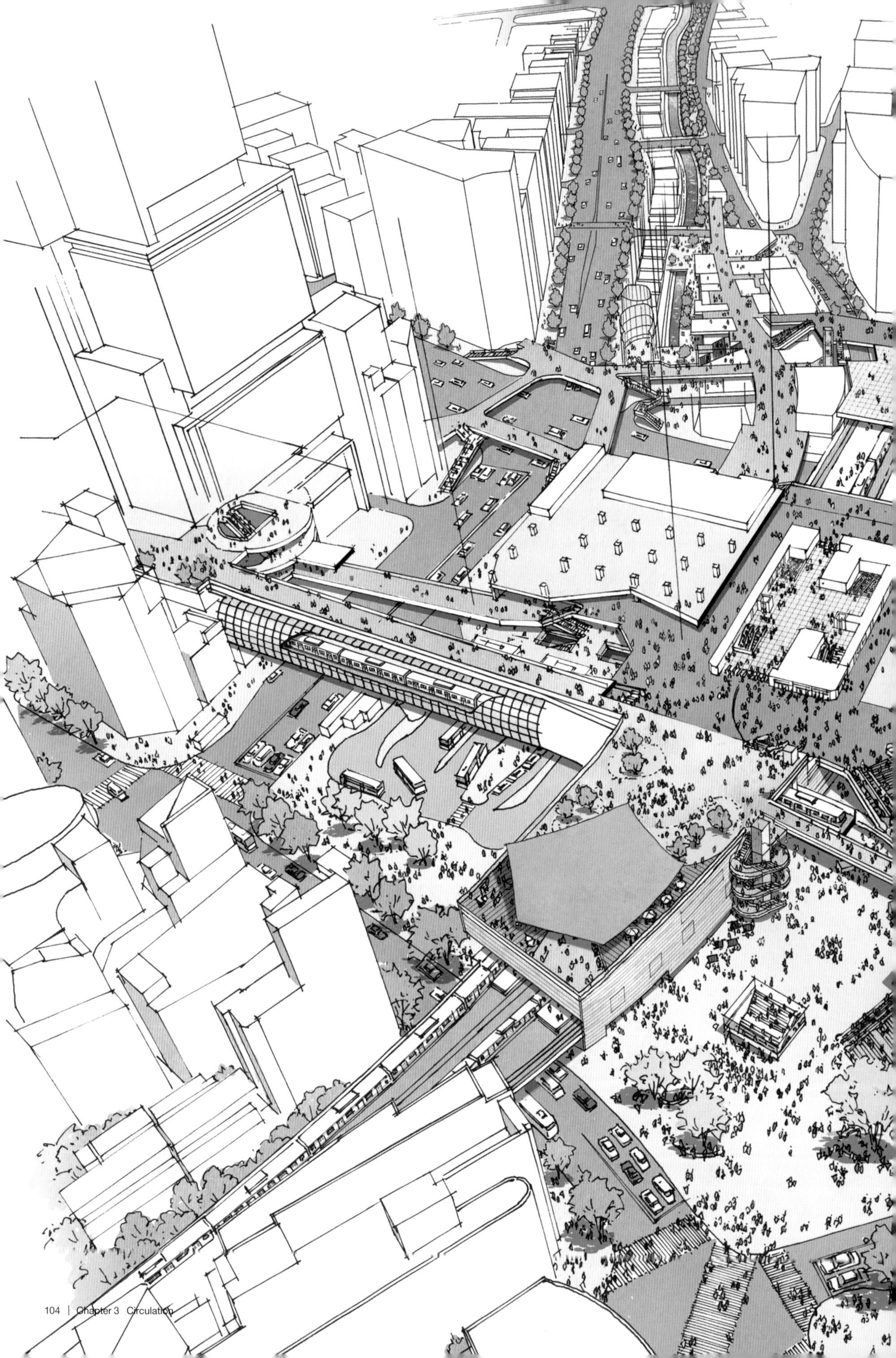

시부야지구 시부야 스크램블 스퀘어 저층부의 조감도

【24-3】 ©시부야역에리어 매니지먼트

25

흐름을 디자인한다

광저우 신탕역 ITC Xin Tang Station CadreInternational TOD Center

Type B

설계자: 니켄세케이

【25-1】

【25-2】

광저우~선전~홍콩을 연결하는 도시 간 철도와 지하철 2개 노선을 포함해 모두 7노선의 공공교통 거점과 오피스, 상업, 호텔 등(시설 전체 연면적 약 36만 m^2)을 일체적으로 개발하는 교통 Hub 복합 프로젝트다.

중국에서는 2008년부터 남북방향 4선, 동서 방향 4선의 여객철도루트 사종사횡(四縦四横)의 고속철도 네트워크의 건설이 시작되어, 2020년에는 인구 20만 이상 도시의 90%가 그 네트워크에 액세스되도록 할 계획이다. 사종사횡(四縦四横)의 최남단에 위치한 신탕역 ITC는 국가의 거대 인프라 구축에 있어서 키스톤이 되는 지리적·경제적 중요성을 가진 개발이다.

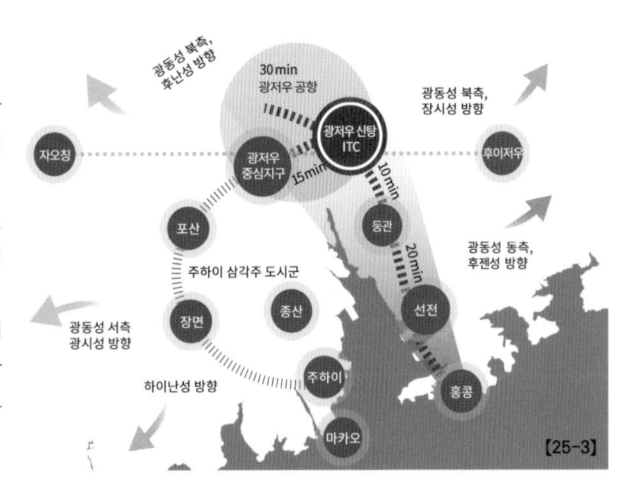

【25-3】

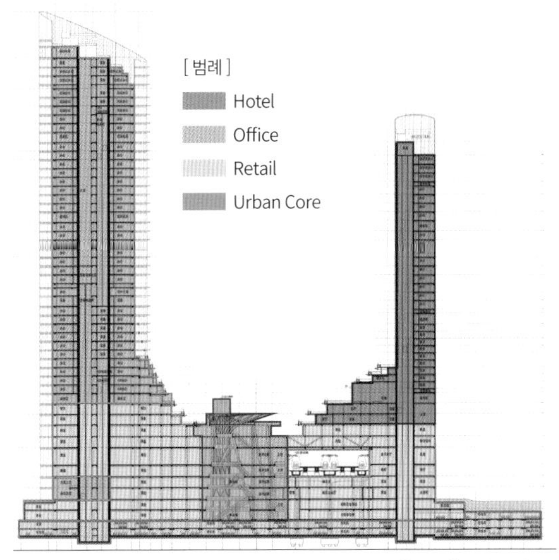

【25-4】 단면 조닝도

【25-5】 지역 조닝도. 신탕역 ITC는 중국 국내 최초의 입체적인 TOD 프로젝트며, 부지 주변에서부터 주하이(珠江)델터 구역까지 광범위하게 영향을 미치고 있다. 부지는 광저우의 새로운 CBD(Central Business District)의 입구에 위치해 교통 인프라의 결절점으로서 도시의 성장을 뒷받침하는 역할을 수행한다.

신탕역은 광선(広深)철도의 최대 규모 역으로 하루 40만 명의 이용객을 예상한다. 지하철과 도시 간 철도, 버스, 택시 등이 발착하는 대형 교통 허브이며, 일체적 설계가 이루어진 복합시설은 Urban Core와 Urban Corridor를 채용하는 것으로 동선의 집약과 분산이 쉽게 이루어지도록 했다. 과도한 분산과 과도한 통합을 피하며, 목적 동선을 명확히 정리하는 것을 우선으로 상업과 문화적인 기능을 가진 복합시설로 사람의 유도가 이루어지는 것이 가장 중요한 과제다. Urban Core는 환승과 역 상부 시설로의 동선 유도, Urban Corridor는 역 주변 블록으로의 동선 유도를 주로 담당한다. 그 분기점에 광장, 전망 데크 등의 퍼블릭 스페이스를 설치해 각각 동선 간의 융합이 가능하도록 하였다.

누구에게나 알기 쉽고 사용하기 편한 메인 동선을 줄기로, 상업 등의 각 시설에 이르는 가지 동선을 유기적으로 연결하는 것이 포인트가 된다. 거대한 오픈 공간을 배치하는 것으로 사람의 흐름뿐만 아니라 빛과 바람과 같은 자연 요소도 소통되

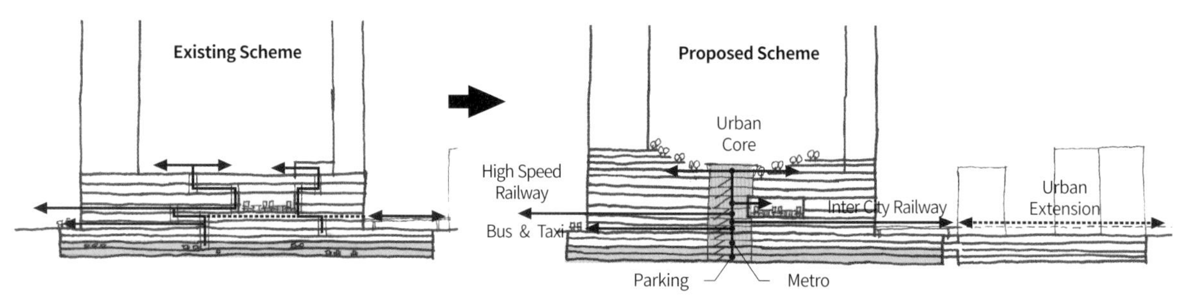

【25-7】 동선 개선 개념도. 다수의 공공교통의 혼재하는 경우, 클랭크를 가진 알기 어려운 환승 동선 계획은 금물이다. 명쾌하게 누구에게도 알기쉬운 동선의 골격을 만드는 것이 중요하다.

는 통로가 된다. 지하 2층에서 지상 7층까지 연결되는, 높이 45m, 폭 20m, 길이 120m의 Urban Corridor는 여름에는 남동풍을 끌어들여 평균 34°C의 더운 외기온을 완화시켜 쾌적한 외부환경 만들기에 공헌한다. Urban Core와 Urban Corridor는 환승 동선과 역과 지역을 연결하는 동선 공간에 그치지 않고, 고밀도 TOD의 건축에 있어서 쾌적한 공공 공간을 창출하기 위한 환경 장치의 기능을 겸한다.

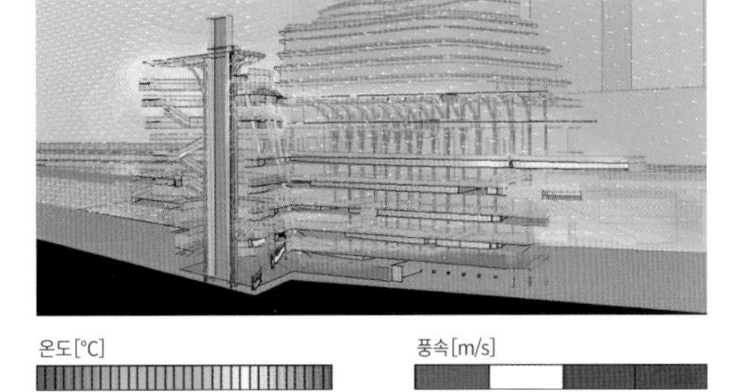

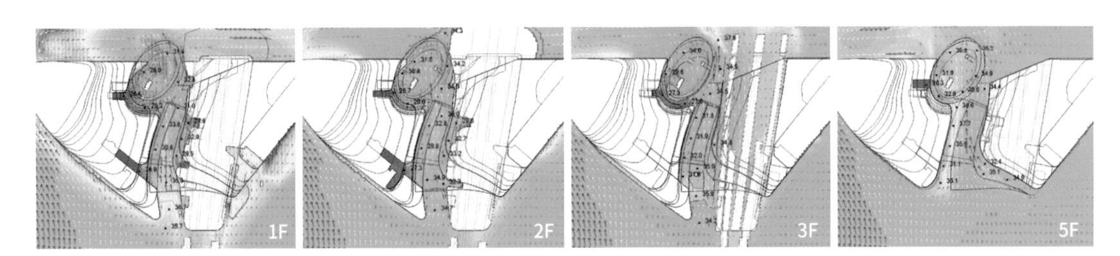

【25-8】 환경 시뮬레이션을 통해 기류와 온도를 검증한다.

26

Twin Core로 도시를 연결한다

충칭 샤핑바역 Paradise Walk Sha Ping Ba Station Longfor paradise walk Type B

설계자: 니켄세케이

청두에서의 고속철도가 정차하고, 충칭 시가지로 연결되는 지하철 및 버스 등, 1일간 40만 명이 이용하는 교통 네트워크를 가진 샤핑바 고속철도터미널 복합개발은 충칭의 새로운 서측 현관이 된다. 부지 북측의 지하 7층에 기본의 지하철 1호선이 있고, 본 계획과 함께 신설되는 지하철 9호선과 환상선이 지하 7층과 지하 8층에 위치한다. 더욱이 부지 남측의 지하 1, 2층에는 고속철도, 버스·택시 등의 공공교통이 복잡하게 얽혀 있어, 환승 동선, 부지 내부 시설과 주변 블록으로의 동선을 명확히 정리하는 것이 최대의 과제다. 특히 지하철 이용자 수가 압도적으로 많은 점을 고려, 지하철과 고속철도 등 타 공공교통시설과의 연계성 강화가 중요 포인트가 된다. 우선은 각각의 공공교통이 교차하는 철도역 동서 양측에 Urban Core를 배치해 그 주위로 버스·택시, 주변으로 연결되는 동선을 구축했다. 또한 Urban Core 주위에 상업 시설을 배치, 동선이 자연스럽게 상업 시설로 들어가고 또 관통되어 주변 지역으로 연결되는 동선을 형성하는 것으로 환승이 즐겁고 쾌적하게 이루어지도록 하였다.

【26-1】

단면모형. 공공교통의 환승 동선과 역 주변 지역으로 연결되는 보행자 동선이 교차하는 포인트에 공공 공간의 활력으로 충만한 Urban Core를 만든다.

【26-2】 단면도. 지하철·고속철도역에서 버스·택시 등의 단말 교통 및 상업 시설에 이르는 알기 쉬운 루트를 만든다. 굴곡이 적은 심플한 루트로 구성하고, 또한 지상의 분위기가 느껴지도록 하는 것이 중요하다.

【26-3】 현장 사진. 지하 8층까지 오픈컷 공법으로 굴삭해, 지하철과 도로 등, 도시 기반시설의 공사가 시행되었다. 샤핑바 고속철도터미널 복합개발에서는 고속철도의 개통 시기를 지키기 위해, 철도나 교통광장 등의 인프라를 선행 시공하면서 상부 시설의 설계를 병행해 진행했다.

MAX MARA
Metro Plaza
Urban Core
High Speed Railway

매력적인 환승공간

Urban Core는 지하 7, 8층의 지하철 3선의 콘코스, 지하 4층에 고속철도 출구, 지하 2층에 버스 터미널, 지하 1층에 택시풀 등 공공교통의 환승의 효율을 도모한다. 더욱이 역에서 지역으로 연결되는 동선상에 상업 시설과 오피스 출입구를 Urban Core에 면해 배치하므로 도시의 활력이 느껴지는 환승 공간을 만들어, 자연스레 지하 역에서 시작된 사람들이 흐름이 지상의 시설을 순환하고 지역으로 뻗어가게 했다.

【26-5】 초기 개념 이미지

【26-4】

공중 콘코스는 새로운 대지를 개척한다

27

오사카역 그랑프론트 Type C

[그랑프론트 오사카]
전체 총괄: 니켄세케이 / 미츠비시지쇼설계 / NTT퍼실리티즈

[오사카 스테이션 시티]
오사카역 개량 : 서일본여객철도, JR서일본 컨설턴트
노스 게이트빌딩 : 서일본여객철도, 니켄세케이(건축), 미츠비시지쇼설계(지역냉난방)
사우스 게이트빌딩 : 야스이, JR서일본 컨설턴트 설계공동체

역 개찰구에서 승차장으로 향하고, 전철에서 내려 환승하고, 전철에서 개찰구로 향하는 동선, 역내를 이동하는 이 3가지 동선에 있어서 사람들의 망설임이 흐름의 정체로 연결된다. 미로와 같았던 오사카역에 새롭게 생긴 공중 콘코스는 2층 레벨에서 그랑 오사카를 관통하고, 도시의 활력을 북측으로 연장시켜 오사카의 번화가를 크게 확장하는 데 성공했다. 향후 개발되는, 넉넉한 녹지를 확보한 '우메키타 2기'와도 연동해, 편의성과 풍부한 자연환경으로 윤택함을 겸비한 지역으로서 한층 더 업그레이드해 나갈 것으로 기대된다.

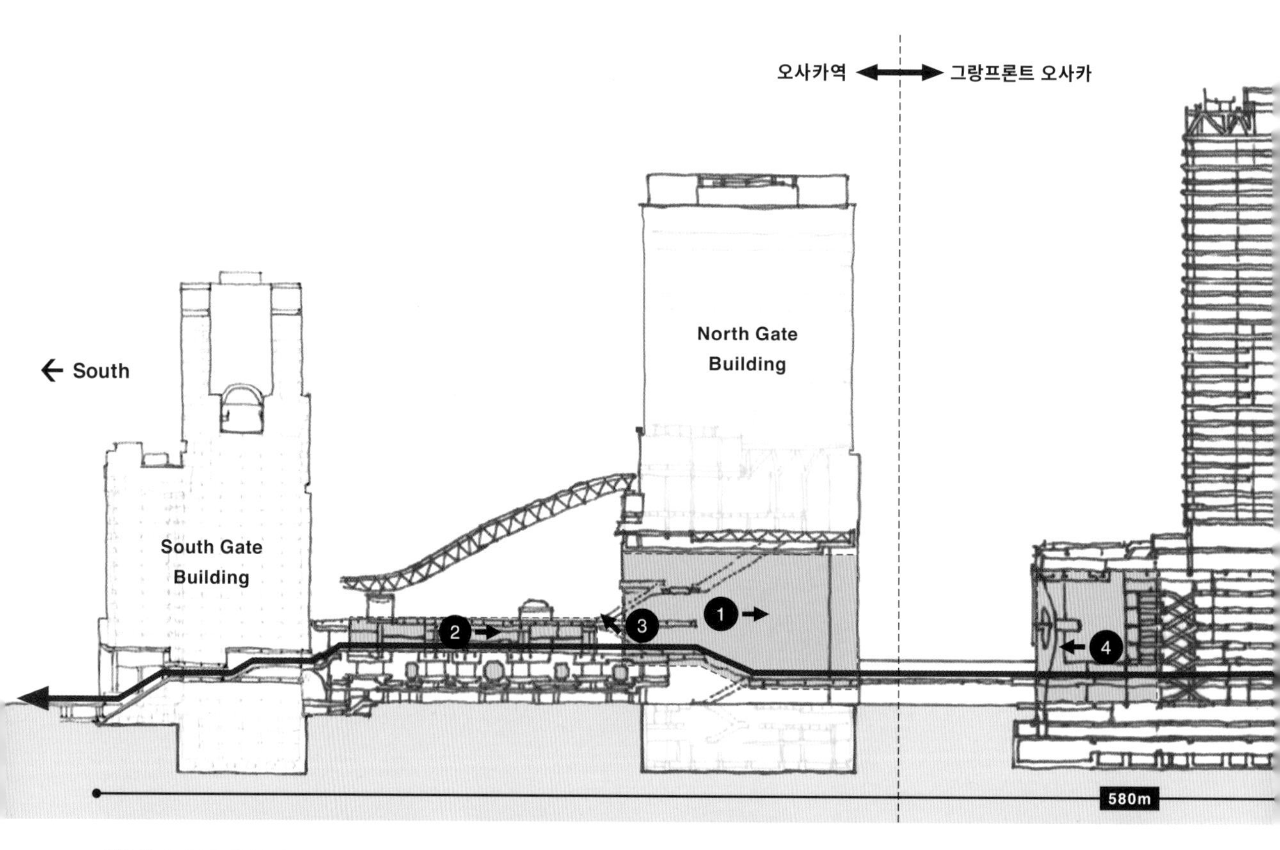

【27-3】
철도 상공으로 횡단하는 공중 콘코스

【27-4】
공중 콘코스와 연결되는 개방적인 데크 스페이스

【27-5】
반옥외의 상부 오픈된 상업 게이트

【27-2】 오사카 북측 에리어로 연결되는 다이내믹한 게이트 공간

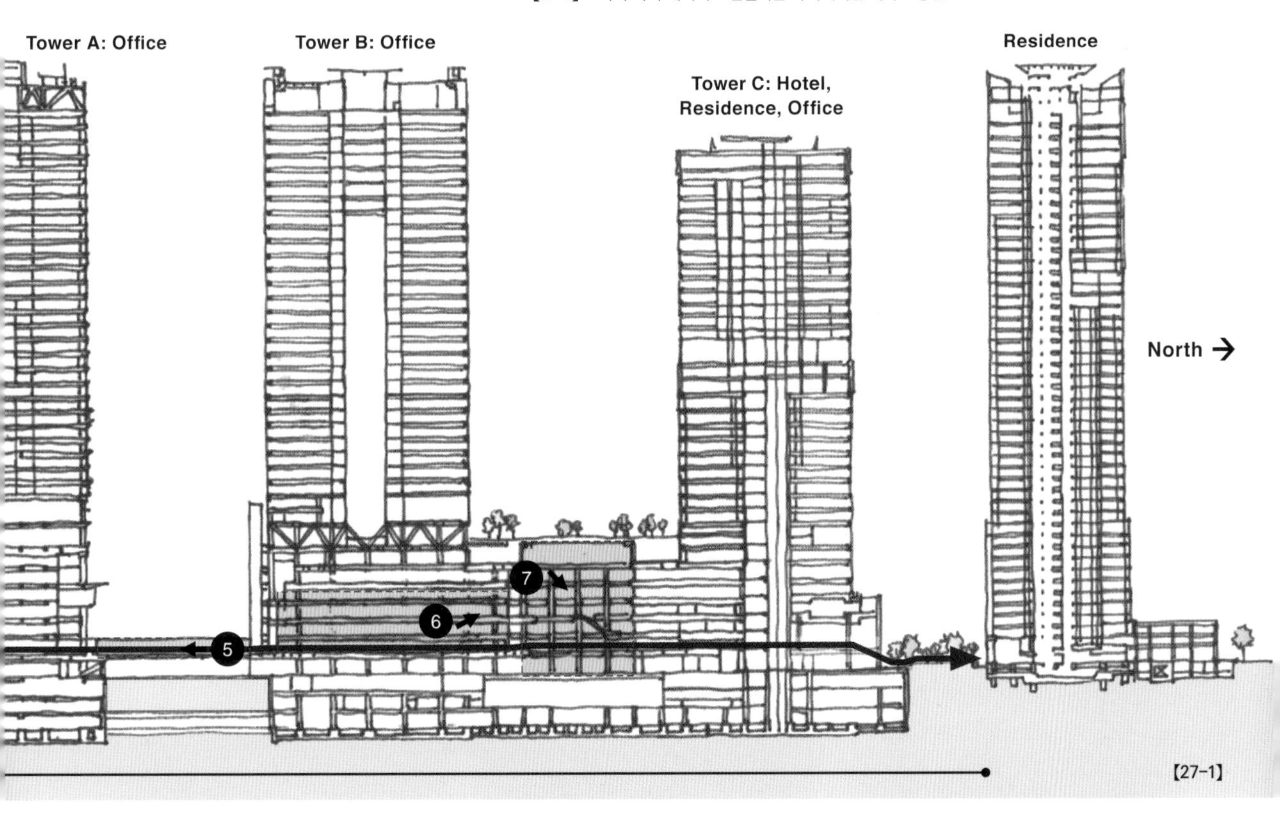

【27-1】

【27-6】
타워를 연결하는 유리지붕의 브릿지

【27-7】
오픈된 입체적인 상업 공간

【27-8】
7층 높이의 오픈된 아트리움에 면한 나렌지 플라자

빌딩을 들어 올려서 길을 만든다

28

교바시역 에도그랑 Type C

[재개발동] 설계자: 니켄세케이 / [역사적 건축물] U.A건축연구실 / 시미즈건설 설계기업공동체

교바시 에도그랑은 빌딩을 들어 올려 역과 지역을 연결하는 통로를 만들고, 초고층 빌딩 직하에 보이드 공간과 심볼릭한 에스컬레이터를 배치해 지하 1층 역 개찰구까지 동선을 연결하고 있다. 수직 동선의 가시화는 시설의 동선을 알기 쉽게 하는 것뿐만 아니라 다양한 높이의 시점에서 보고·보여지는 관계를 만들어 오픈 스페이스 전체에 변화와 긴장감을 만들고 있다. 공공 공간의 가장자리에 가구를 배치해 일상적인 휴식의 장소로 활용하는 것으로, 외기에 개방된 대공간이면서도 사람들의 온기를 느낄 수 있는 공간을 창출하고 있다.

[28-1] 재개발저층부(왼쪽)와 메이지야 교바시 빌딩(오른쪽)의 대비를 표현한 외관

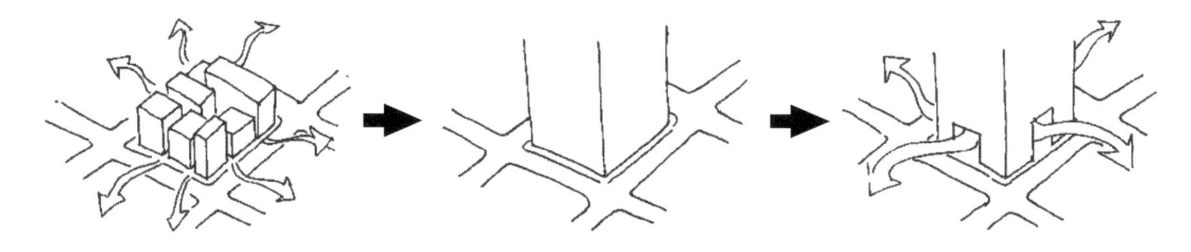

[28-2] 지역을 연결한다

교바시 지역은 도쿄역에 가까우면서도 토지 구획이 세분화되어 지금까지는 블록 단위의 개발이 진행되지 않았다.
교바시 에도그랑은 '공창형(共創型) 재개발'이라는 개념으로, 저층부는 최대 높이 31m의 보이드를 가진 다양한 오픈 스페이스를 확보하고, 인접 가구에 대해 개방적인 공간을 연결해 매력적인 도시의 공공 공간을 창출하고 있다.

【28-3】 교바시 에도그랑 전경

교바시 에도그랑은 보존·재생한 역사적 건축물인 메이지야 교바시 빌딩과 신축하는 재개발동의 2동으로 구성된다. 양 건물의 높이를 맞추어 기존의 도시 경관을 존중함과 동시에 재개발동의 저층부는 유리 입면을 채용해 메이지야 빌딩의 역사적 가치와 디자인과의 대비를 강조하면서도 상호보완적인 관계를 만들고 있다. 또한 지하 1층에는 도쿄 메트로 긴자선에 직결하고 있어 지하광장의 보이드 공간에 설치한 에스컬레이터 주위로 다양한 오픈 스페이스가 배치되어 있다.

【28-4】 지상 관통도로

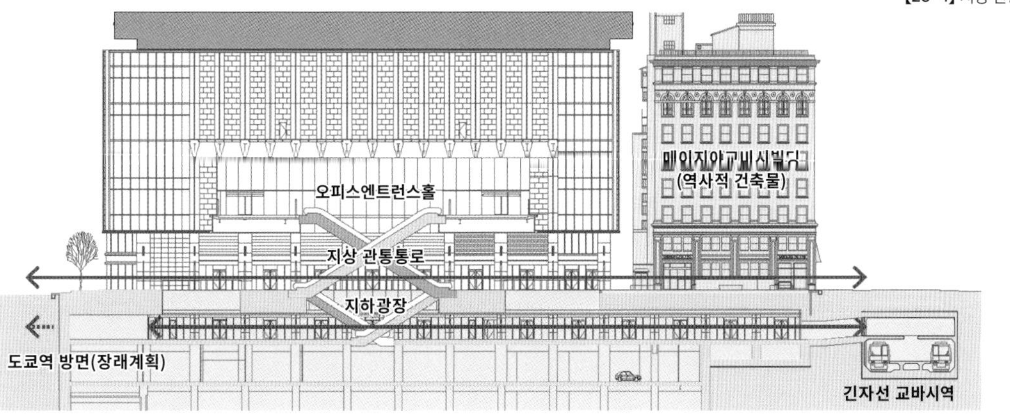

【28-5】 교바시에 직결한 지하광장에 있는 보이드 공간. 장래 동경역 야에스 지역의 지하가로 접속될 예정이다.

지하 역과 맞닿은 언덕길

29

롯본기 1초메역 이즈미가든 / 롯본기 그랜드타워

Type C

[이즈미가든] 설계자 종합감수: 스미토모부동산 / 설계자: 니켄세케이
[롯본기 그랜드타워] 종합감수: 스미토모부동산 / 설계자: 니켄세케이

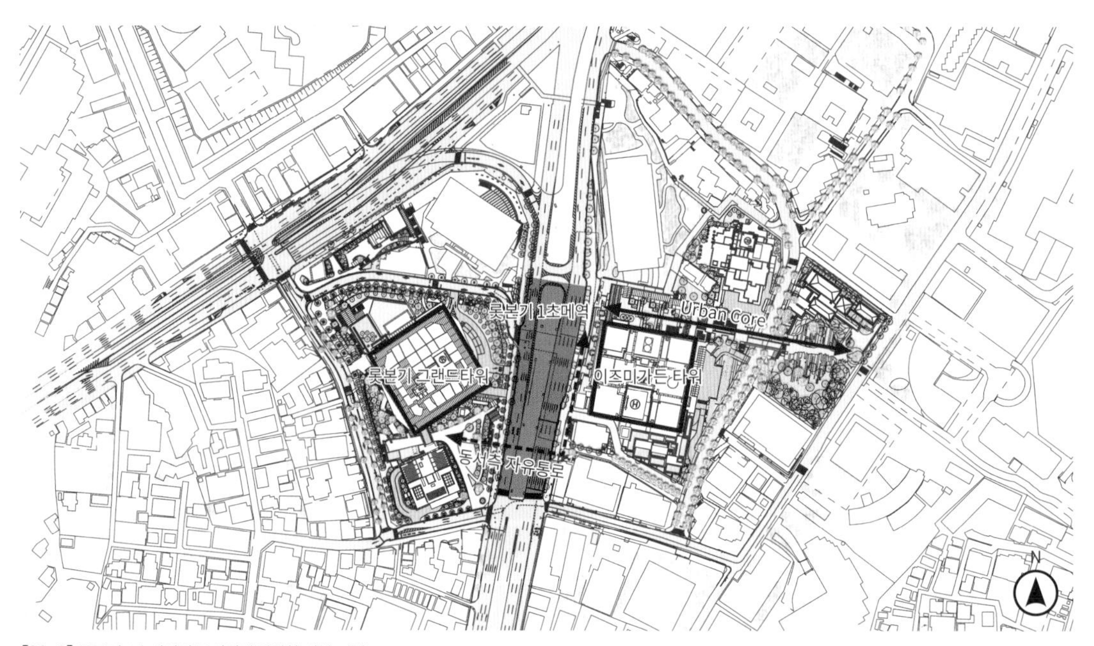

【29-2】 롯본기 1초메역의 동서편에 위치한 개발 지역

【29-1】

아자부로 하부에 위치한 도쿄 메트로 롯본기 1초메역을 사이로 동측은 이즈미가든 타워, 서측은 롯본기 그랜드타워·레지던스 플라자가 배치되어 있다. 지하 역에는 동서 두 곳의 개찰구가 있어 동측 출구를 나오면 이즈미가든의 밝, 빛으로 충만한 공간이 있고, 서측 출구를 나서면 지하철 역앞 광장으로 연결된다. 지금까지 아자부로로 분단된 지역은 지하철 광장을 경유해서 두 곳의 개발에 직결되는 동서 자유 통로를 주축으로 지역의 보행자 네트워크가 형성되어 있다.

【29-3】 지하철역 앞 광장으로 통하는 지상 출입구

【29-4】 서측에서 지하철역 앞 광장에 접속하는 선큰가든을 내려다봄

【29-5】 롯본기 1초메역의 동측 개찰구를 나오면 자연광이 충만한 계단형의 테라스가 반겨준다. 테라스를 다 올라가면 미술관이나 대사관 방면으로 접근이 가능하다.

재생된 언덕길 '坂道'

이즈미가든과 접속하는 도쿄메트로 남북선 롯본기 1초메역, 지하 3층 레벨에 있는 개찰구를 나오면 생각지도 않았던 자연광 충만한 공간이 이용자를 반긴다.

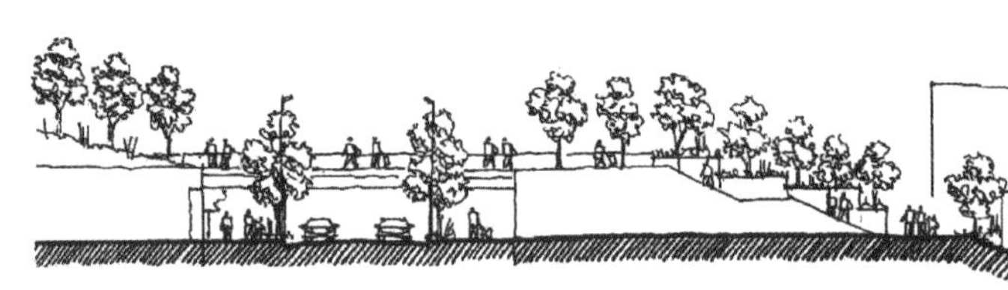

초고층 빌딩을 슈퍼프레임 구조를 공중으로 들어 올린 구성으로, 개방된 저층부는 지형의 기복이 큰 롯본기의 지형을 살린 계단형의 테라스가 지상 2층에서 지하 3층까지 연결된 인상적인 공간을 만들고 있다. 이는 롯본기 지역의 특성인 언덕길 '坂道'의 재생이라는 의미를 가진다. 풍부한 녹지와 상업 시설을 사이사이에 배치한 쾌적한 테라스 공간의 위쪽으로 걸어가면 언덕위의 미술관과 호텔, 레지던스를 만나게 된다. 새로운 개발로 인한 지역의 분단이 아닌 주변의 지역을 보다 잘 연결하는 촉매의 역할을 하는, 더욱이 매력적인 도시의 퍼블릭 스페이스의 역할을 하는 언덕길 이것이야말로 진정한 Urban Corridor라 하겠다.

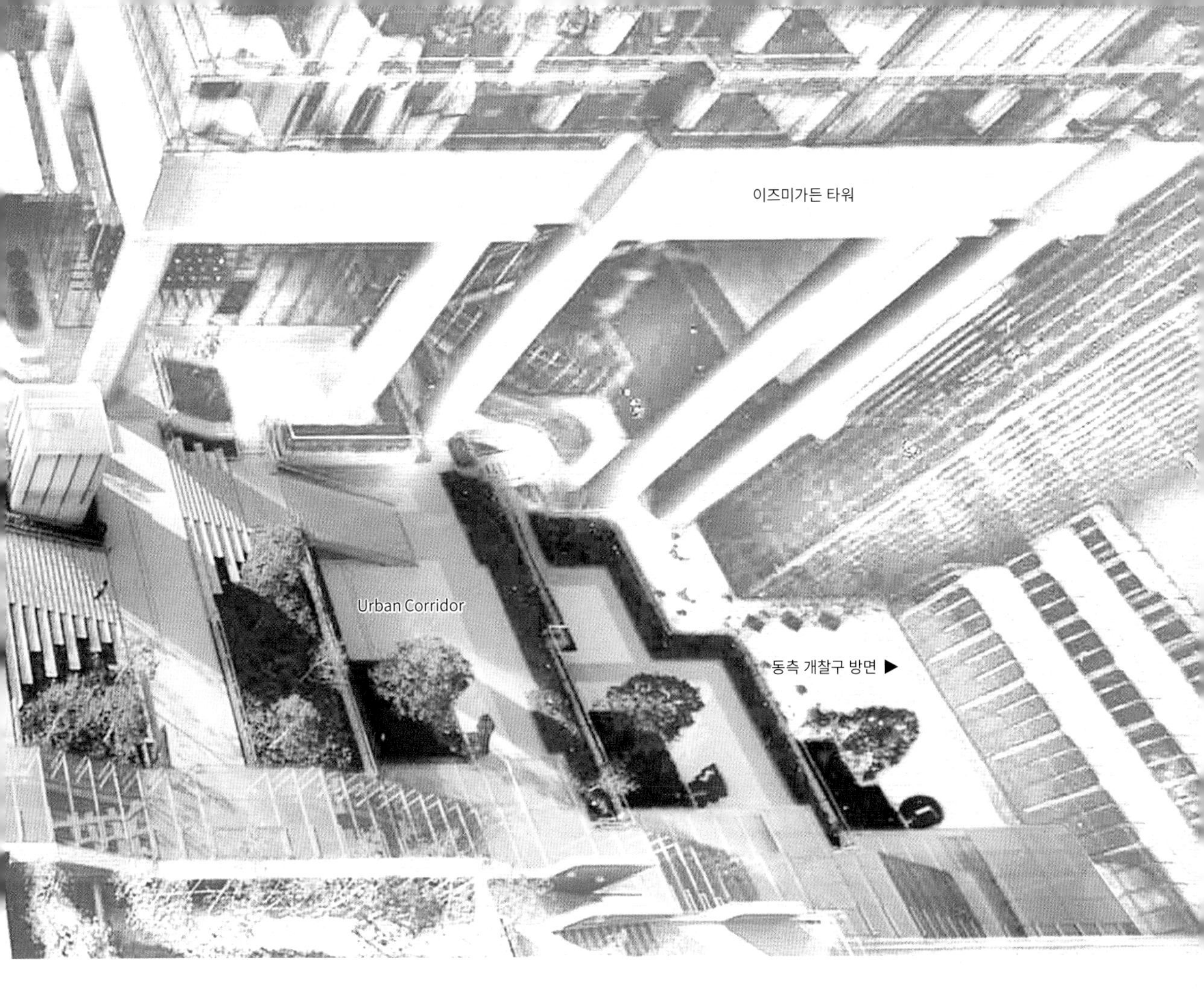

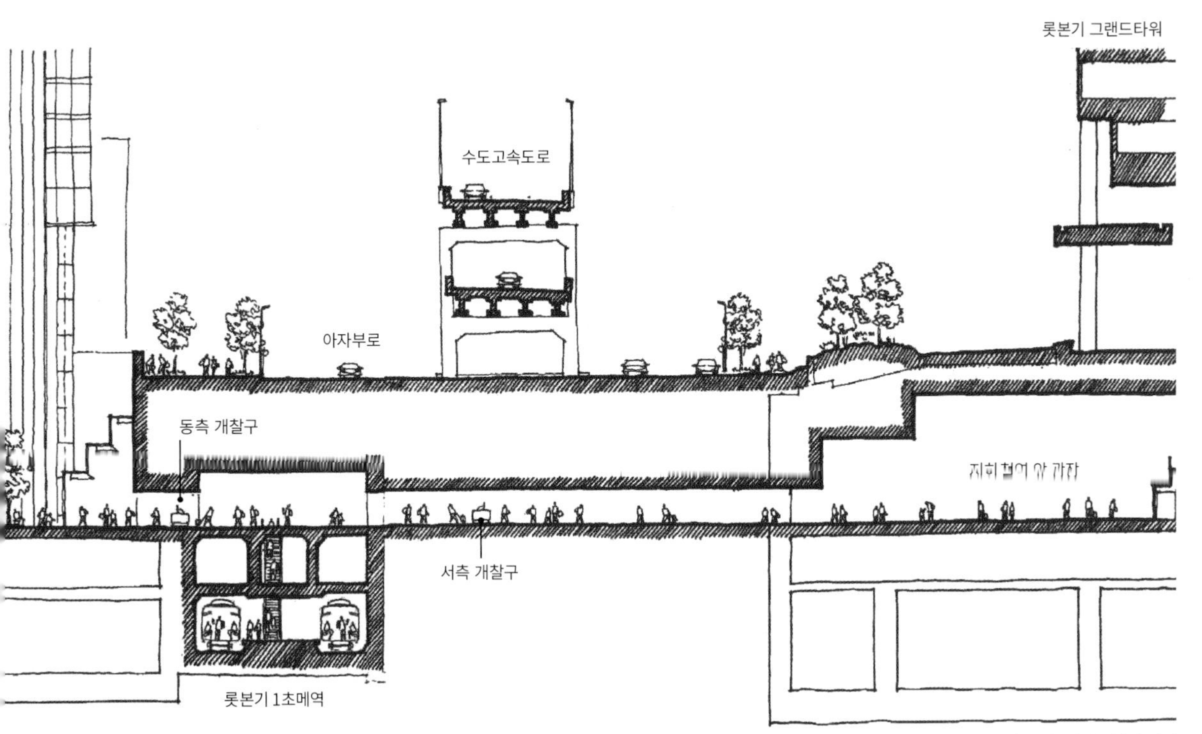

【29-6】 지하철역을 중심으로 한 이즈미가든과 롯본기 그랜드타워 개발의 단면

땅속 깊이 뻗은 도시의 뿌리

도교역 주변 지하가 Type D

30

도쿄역의 상업 시설은 지상보다도 지하에 집중 배치되어 있다. 도쿄역 야에스 방면의 개찰구와 직결하는 도쿄역 일번가와 야에스 지하가는 지상 못지않은 상권을 형성하며, 도쿄역의 현관으로서 주변의 빌딩과 접속 루트인 동시에 교바시 방면으로도 연결되는 통로가 되고 있다. 또한 도쿄역의 지하에는 마루노우치와 야에스를 연결하는 지하 자유통로가 있어 도쿄역의 광대한 플랫폼에 의해 분단되어 있는 동서 양 지역을 연결하는 경로가 된다. 마루노우치 측의 빌딩군 지하에서도 상호 연결되어 도쿄역을 중심으로 한 보행자 네트워크를 형성, 광역 지역의 이동 공간이 되고 있다. 마루노우치 지역의 빌딩 내 통로를 포함해 도쿄역의 지하가는 마치 땅속에 뻗은 고목의 뿌리와 같이 확장해 나가고 있다.

【30-1】 도쿄역을 중심으로 서측에는 유락쵸 · 마루노우치 · 오테마치에리어, 동측에는 야에스 · 니혼바시에리어, 동서에 걸쳐서 거대한 보행자 네트워크가 형성되어 있다.

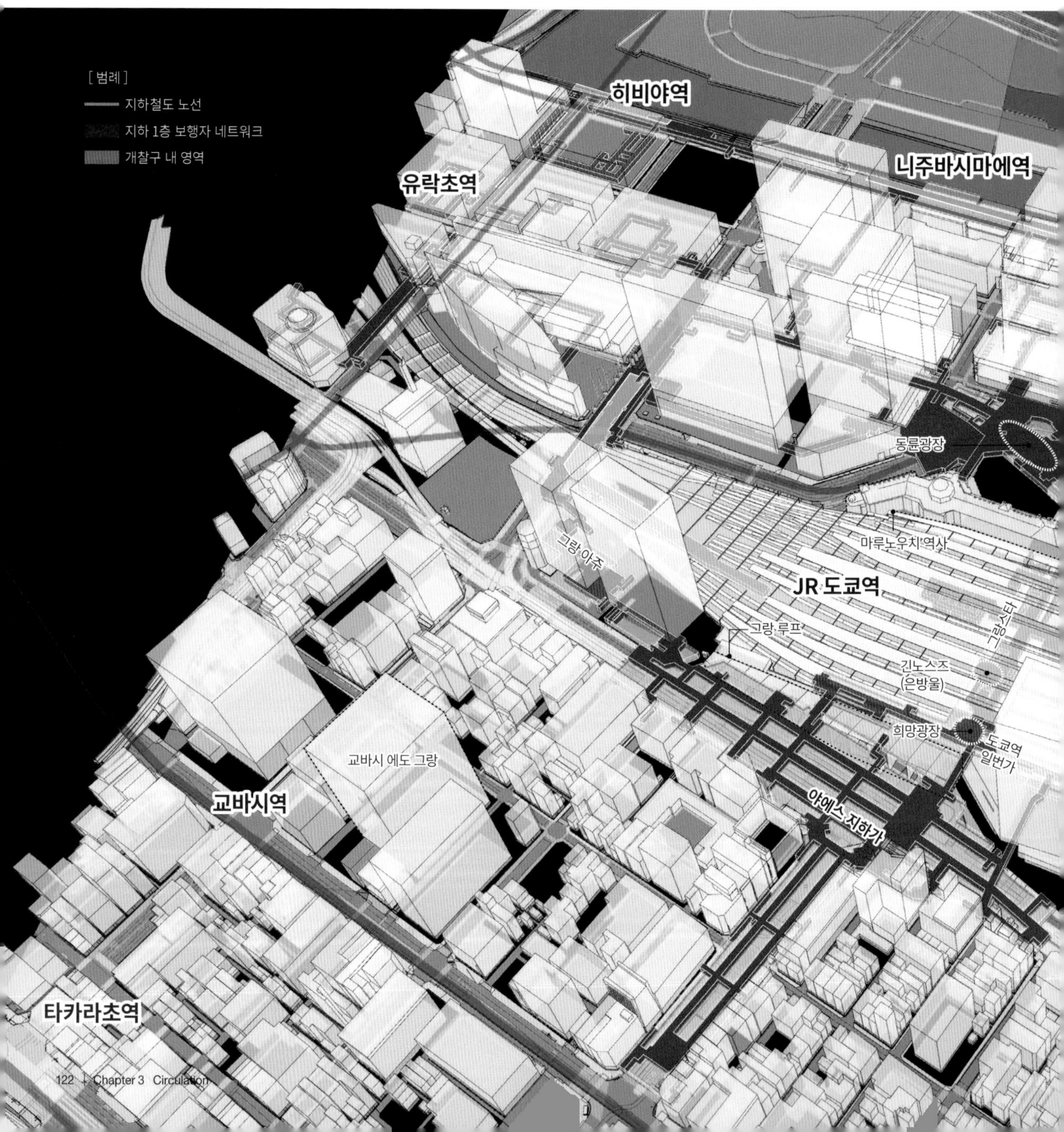

【30-2】 도쿄역 일번가

【30-3】 야에스 지하가

【30-4】 북측 지하 자유통로

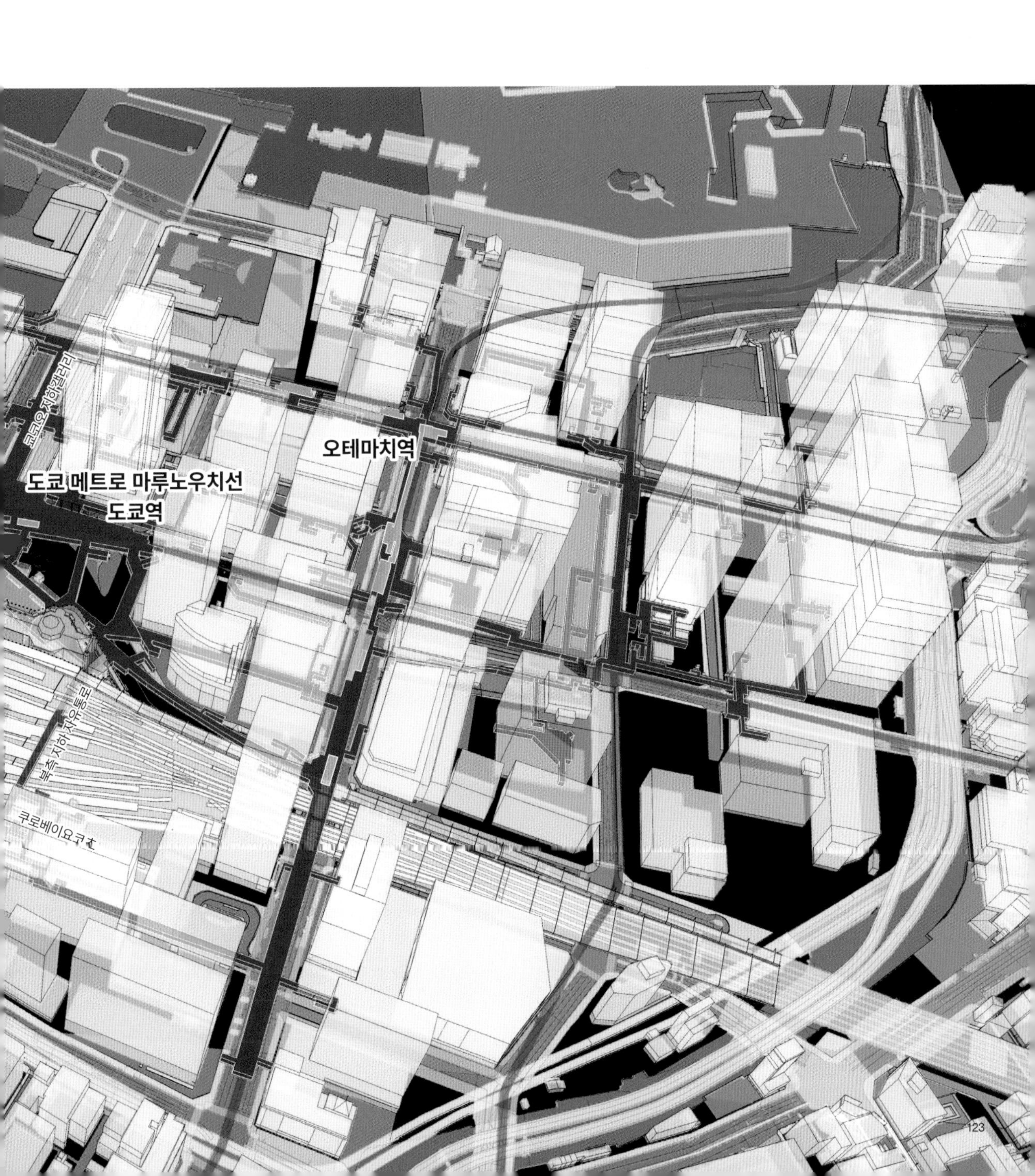

비가 오나 눈이 오나 변함없는 지하도 지름길

31

오사카역 주변 지하가 Type D

어둡고 습하기 나름인 지하가를 활기 넘치는 쇼핑 스팟으로 만든 '난바 지하센터(NAMBA난난)'은 1957년 일본 최초의 본격적인 지하가로 오사카에 탄생했다. 그 후 1970년 '무지개마을(현 난바 워크)'의 건설로 연결되었고, 지하가 개발은 점차 사용자와 개발자, 행정가의 지지를 받으며 활성화하기 시작했다.

오사카역 부근에도 이런 경향은 생겨났다. 1963년 오사카역 남측에 생겨난 '우메다 지하센터(현 Whity 우메다)'의 개발을 계기로, 신노선의 증설이나 블록 개발과 함께 1966년 '도지마 지하센터(DOTICA)', 1955년 '오사카 다이아몬드 지하가(현 DIAMOR Osaka)' 등이 40년 동안 단계적으로 건설된 우메다 지하가는 마치 개미동굴처럼 뻗어나가, 지금은 세계적으로도 손꼽히는 규모의 지하 공간으로 성장했다.

도시의 성장과 함께 복잡하게 확장된 이 지하가를 자유롭게 누빌 수 있게 되었을 때가 비로소 오사카 주민이라는 농담이 있다. 비가 오나 눈이 오나 바람이 부나 한결같이 쾌적한 환경에, 필요한 것들을 거의 다 손에 넣을 수 있는 그야말로 편리한 지하도시다.

【31-1】 Whity 우메다, 도지마 지하센터, DIAMOR Osaka의 순으로 지하가 개발이 진행되어, 종국에는 거대 지하 네트워크로 성장했다.

【31-2】 화이티 우메다, 이즈미 광장

【31-3】 도지마 지하센터, 기원의 광장

【31-4】 디아몰오사카, 원형광장

Berlin Hauptbahnhof
베를린 중앙역

동서냉전 아래 정치적으로 분열되었던 독일 베를린에서는, 장거리 열차의 터미널 역도 동서로 분리되어 있었다. 동서의 통합 이후 여객의 편리성을 높이기 위해서 새로운 베를린 중앙역의 건설을 시작으로, 2006년 독일에서 개최된 2006 FIFA 월드컵 개막에 맞춰 운행을 시작했다.
인터시티 등의 장거리 열차나 도시 내·도시 인근 부분의 철도의 플랫폼이 지하 2층 남북 방향과 지상 3층의 동서 방향으로 교차 배치되고, 그 위를 가벼운 유리의 무주 철골 아치로 덮는 역사가 되었다. 지하에서 지상까지 약 26m의 보이드 공간에는 개찰 게이트 등의 장벽이 없이 개방감 있는 환승 동선과 상업 시설의 활기가 보인다.
그야말로 역과 도시가 하나로 녹아 있는 공간이라 하겠다.

출전: https://www.bahnhof.de/bahnhof-de

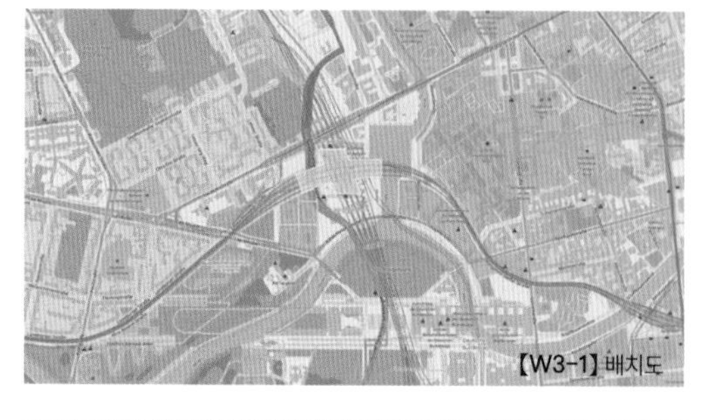
【W3-1】 배치도

【W3-2】 역 외관

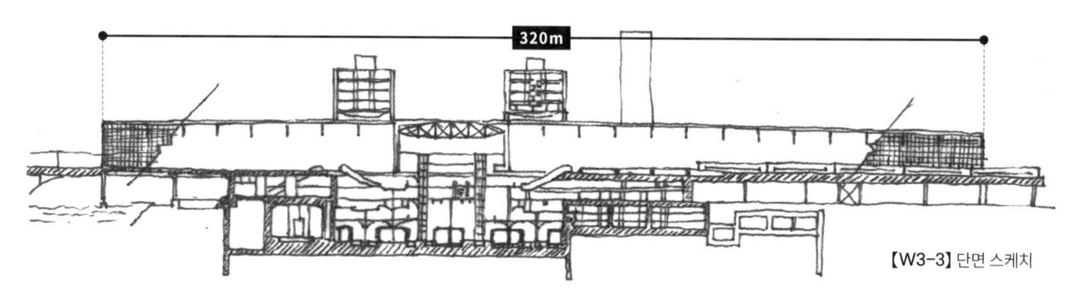

【W3-3】 단면 스케치

【W3-4】 입구 콘코스 내부

【W3-5】 3층 플랫폼

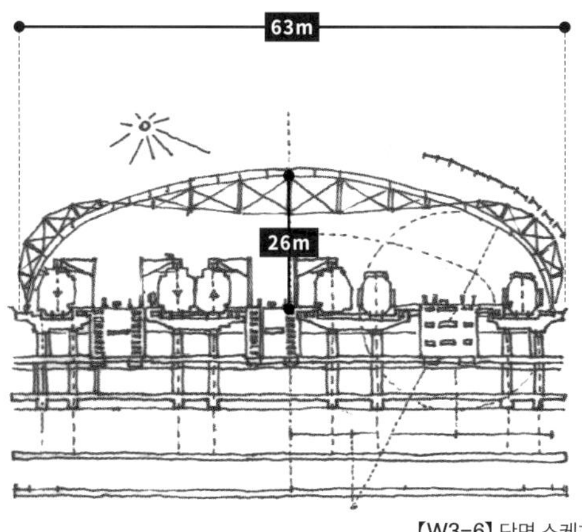

【W3-6】 단면 스케치

【W3-7】 2층 상업 콘코스에서 내려다봄

【W3-8】 지하플랫폼

사람의 흐름을 디자인한다 ~ TOD 유동계산

하루에 백만 명이 이용하는 철도 광장의 폭은 어떻게 결정하는 것일까. 군중의 행동을 연구한 John J. Fruin이 『보행자 공간_이론과 디자인』(1974년, 카지마출판회)이라고 하는 책에서 제안한 보행자 유동의 서비스 수준의 정의가 지금도 사용되고 있다. 예를 들어 분당 1,000명의 보행 광장에서 서비스 수준 B(다소 제약이 있는 보행 상황)를 확보하는 경우에는 1m당 통과 인원수를 51명 이하로 할 필요가 있으므로 1,000명/분÷51명/분・m=19.6m의 통로 폭이 필요하다. 이때 벽이나 기둥 사이는 사람이 걸어갈 수 없기 때문에 더욱 1m를 공제해서 확보할 필요가 있음을 잊지 말아야 한다.

【E3-1】

통2로의 통행량과 혼잡수준

출전: 「대규모개발지구 관련 교통계획 메뉴얼 개정판」(2014년 국토교통성)※

서비스 수준	유동계수 (인/분/m)	보행상황	이미지
A	~27	자유보행	
B	27~51	다소 제한적	
C	51~71	다소 곤란	
D	71~87	곤란	
E	87~100	보행 불가능	

※이미지는 『보행자 공간_이론과 디자인』을 인용

계단의 통행량과 혼잡수준

출전: 『보행자 공간_이론과 디자인』(1974년 카지마 출판회 John J. Fruin)※

서비스 수준	유동계수 (인/분/m)	보행상황	이미지
A	~15	보행 속도의 선택, 보행이 늦은 사람을 앞지르기가 가능	
B	15~20	모든 보행자가 자유롭게 보행 속도 선택 가능. 그러나 그 수준이 하한치에 가까울수록 앞사람을 앞지르는 것이 다소 곤란하고, 마주 걷기 또한 조금 어렵다.	
C	20~30	앞사람을 앞지르기가 힘들어져 보행 속도가 제한적이게 된다.	
D	30~40	전후 간격의 여유가 없고 타인을 추월하는 것이 불가능하기 때문에 거의 모든 보행자의 속도가 제한적이게 된다.	
E	40~55	계단을 오르는 동작이 가능한 최소치. 전후 간격의 여유가 없고 타인을 추월하는 것이 불가능하기 때문에 거의 모든 보행자가 걷는 속도를 줄여야 한다.	
F	55~80	유동이 때때로 정지하게 되므로 전체적인 이동이 마비상태가 된다.	

【E3-2】

키치조지역 빌딩에서의 해석 사례

【E3-3】 키치조지역에 있는JR선 공원 개찰구를 기점으로 하는 보행자 시뮬레이션(2층 콘코스)

출전:「K역 리노베이션 계획안에 대한 군중 유동 해석 보고서(주)피디 시스템, 시미즈 건설(주)」

기존 여객 유동 실측치에 따라 아침 러시아워를 위해 설계 단계에서 시뮬레이션한 2층의 보행 속도의 분포 그림. 동선이 교차하는 2층 중앙홀 중앙 부분에서 보행 속도가 크게 저하하고 있으며, 이러한 범위에서 통행하기 어려운 상황이 발생하는 것으로 예측된다.

【E3-4】 같은 2층 콘코스에 있는 통행의 보행궤적

출전: 'K역 리노베이션 계획안에 대한 군중 유동 해석 보고서(주)피디 시스템, 시미즈 건설(주)'

기존 여객 유동 실측치에 따라 설계 단계에서 아침 러시아워를 상정하고 시뮬레이션한 2층 중앙 홀에서의 통행자의 동선의 궤적을 나타내고 있다.
2층 중앙 홀에서 JR선 공원 입구 개찰구에서 3층 케이오 이노가시라선 개찰구로 향하는 통행자(빨간색)와 3층 케이오 이노가시라선 개찰구에서 JR선 공원 입구 개찰구로 향하는 통행자(파란색)의 동선이 교차하고 있어 통행하기 어려운 상황이 발생하는 것으로 예측된다. 이러한 시뮬레이션은 에스컬레이터 운용 계획에도 이용되고 있다.

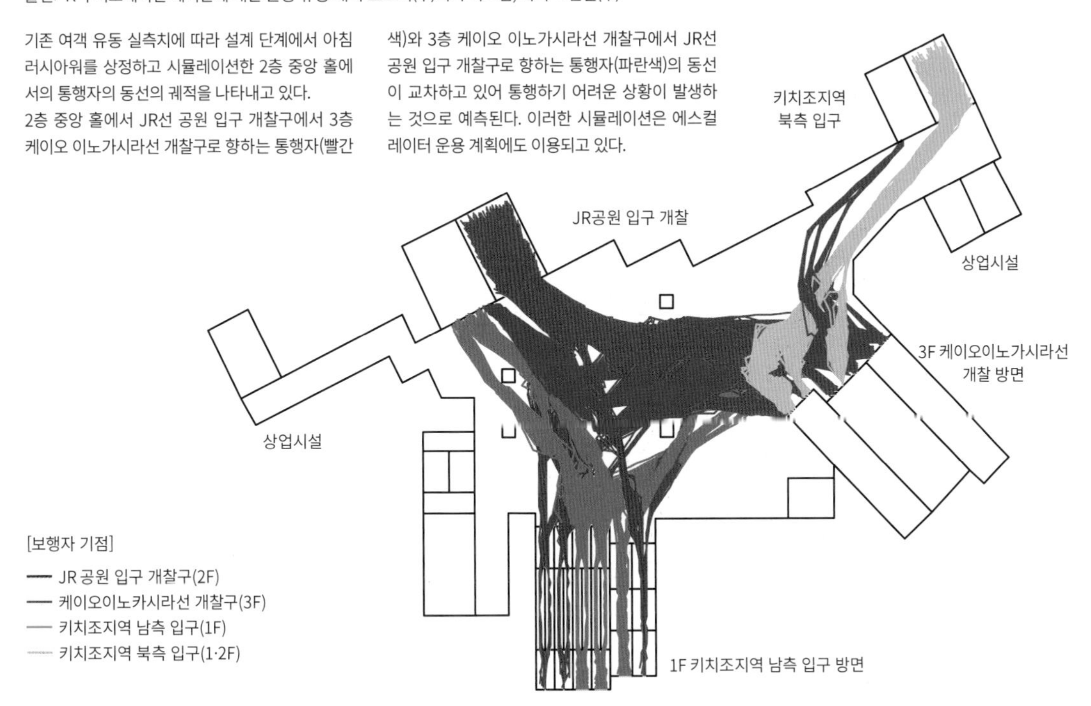

↓4

Symbol

32 — 39 심볼

역은 언제나 도시의 얼굴이 되고 사람들의 기억에 남는 장소가 된다.
도시의 중심이 되는 역을 내포한 TOD에 있어서도 일상적 이용자나 비일상적 방문자 등 모든 이용객의 기억에 남는 '심볼'로서, 인상적인 외관이나 역의 공간 체험을 디자인하는 것이 중요하다.
어느 도시에서도 적벽돌과 아치의 외관은 역이 가진 대표적인 상징성일 것이다.
다카나와 게이트웨이역과 같은 철도가 발착하는 큰 지붕을 가진 대공간도 사람들의 마음에 남는 풍경의 하나일지도 모른다.
우메다 한큐 빌딩과 같이 본래의 클래식한 빌딩 디자인을 바탕으로 변함없이 사람들에게 사랑받는 인상을 만드는 것 또한 새로운 풍경의 하나일지도 모른다.
또 시부야 히카리에와 같이 역동감 넘치는 도시의 다이나미즘을 느낄 수 있는 디자인도 그 풍경의 하나일 수 있다.
이 장에서는 50년, 100년간 지속되어 사용될 역을 포함하는 TOD이기 때문에 필요한, 사람들의 인상에 남는 디자인 방법들을 살펴보도록 하자.

Hikarie
新生銀行
レイク
4F
広告募集中 03-3369-8151
テナント募集
0120-882-722
タキザワ
アイフル
レイク

Symbol Matrix

Facade

역의 파사드

역의 파사드가 도시의 얼굴,
상징이 되어서 사람들에게
기억되고 자연스레
심볼이 된다.

Space

역의 공간 체험

역의 인상적인 공간이나, 그 장소에서만
느낄 수 있는 일들은 체험적인 심볼이 된다.

TOD의 얼굴이 되고 사람들을 끌어들이는 심볼이라 함은 아이콘으로서의 건축 외관만을 말하지 않는다. 전철의 움직임과 함께 감동을 주는 공간, 그 장소에 존재하는 역사와 전통이 될 수도 있다. 심볼적인 디자인의 명쾌한 구분보다는 역과 TOD를 구성하는 요소로서 사람들에게 이채로운 경험과 일상의 감동, 개인 개인의 소중한 기억이 되는 장소 만들기에 공헌하는 모든 것이 잠재적 심볼이 될 수 있다.

Mixed-use

도시기능의 적층

사람들이 모이는 용도를 적층한
도심의 복합 용도 건축은
그 자체로 도시의
심볼이 된다.

History

지역이나 사람에게 스며들어 있는 역사

변화무쌍한 시대의 흐름 속에서
그 장소에 변함없이 존재했던 것들,
시간을 뛰어넘는 것들 또한 중요한 심볼이 된다.

Experience

도쿄역 마루노우치 측

【32-1】

도쿄역 야에스 측

【32-2】

역사와 혁신의 게이트 32

도쿄역 마루노우치 역사 / 야에스 그랑루프

[도쿄역 마루노우치 역사]
프로젝트 총괄·감리: 동일본 여객철도 도쿄공사사무소, 도쿄전기시스템개발공사사무소
설계·감리: 도쿄역 마루노우치 역사 보존복원 설계공동기업체
(건축설계: JR동일본 건축설계사무소 / 토목설계: JR동일본 컨설턴트)

[도쿄역 야에스 입구 개발 그랜드 루프]
설계·감리: 도쿄역 야에스개발 설계공동기업체
(니켄세케이, JR동일본 건축설계사무소)

보존·복원 공사에 의해 100년 전 모습을 되찾은 동경역 마루노우치 역사는 폭 276m, 높이 45m의 거대한 터미널 역으로 황궁을 향해 곧게 뻗은 교코오로의 기점으로 도쿄의 역사적 상징이 되고 있다.

여기에 더해 야에스 측은 남북 약 240m의 그랑루프에 의해 도시의 새로운 랜드마크로 인식되고 있다. 건물이 아닌 큰 지붕과 오픈 스페이스로 구성되어, 마루노우치 역사의 존재감이 있는 건축물과의 대비에 의해 수도의 현관으로서 인상적인 경관을 형성하고 있다.

도쿄역의 새로운 랜드마크

도쿄역 마루노우치 역사의 중후함에 대비를 이루고, 도쿄역의 새로운 현관으로서 다양한 교통기간이 모여 있는 야에스 출구의 다이내믹함과 역동감을 '그랑루프'의 구조 형태로 표현하고 있다.

그랑루프를 지지하고 있는 기둥은 각이 없는 부드러운 느낌의 부재로 구성되고, 그것에 의해 지지되는 막지붕은 확산된 빛에 의해 더욱 더 부드러운 인상을 만들어, 남북에 위치한 그랑도쿄 트윈타워의 정형이며 샤프한 외관과 대비한 독특한 분위기를 만들어내고 있다.

막지붕은 대규모 지붕으로는 드물게 지지골조 하면에 매단 골조 형태의 막 구조다. 동서 외주부가 아닌 엣지 케이블로 막면에 장력을 주고 엣지 케이블은 18m 스팬의 중간 두 군데 스트럿 빔으로 반대 측 케이블 장력과 밸런스를 이루어, 역앞 광장 전면과 후면 엣지를 그대로 보여주는 방법으로 큰 지붕이 떠 있는 느낌을 한층 더하고 있다.

【32-3】

【32-4】

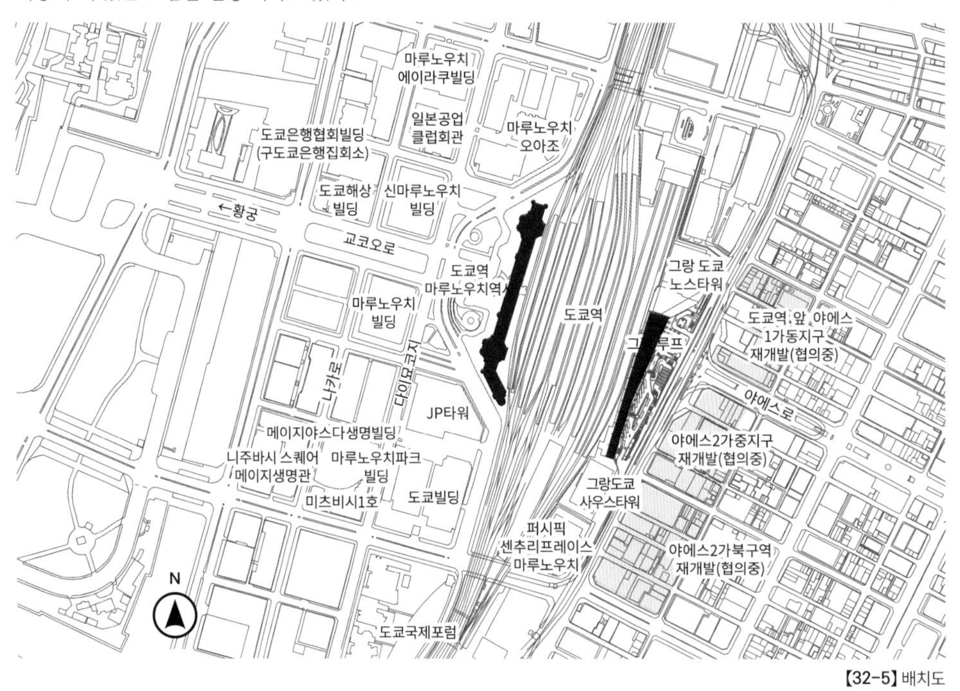

【32-5】 배치도

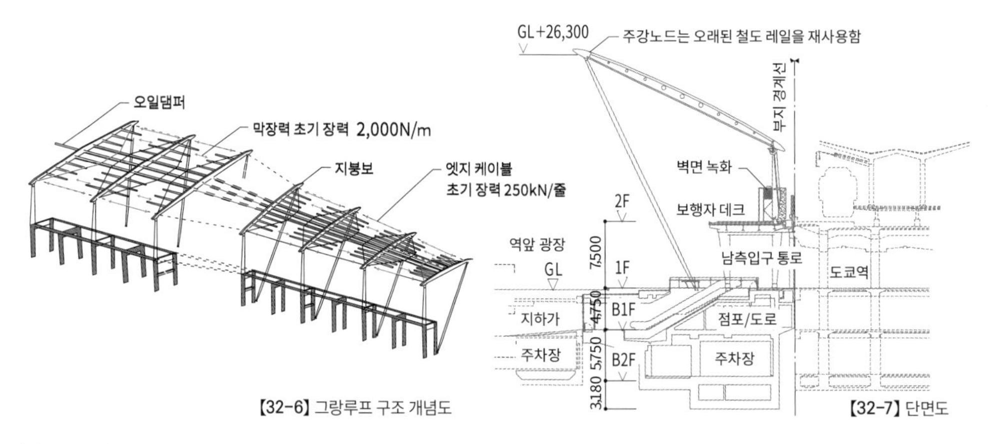

【32-6】 그랑루프 구조 개념도

【32-7】 단면도

昭和
天ぷら粉
未来
ガチ
Hisamitsu
サロンパス
MIZUHO
ECC
中山式
アールエフ
YANMAR
10 12

【32-8】

【32-9】

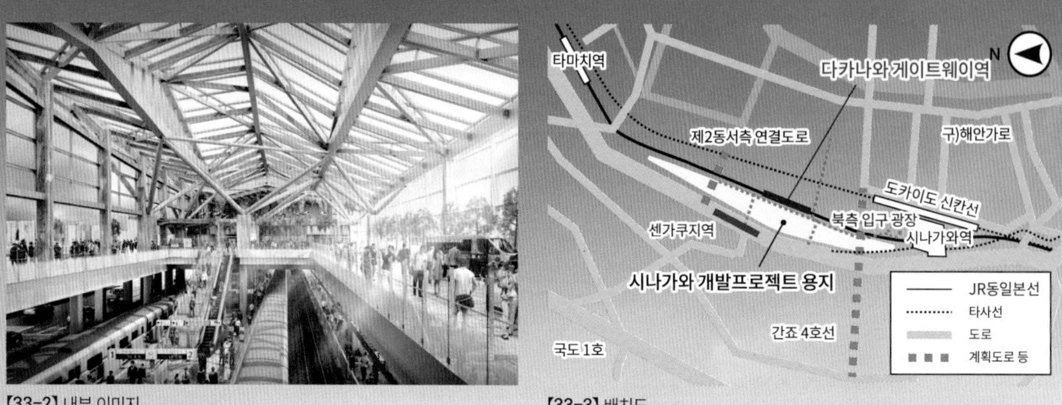

【33-2】 내부 이미지

【33-3】 배치도

다카나와 게이트웨이역은 미나토구에 있는 약 13ha의 차량 기지 부지에 건설되며, 타마치역에서 약 1.3km, 시나가와역에서 약 0.9km 떨어진 중간 지점에 위치하고 있다. 역 정비와 동시에 주변의 지역 계획도 단계적으로 진행되고 있으며, 중심 지구와 다카나와 게이트웨이역과의 데크 접속도 계획하고 있다.

도시를 감싸안은 큰 지붕

33

다카나와 게이트웨이역(시나가와 신역)

설계자: 동일본여객철도(도쿄공사사무소 도쿄전기시스템개발공사사무소) 시나가와신역 설계공동기업체(JR동일본 컨설턴트 JR동일본건축설계사무소)
디자인 아키텍트: 쿠마 켄고 건축도시설계사무소

다카나와 게이트역은 역 공간과 도시가 일체화된 상징적인 공간 창출을 콘셉트로 디자인되었다. 역사 콘코스층에는 약 1,000㎡의 큰 보이드를 구성하는 것에 의해, '역'에서 '도시', '도시'에서 '역'을 전망할 수 있는 일체적인 공간이 만들어졌다. 또한 '역'과 '도시'가 연계된 이벤트를 하기 위해서 역 개찰구 내에 약 300㎡의 퍼블릭 스페이스를 마련하고 있다. 역의 큰 지붕은 종이접기 형태의 구조 형식으로 그 형상이 그대로 보이는 단순한 디자인으로 하고, 지붕 재료로 막을 이용해 부드러운 빛으로 가득 찬 개방적인 역 공간을 만들었다. 이에 더해, 곳곳에 목재를 마감재로 사용하고 있어 천연재료인 나무가 주는 재질감으로 한층 더 부드러운 공간을 연출하고 있다. 일본의 수도 도쿄에서 가장 많은 이용자 수를 가진 노선 JR 야마노테선에 건설되는 최신의 역으로, 새로운 도시 만들기에 어울리는 다이내믹한 심볼이 된다.

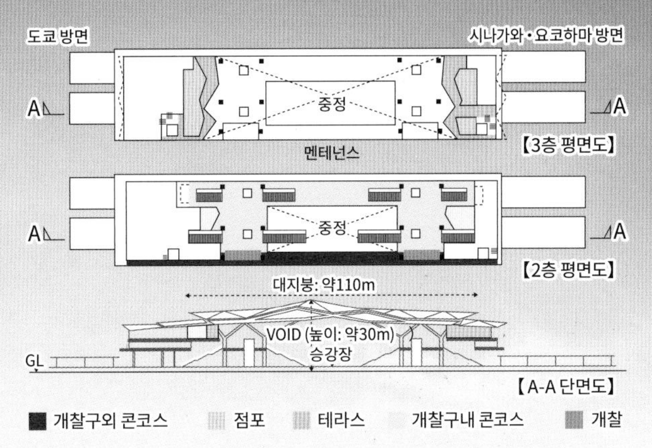

【33-4】 평면 및 단면이미지

보이드에 면하여, 3층에는 울퉁불퉁한 평면의 테라스와 점포를 배치하여, 하부에 채광을 확보해 가면서도 활기 있는 공간으로 구성하고 있다.

【33-1】

【34-1】 서측 외관

34

기능을 집적시킨 수직도시

시부야역 시부야 히카리에

설계자: 니켄세케이 / 토큐 건설컨설턴트 공동기업체

시부야 히카리에는 다양성이 넘쳐흐르는 시부야를 수직으로 쌓아 올린 형상으로 계획되었다. '거리'를 엘리베이터나 에스컬레이터로 표현하고, 내부 기능을 블록처럼 쌓아 올려 블록 사이에 공용 로비 공간 '교차점'이나 옥상정원 '광장'을 배치함으로써 다양한 사람들이 교류할 수 있게 하였다. 그 교류가 만들어내는 시너지 효과를 외부로 향해 발신하는 장이 되도록 투명하고 오픈된 공간으로 디자인하였다.
특히 11층 스카이 로비는 역과 셔틀 엘리베이터로 직결되어 오피스나 극장, 이벤트 홀을 방문한 사람들의 동선이 교차하는 공간이며, 투명 파사드와 공중에 떠 있는 원형의 극장이 수직도시를 상징하는 랜드마크가 되고 있다.

【34-2】

【34-3】

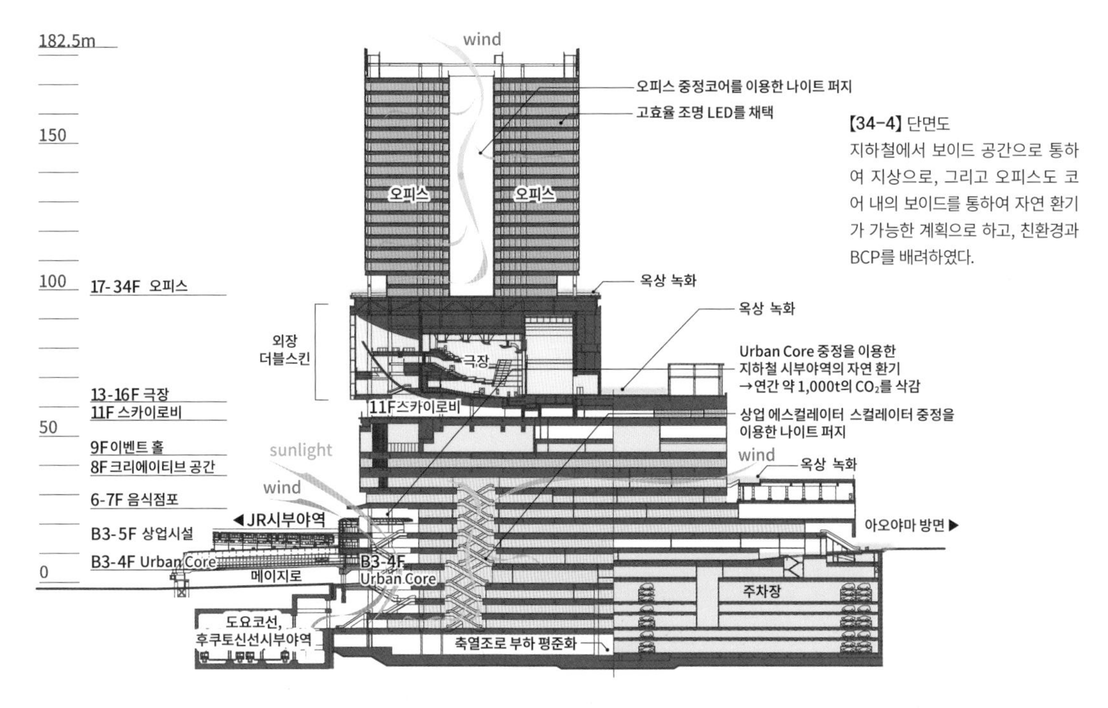

【34-4】 단면도
지하철에서 보이드 공간으로 통하여 지상으로, 그리고 오피스도 코어 내의 보이드를 통하여 자연 환기가 가능한 계획으로 하고, 친환경과 BCP를 배려하였다.

【34-5】 17~34 층 오피스

【34-6】 13~16층 뮤지컬 극장

【34-7】 6~7 층 레스토랑

새로운 도시의 심볼

시부야 히카리에는 저층부 상업 시설과 고층부 오피스, 그 사이의 9~16층의 이벤트 홀과 극장으로 구성되어 있다. 상업 시설은 지하 3층까지 계획되어 토큐토요코선·도쿄메드로 부도심선의 개찰구 층과 직결되고, 기복이 심한 지형을 이용해 1층, 2층, 4층 레벨이 주변의 미야마스자카와 연결된다.

지하 3층의 도쿄 메트로 부도심선 개찰 층에서 셔틀 엘리베이터로 11층 스카이 로비와 극장과 오피스 로비에 직통하고 있으며, 여기에서도 목적성이 높은 시설을 동선의 끝에 배치하는 원칙으로 계획하고 있다.

대공간을 필요로 하는 극장을 중간층에 배치하는 것은 높이 180m의 고층 건축물에 있어서 구조적 과제가 된다. 이를 위해 슈퍼 프레임이라고 불리는 특수한 구조 형태를 채용, 내진성을 확보하며 2,000석 규모의 뮤지컬 전용 극장 공간을 형성하고 있다.

극장을 기능의 사이에 배치함으로써 시설 내의 동선 순환을 촉진함과 동시에 크기와 용도가 서로 다른 상자를 쌓아 올린 듯한 특징적인 외관을 만들어내고 있다.

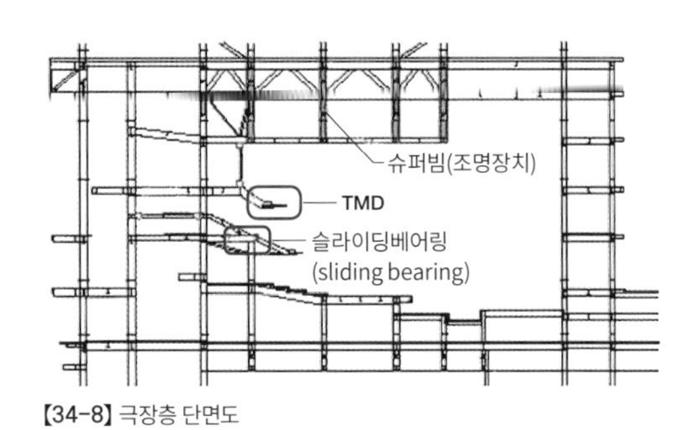

【34-8】 극장층 단면도

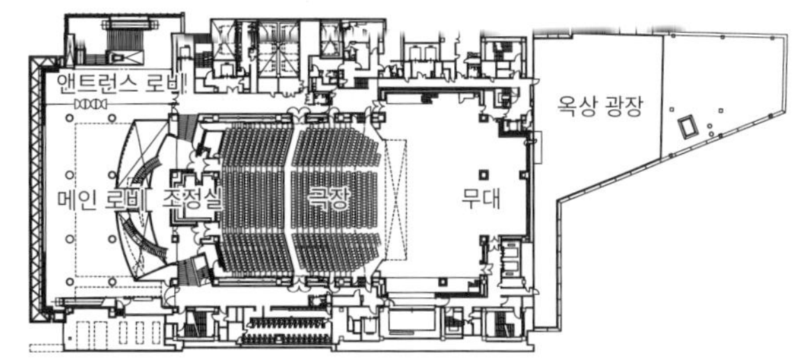

【34-9】 극장층 평면도

35

하늘에서 내려온 우주선

충칭 샤핑바역 Paradise Walk Sha Ping Ba Station
Longfor paradise walk

설계자 : 니켄세케이

【35-1】

충칭과 청두를 잇는 샤핑바 고속철도역과 지하철 3선, 버스·택시 등 대중교통의 거점과 상업 시설, 업무 시설, 호텔, 서비스 아파트 등 시설 전체 연면적 약 48만㎡를 일체적으로 개발하는 교통 허브 중심 복합개발 프로젝트다. 부지 주변에는 병원, 학교, 상업 시설, 고층 맨션 등 다양한 용도의 건축이 들어서 있는 무질서한 경관이 펼쳐져 있는 가운데, 주변에서의 동선과 시선이 모여드는 장소에 도시의 심볼이 계획되었다. 지하 7층의 지하철에서 지상으로 향하는 Urban Core의 상부에는 최대 길이 80m×폭 37m의 우주선과 같은 타원형의 볼륨이 사람들을 맞이한다. 사람들의 액티비티를 지지하는 큰 지붕이기도 하고, 북측의 역앞 광장이나 주변을 향해 정보 발신을 하는 스크린이 되기도 한다.
장래 1일 40만 명이 이용하는 지하철, 고속철도의 공공교통 네트워크의 게이트로서, 또한 30만 명의 유동인구를 가지는 상샤쇼핑가를 기점으로, 더욱이 24만m^2의 새로운 상업몰의 동선 공간으로서, Urban Core는 유기적인 통합의 역할을 담당한다.

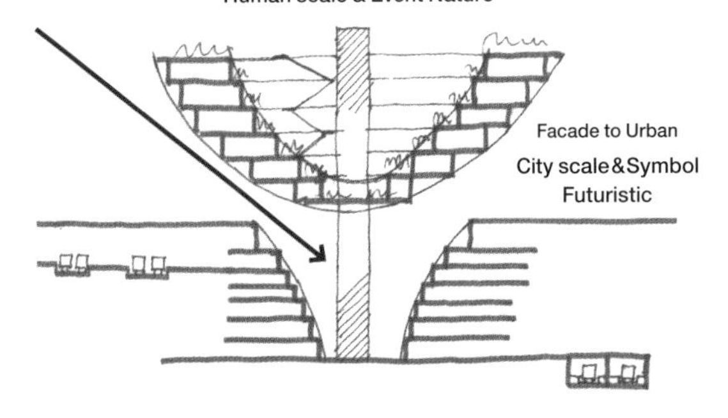

【35-2】 단면 콘셉트 스케치. 매력적인 환승 공간은 도시의 심볼이기도 하다. 지하 깊은 공간임에도 불구하고 지연광이 들어오고, 바람이 통하고, 사람들의 활기가 넘치는 쾌적한 공간 만들기를 목표로 계획되었다.

【35-3】 시설 전체 외관 이미지. 역과 저층부의 상업 시설, 중앙의 트윈 타워가 일체적으로 연결된 독특한 외관은 샤핑바 지역 전체의 새로운 아이콘이 될 것이다.

플랫폼은 녹음 어우러진 산등성이에

광저우 신탕역 ITC Xin Tang Station CadreInternational TOD Center

36

설계자: 니켄세케이

광저우와 그 주변 지역이 가진 독특한 자연경관은 '양청팔경'이라는 이름으로 널리 알려져 있다. 특히 즐비하게 늘어선 기암 기둥이나, 아름다운 산의 능선은 광저우 자연의 아이콘으로 유명하다.

공공교통 복합개발, ITC는 역과 자연이 조화된 휴먼 스케일의 퍼블릭 스페이스를 실현하는 것을 목표로 하고 있다. 새로운 역의 양측으로 산의 능선과 같은 곡선의 테라스를 겹친 거대한 인공 계곡을 형성하고, 식물과 수반 등 36가지의 자연요소를 각 레벨에 배치하여, 마치 도심의 공중에 떠 있는 오아시스와 같은 장소가 되게 하였다. 또한 광저우의 온난한 기후에 맞는 쾌적한 옥외 테라스 공간에는 상업 또는 어메니티 시설이 배치되어 활기가 느껴지는 이색적 공간이 될 것이다. 레벨에 따라서 녹지 공간은 산책로나 전망 데크, 이벤트 홀 등 각각 다른 테마를 가진 퍼블릭 스페이스가 되며, 풍부한 자연요소와 함께 새로운 '양청팔경'의 하나가 되는 것을 목표로 하고 있다.

【36-2】 고속철도, 도시 간철도, 지하철 등 공공교통 거점의 상부에 건설되는 상업 시설, 오피스, 호텔 등으로 구성된 높이 260m의 트윈타워

【36-3】 지하 2층에서 지상 7층까지 높이 약 55m 보이드를 가진 Urban Core

【36-4】 광저우의 '양청팔경'의 하나라고 불리는 아름다운 자연경관

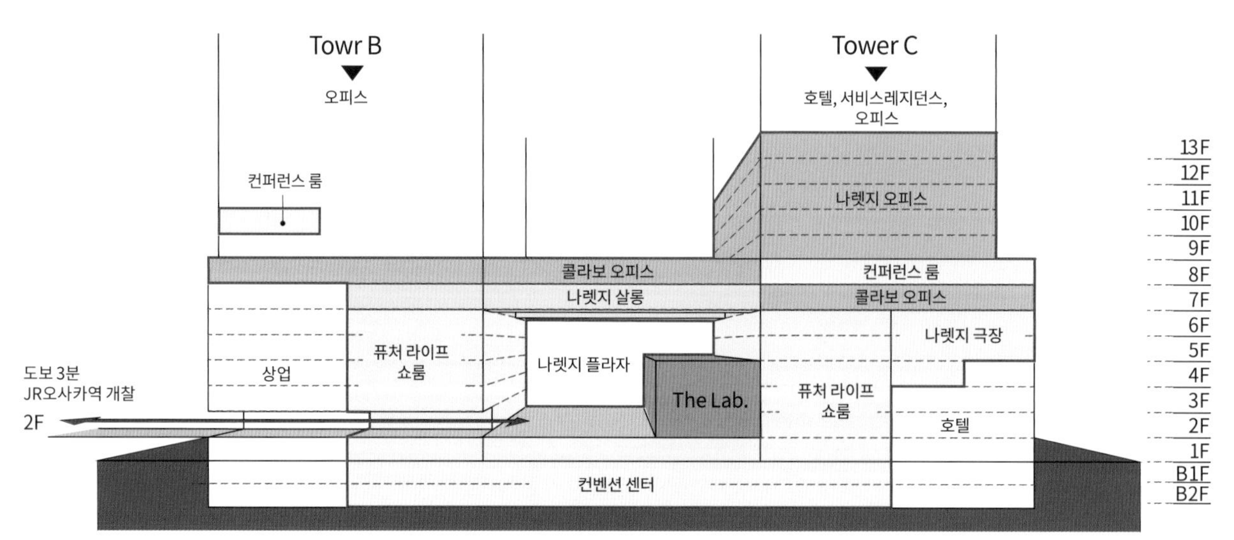

【37-2】 나렛지 캐피털의 구성

37

도시의 Showcase

오사카역 그랑프론트 오사카

전체 총괄: 니켄세케이 / 미츠비시지쇼설계 / NTT퍼실리티즈

다양한 시대의 변화에 쉽게 반응하고 대응하기 위해서, 그랑프론트 오사카에서는 단순한 상업몰이 아닌, 산관학이 교류할 수 있는 지적 창조 거점 '나렛지 캐피털'이라고 하는 새로운 도전이 전개되고 있다.

나렛지 캐피털은 그랑프론트의 시설 중심으로 오사카역에서 도보 3분 거리에 계획되어 식사를 하러 오는 사람, 오피스 워커, 호텔 이용객, 산책을 하러 오는 사람 등 다양한 목적을 가진 사람들이 혼재하는 빛으로 충만한 아트리움 공간이다. 다양하게 도입되어 있는 여러 가지 아이템이 산업 창출×문화 발신×국제 교류×인재 육성의 상승효과를 만들어내고, 더더욱 사람들을 불러 모으는 지역의 심볼이 되고 있다. 누구나 쉽게 최신의 기술을 경험할 수 있고, 사회 트랜드를 접할 수 있는 장소로서, 또한 국내외 여행자의 관광 중심지로서 그 지명도가 높아지고 있다.

【37-1 】나렛지 플라자

【37-3】
나렛지 캐피털이 제공하는 것

나렛지 캐피털은 시설의 이름이자 운영조직의 이름이며, 활동 그 자체를 표현하기도 한다. 운영조직(KMO)과 협력・연계해서 운영이 이루어지며, 주로 장소와 운영 기능을 제공하고 있다. 사람과 사람, 사람과 물건, 사람과 정보의 교류에 의해 감성과 기술이 융합된 가치를 창출해 내는 장이다.

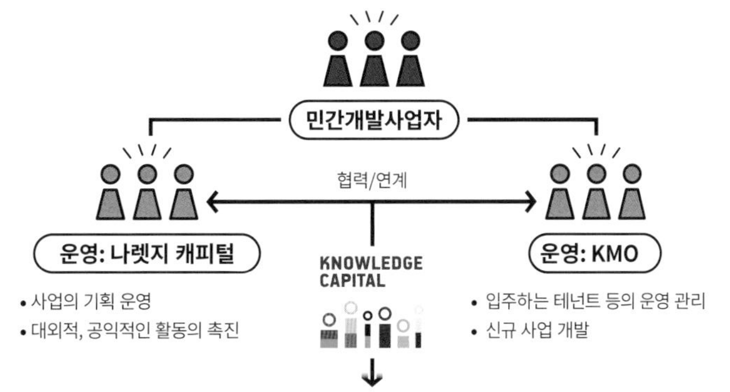

모든 활동을 통해 이노베이션 창출을 서포트

① 나렛지 살롱
교류와 만남의 장 창출

② The Lab.
일본의 첨단 기술을 체험

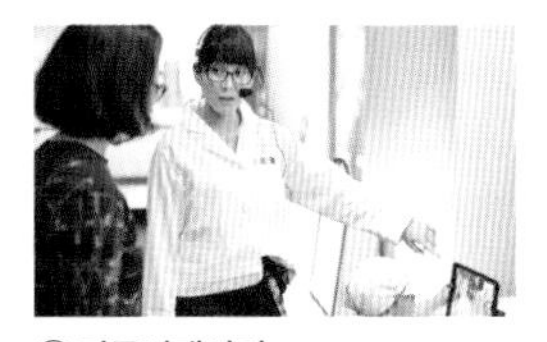
③ 커뮤니케이터
커뮤니케이션을 촉진

④ 해외 제휴
해외와의 적극적인 제휴를 촉진

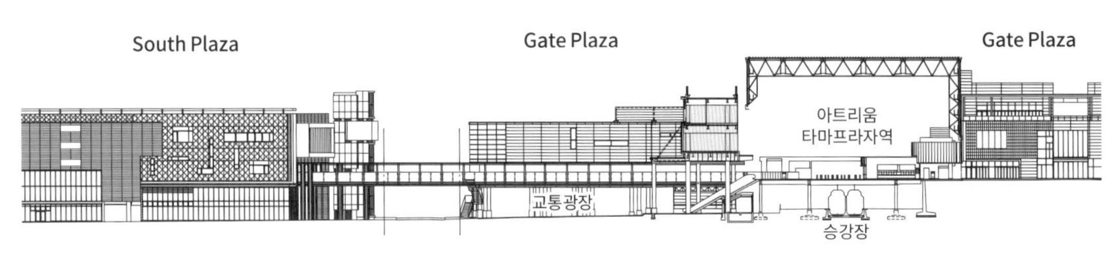

【38-2】 남북단면도. 주변의 주택지에 압박감을 경감시키기 위해 건축물의 높이를 30미터 이하로 낮춰 계획하였다.

【38-1】 아트리움

38

역 in Mall

타마플라자역 타마플라자 테라스

설계자: 토큐설계컨설턴트

타마 플라자역은 '역'이라고 하는 기능에 한정된 것이 아닌 오히려 역 자체가 상업 시설 중심에 녹아 있다고 할 수 있겠다. 역 상부와 주변에 위치한 상업 시설에서 아트리움을 통해 역으로 들어오는 전철과, 또 전철에서 오르고 내리는 사람들의 모습을 내려다볼 수 있다. 이것은 마치 역과 전철, 역을 이용하는 사람 모두가 상업 시설의 공간 연출의 일부가 되는 듯한 느낌을 준다. 역과 상업 시설이 일체가 된 공간 체험은 매우 이색적으로 타마 지역을 상징하는 하나의 랜드마크적 공간이라 할 수 있다.

역 전체를 덮고 있는 약 4,000㎡의 큰 지붕은 역에서 늘 느끼는 폐쇄감이나 압박감을 경감시키고 상업 시설과의 일체감을 만들며, 역 콘코스를 중심으로 회유 가능한 동선은 상업 시설을 거쳐 주변 지역으로 까지 뻗어나가고 있다.

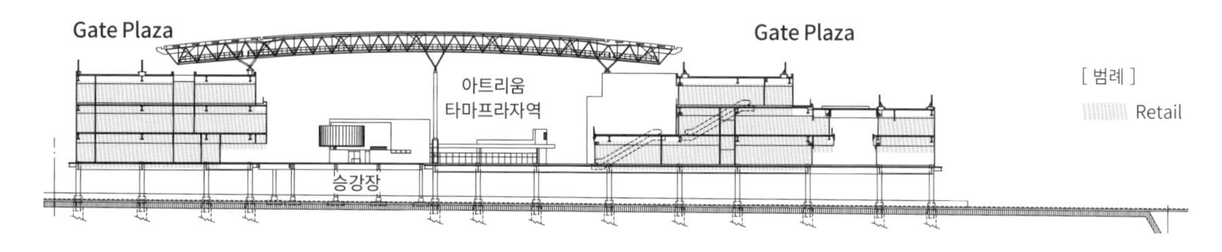

【38-3】 동서단면. 양 사이드의 게이트 플라자에 걸치는 형태로 트러스 지붕을 설치하여 역 콘코스와 상업시설의 일체감을 만들고 있다.

‘엘레강스’가 사람들을 불러 모은다

39

한큐우메다역 우메다 한큐 빌딩

설계자: 니켄세케이

한큐우메다 콘코스에 면하여 한큐백화점이 탄생된 것은 1929년, 세계 최초의 터미널 백화점이 된다. 그 시대에 전철을 타는 것은 호화스러운 일이었고, 그 ‘호화’라는 개념이 고객 획득에 연결될 수 있다는 것을 증명한 것이 한큐전철이었다. 한큐백화점은 개업 당시 1층이 한큐우메다역 콘코스에 면하고, 역 엔트런스에 어울리는 철도시설 특유의 상징인 아치와 결합된 외간 디자인이 백화점의 고급스로운 품격을 만들고 있었다. 이후 한큐우메다역 개발과 함께 증축을 반복해 나가면서도 그 특징적인 외관은 하나의 디자인 코드로 계승되었다. 지금도 그 클래식한 분위기는 한큐우메다역 주변의 심볼이며, 많은 사람들에게 매력과 동경의 대상으로 인식되고 있다.

【39-1】 1932년경, 한큐 빌딩 1층 콘코스

【39-2】 1929년경 외관

【39-3】 1936년경 외관

또한 콘코스의 돔 천장은 개통 당시부터 건축가 이토 추타에 의한 아름다운 장식으로 꾸며져 한큐전철을 대표하고, 사람들이 동경하는 공간이 되었다. 80년 동안 사람들에게 사랑받았던 콘코스는 재건축 공사를 거쳐, 2012년 가을에 그랜드 오픈을 한 한큐백화점 최상층 레스토랑의 천장으로 새롭게 태어났다.
전철을 타는 것이 일상이 되어버린 지금, 한큐우메다역에서의 새로운 호화는 한큐백화점 최상층 레스토랑에서 역사와 문화를 느끼게 하는 옛 콘코스의 천장을 바라보며 식사를 하는 것이다. 개보수 공사 후 1층의 새로운 콘코스 또한 한큐전철의 고급스러운 이미지와 모던한 분위기를 융합한 디자인으로 새롭게 태어났다. 사람들의 동경하는 마음을 불러일으키고, 끌어들이는 개발 전략은 지금도 한큐전철을 중심으로 하는 한큐우메다역 TOD 개발에 계속 이어지고 있다.

【39-4】 2012년경 우메다 한큐 빌딩 1층 콘코스

【39-5】 2012년경 외관

【39-6】 현재의 외관

Since 2012

역사 깊은 호화로운 레스토랑으로

【39-7】 (구) 한큐우메다 콘코스 이설설명도

From 1932 to 2005

간사이 굴지의 호화로운 콘코스

【39-8】 (구) 한큐우메다 콘코스(오른쪽)와 그 인테리어가 보존된 레스토랑(왼쪽)

London Bridge Station

런던 브릿지역

런던 남동부 템스강 변에 위치한 런던 브릿지역은 1836년에 개통된 세계에서 가장 오래된 역 중 하나다. 180년이 넘는 역사를 자랑하는 역을 개수함과 동시에 선로와 플랫폼을 증설하여 연간 약 4200만 명의 승객을 약 7500만 명까지 확대하기 위한 계획이 실행되고 있다. 2000년대 초반에서 시작된 런던 브릿지 쿼터 재개발의 중심역이기도 하며, 토지의 고도 이용을 도모하기 위해 지상 87층, 높이 310m의 상업 및 사무실 고층 복합 빌딩, 더 샤드가 2012년 역 위에 건설되었다. 가장 오래된 역사를 가지면서 최첨단 TOD로 진화하고 있는 런던 브릿지역은 새로운 런던의 랜드마크로 손색이 없다.

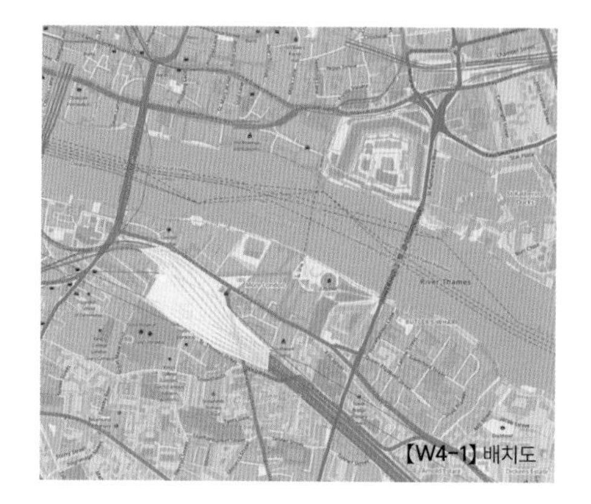
【W4-1】 배치도

출전: https://www.the-shard.com/
https://www.railway-technology.com/projects/london-bridge-station-redevelopment/

【W4-2】 역 입구 외관

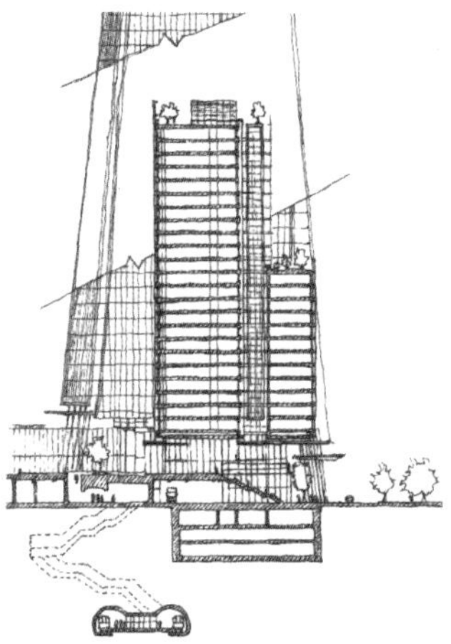
【W4-3】 단면 스케치

【W4-4】 역과 더 샤드의 외관

Antwerpen Central Station

안트베르펜 중앙역

'대성당 같은 역'이라고 불리며 '세계에서 가장 아름다운 역' 랭킹의 단골이 된 벨기에 안트베르펜 중앙역은 1895년에 완성되어, 목구조였던 역사가 석조, 철골조로 1905년에 재건축되었다. 역은 돌로 덮인 네오바르크 양식의 역사로 높이 44m, 길이 185m의 거대한 철골 아치와 유리가 덮인 플랫폼으로 구성되어 있다. 시대의 변화와 함께 기능과 규모의 확충이 요구되어 1998~2007년에 걸쳐 개수되어 상단식의 고가 플랫폼의 밑에 관통형 플랫폼 4선이 증설되는 것과 동시에 120개의 점포가 새롭게 개장했다. 승객의 편의를 높이기 위해 역 내부는 새롭게 태어났지만, 파사드는 긴 세월의 전통을 계승한 채로 도시의 상징이 되고 있다. 신구의 조화가 아름다운, 진화하는 도시의 랜드마크라 하겠다.

출전: https://www.b-europe.com/NL/Stations/Antwerpen-Centraal
「철도 저널」 2007년9월 호, 136항, Overseas Railway Topics

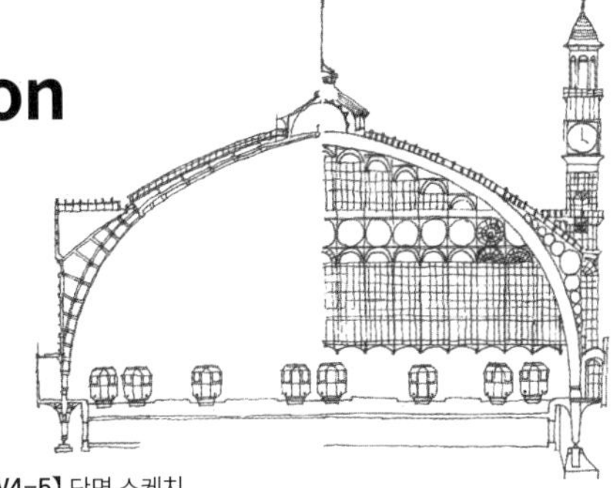
【W4-5】 단면 스케치

【W4-6】 배치도

【W4-7】 역 정면 외관

【W4-8】 역 남측 내부

【W4-9】 역 남측 내부

철도의 구조, 역 빌딩의 구조
~TOD의 구조 계획 ①

역 빌딩 구조는 건축 허가의 대상이 되고, 건축 허가 신청에 있어서 구조 안전성의 심사를 받을 필요가 있다. 그러면 철도역의 구조는 어떠한가.

철도의 고가 등 이른바 토목 공작물의 구조는, 피난 계획뿐만 아니라 철도사업법에 있어서 면허를 받은 철도 사업자가 안전성을 확인하고 사업인가 절차에서 국토교통성이 허가하는 것으로 하여 건축기준법의 대상에서 제외되는 것이다.

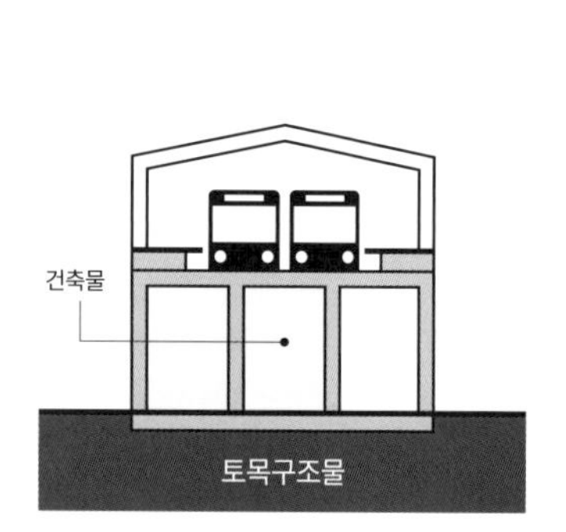

[고가 역] 【E4-1】

토목 공작물인 고가 구조체의 안쪽 공간에 있는 내장 설비는 건축물로 건축 허가 대상이다(노란색 범위).

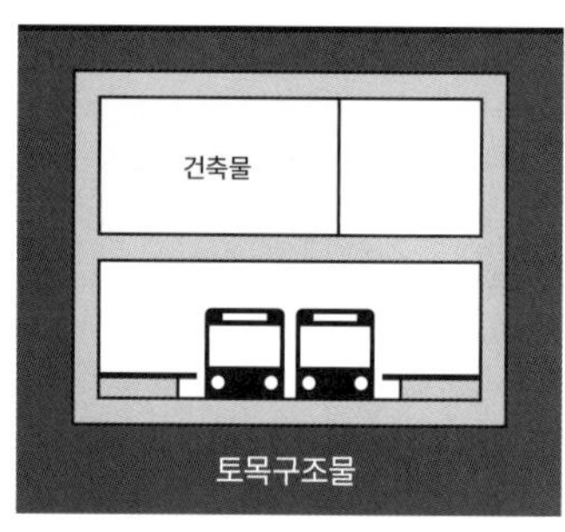

[지하 역] 【E4-2】

토목 공작물인 지하 구조체의 안쪽 공간에 있는 내장 설비는 건축물로 건축 허가 대상이다(노란색 범위).

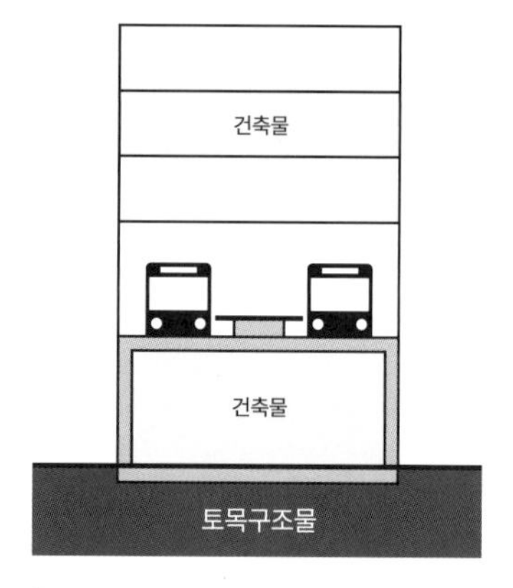

[복합 구조물] 【E4-3】

토목 공작물인 고가구체 아래 공간에 마련된 내장 설비와 고가 구체를 바탕으로 한 플랫폼에서의 구체 외장 및 내장 설비는 건축물로 건축 허가 대상이 된다(노란색 범위).

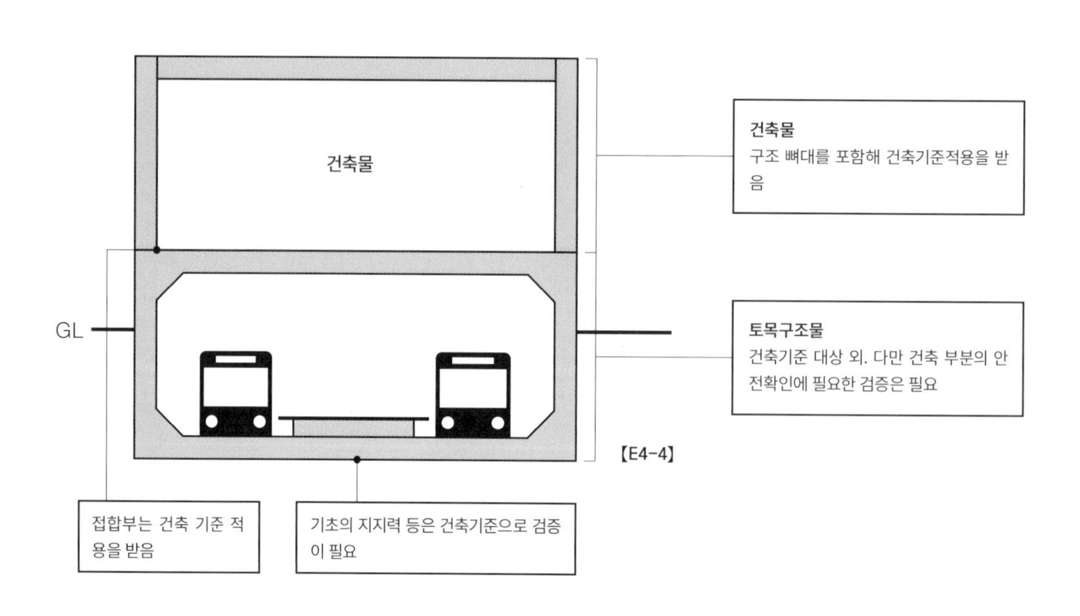

【E4-4】

역 위에 건물을 올린다
~TOD의 구조 계획 ②

건축기준법 대상 외에 있는 철도 구조 위에 건축물을 만들 경우에는 건축기준법상 어떤 절차가 필요한 것일까?
이러한 건축, 토목 복합 구조물은 철도 구조와 건축을 포함한 건축 구조를 모델화하여 철도 사업 허가 절차에서 토목 구조로 검토하며 건축 허가 신청에 있어서는 건축기준법의 규정 기반해 구조 검토를 실시한다. 즉 이중 체크가 필요한 것이다.

【E4-5】
케이오 초후역에 있어서 구조계획 개념

케이오 초후역에서는 선행되어 구축된 지하 역의 구조가 지상부의 하중을 상정하여 계획, 지상부는 그 상정 범위 내에서 계획되었다. 지상부 설계 시 지상부의 하중을 지하 구조 모델과 함께 여러 번 확인·검토하여 허용 범위 내에 있는지를 확인했고, 건축 허가 신청 시에 지하부의 구조 계산서도 참고 첨부하여 안전 확인이 이루어졌다.

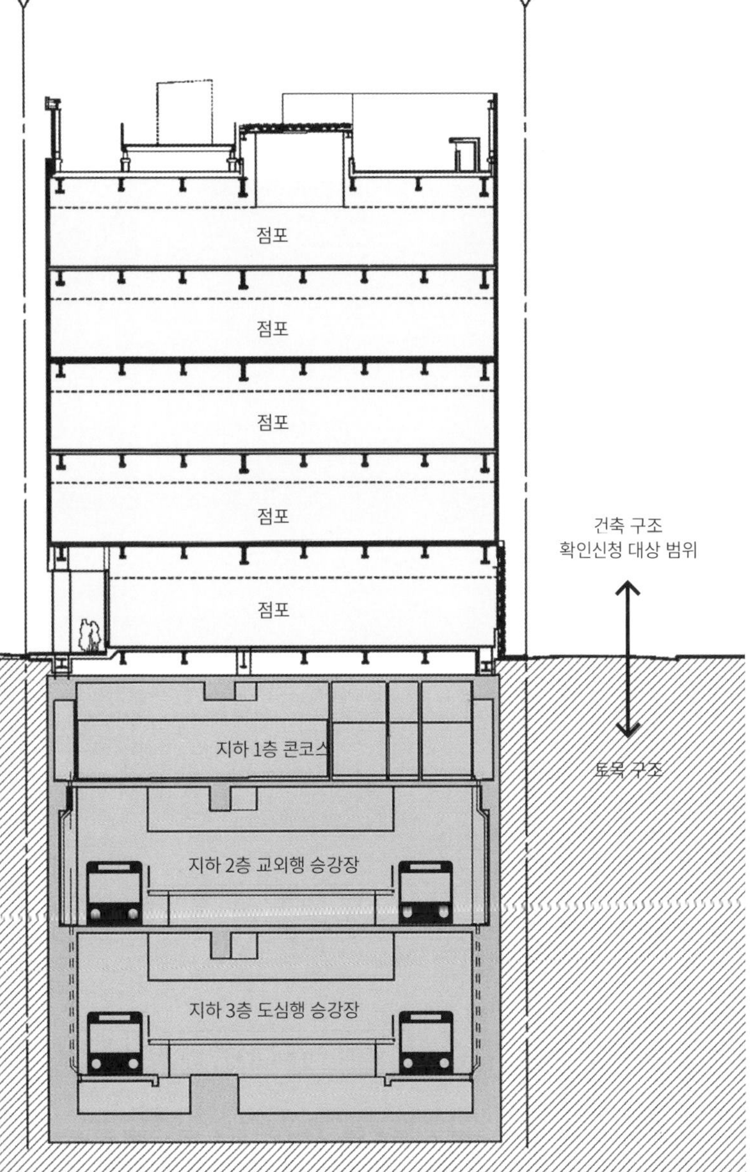

【E4-6】 토리에 케이오 초후A관 조감 사진

TOD의 공사는 '안전제일'
~TOD의 시공 계획

TOD에서 새로운 철도를 만드는 경우가 아니라면 모든 경우에 기존의 철도를 운영하면서 공사를 시행하게 된다. 철도 사업에 있어서 항상 중단 없는 철도 운행의 안전 확보가 제일의 조건이며, 게다가 막차에서 첫차까지의 2~3시간밖에 공사할 시간이 없는 경우도 많다. 선로를 이용하면서 선로 아래에 새로운 구축물을 구축하기 위해 가설 구조로 레일을 만드는 일도 자주 일어난다. 때문에 TOD의 공사는 시간과 비용이 일반 건물의 몇 배 소요된다.

[E5-1]

2010.08

2011.04

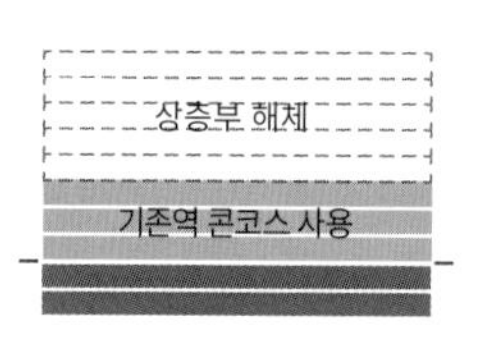

2011.10

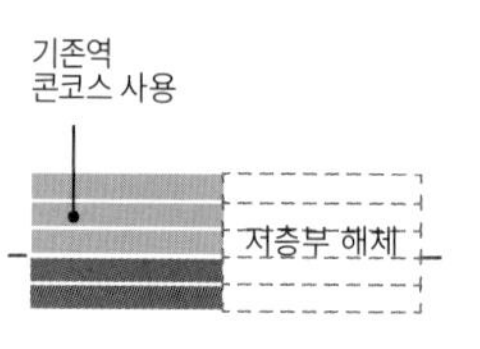

2012.09

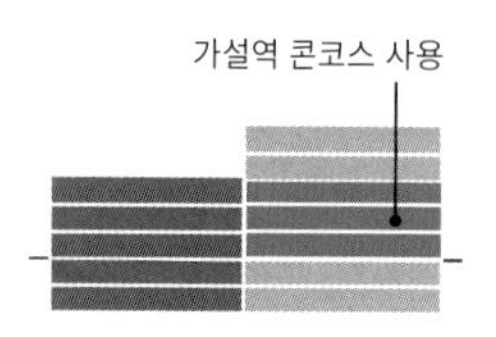

2012.12

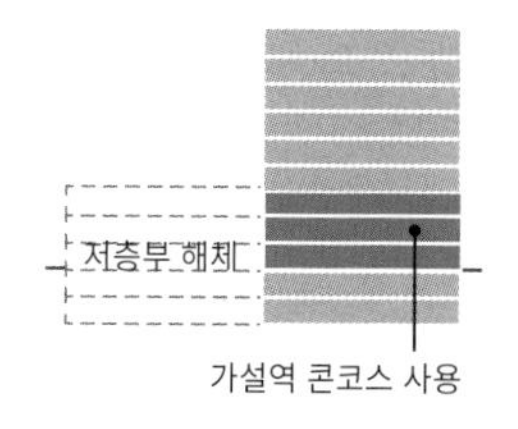

2013.09

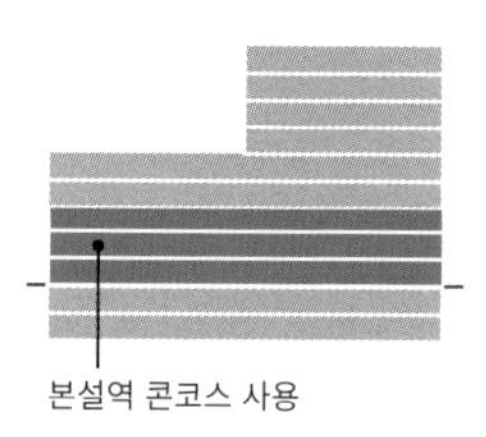

2014.03

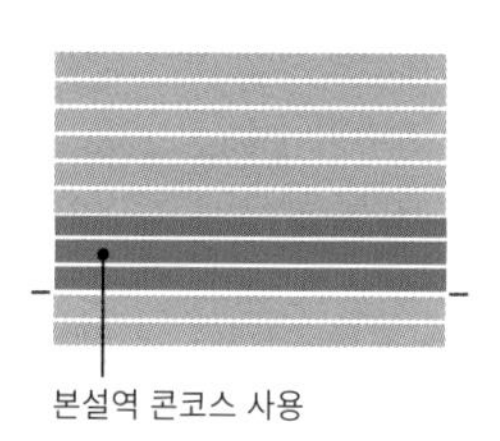

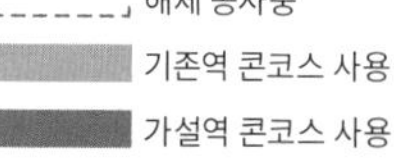

[E5-2] 키라리나 케이오 키치조지의 시공계획개념도

키치조지역에서는 케이오 이노가시라선과 JR중앙역 개찰구 및 환승 동선을 유지한 채 키라리나 케이오 키치조지역의 재 건축 공사가 행해졌다. 크게는 우선 동쪽 구역을 우선으로 철거·신축하고 임시 역을 구축한 후, 서쪽 구역을 개축하는 2단계로 실시되었다. 각각의 단계에서 가설 환승 동선을 확보함과 동시에 케이오 이노가시라선, JR선에 근접 시공하는 엄격한 시공 조건을 클리어하면서 1일 14만 명 승객의 안전 확보를 최우선으로 공사가 진행 되어 4년의 장기간에 걸친 공사가 무사고 무재해로 완성되었다.

어려운 철도 진동 대책
~TOD의 진동・소음 대책

TOD를 계획함에 있어서, 호텔·주택·오피스 등의 용도가 복합된 경우, 특히 철도의 진동·소음의 배려가 필요하다. 먼저 철도의 구체와 역 빌딩 구체의 연결을 끊는 것이 최소 조건이 되지만, 그래도 지반을 경유하여 진동이 전달되는 경우가 있다. 진동 및 진동이 내장재를 흔들어 발생하는 고체 진동음의 영향을 사전에 시뮬레이션하고 플러스 알파의 대책을 실시하는 것이 중요하다. 면진 구조에 의한 해결 가능성도 있지만, 면진 고무의 성능에 따라 철도 진동을 증폭시키는 경우가 있으므로 신중한 검토가 필요하다.

【E5-3】 호텔 킨테츠 교토역의 예

신설된 4호선의 고가 상단부에 건설된 호텔 킨테츠 교토역은 바로 아래에 있는 철도의 진동을 줄이기 위해 고가 구조물과 연결을 끊은 호텔용의 독립된 기둥을 세웠다. 또한 지반을 통해 철도의 전파를 방지하는 것과 함께 지진력의 저감을 도모하기 위해, JR도카이도 신칸선과 거의 같은 레벨에 중간 면진층을 마련하고 호텔 부분의 구조를 독립시키고 있다.

→5

Character

40 — 46 캐릭터

역은 다양한 사람들이 모이는 장소이기 때문에 다양한 모습으로 가득 차 있고, 그중에서도 사람들의 마음에 여유와 즐거움을 주는 '캐릭터'가 존재한다.
예를 들면 시부야역의 하치코 동상이나 도쿄역의 은행나무 같은 아이콘은 약속된 표시이기도 하고 만남과 이별의 기억들과 함께 사람들의 마음속에 강하게 새겨져 있다.
TOD에 있어서는 이와 같은 캐릭터와 함께 빛이나 영상에 의한 연출, 아트나 사인이 무미건조한 공간이기 쉬운 역에 공간적 윤택함을 부여하고 있다. 또한 전철이 보는 것의 즐거움은 TOD만의 매력이 될 것이다.
이 장에서는 TOD를 사람들에게 매력적인 장소가 될 수 있도록 한 여러 가지 방법들을 살펴보도록 하자.

運動実施中

도시를 내려다보는 '내일의 신화'

40

시부야역 시부야 마크시티

설계자: 니혼세케이 / 토큐 설계컨설턴트 설계공동기업체

'내일의 신화'는 1968~1969년 사이에 일본의 유명한 화가 오카모토 타로가 멕시코에서 그린 것이다. 그림의 의뢰자가 소유한 호텔의 경영악화로 종적을 알 수 없었던 그림이 2003년에 멕시코시티 교외의 한 자재 창고에서 다시 발견되어 일본으로 이송되었다. 시부야 유치 위원회의 열정과 많은 사람들이 볼 수 있는 장소적 특성에 따라 시부야역에 전시가 결정되어, 케이오 이노가시라선과 JR선 및 도쿄 메트로 긴자선 시부야역을 잇는 마크 시티와 일체적으로 정비된 통로 공간에 설치되었다. 사람들이 오가는 배경으로 오카모토 타로의 벽화가 전시된 환승 공간은 스크램블 교차로를 내려다볼 수 있는 관광 명소가 되어 하치코 광장과 어깨를 나란히 시부야의 새로운 아이콘이 되었다.

【40-1】

【40-2】
시부야 마크시티 환승통로 단면

시부야 마크시티에 설치된 통로는 진구로를 가로질러 토큐백화점 토요코 지점과 연결되어 있고, 서측의 JR선, 도쿄 메트로 긴자선과 시부야 마크시티 측의 케이오 이노가시라선 사이의 환승 동선이 되고 있다. 벽화는 육교의 남측 벽면에 설치되어 있고 톱라이드의 북측 채광에 의해 부드럽게 비치지도록 배려하고 있다. 또한 벽면의 뒤에는 시부야 마크시티 내 동경 메트로 긴자선 차량기지 연결선이 통과하고 있다.

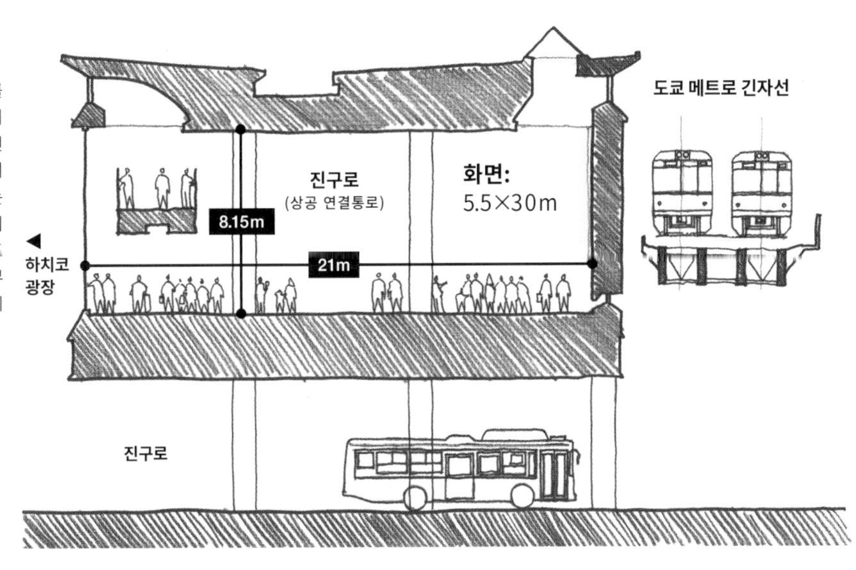

Good morning. Have

【41-1】

【41-2】

Information Ring

41

시부야역 시부야 히카리에

설계자: 니켄세케이 / 토큐 건설컨설턴트 공동기업체

디지털 사인은 다양한 정보를 발신하는 장치로써 TOD에서는 필수불가결한 요소다. 시부야 히카리에에서는 디지털 사인을 공간과 일체화하는 디자인으로 사람들의 기억에 남는 새로운 캐릭터가 되고 있다. 히카리에의 Urban Core에 설치되어 있는 디지털 사인은 평면 형태와 같은 원형을 모티브로 하면서 보이드 공간과 조금씩 어긋나게 배치되어 시간이나 방향, 계절의 변화 등의 정보를 영상으로 발신하고 있으며, 이는 단순한 사인의 역할을 넘어 다이내믹한 공간 연출의 장치로서도 기능한다.

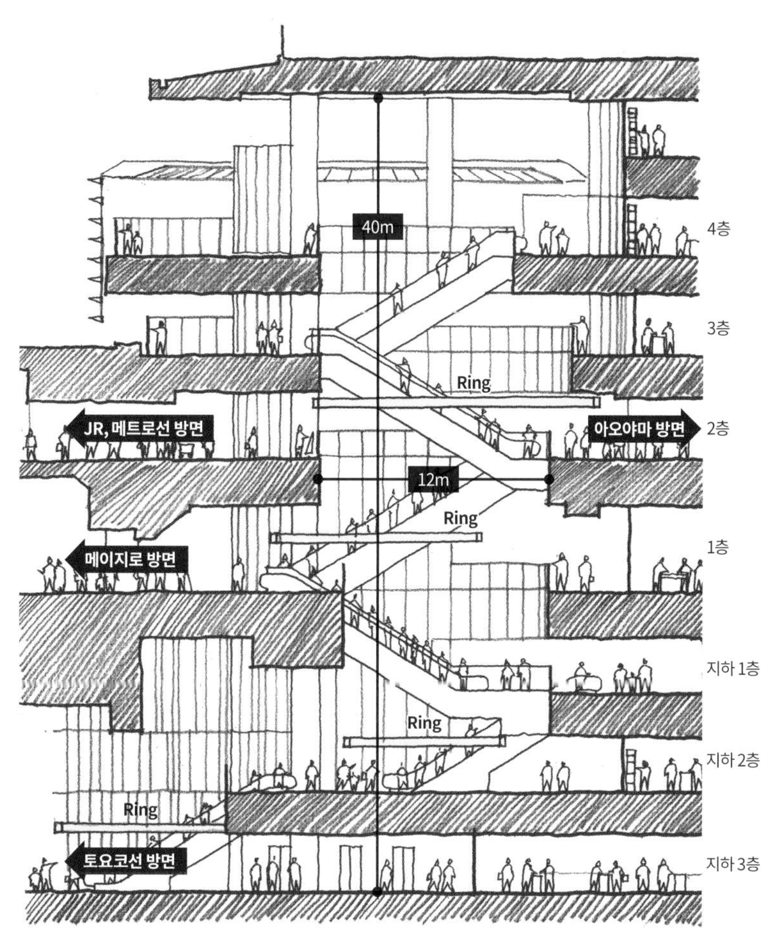

【41-3】 시부야 히카리에 Urban Core 단면 이미지

긴자의 ○△□

긴자역

42

설계자: 니켄세케이 / 교통설계 / 니켄세케이 CIVIL

긴자역은 도쿄 메트로 긴자선·마루노우치선·히비야선의 3개선이 환승하는 역이다. 새로운 리모델링은 개찰구 부근에 독립된 기둥이 각 노선의 고유 컬러에 맞춰 빛을 내며, 그 빛을 따라가면 타고 싶은 노선에 도달하게 되는 심플한 계획이다. 또한 각 노선의 플랫폼의 기둥과 토목 구체도 같이 노선의 컬러로 물들게 한다. 플랫폼에서 개찰 층에 올라가면 주요한 개찰 층의 평면 형태를 ○△□의 아이콘으로 단순화하고 그에 맞춰 천장과 사인을 디자인하고 있다. 지하 역 특유의 미로와 같이 복잡한 구조 속에서 빛의 연출에 의해 헤매지 않고 가고 싶은 목적지로 유도될 수 있도록 건축 계획과 일체적으로 계획되었다.

【42-1】
긴자선 플랫폼의 기둥은 노선의 고유색인 노란색으로 빛난다.

【42-2】
히비야선 플랫폼의 기둥은 노선의 고유색인 실버로 빛난다.

【42-3】
핑크로 빛나는 마루노우치 플랫폼의 기둥

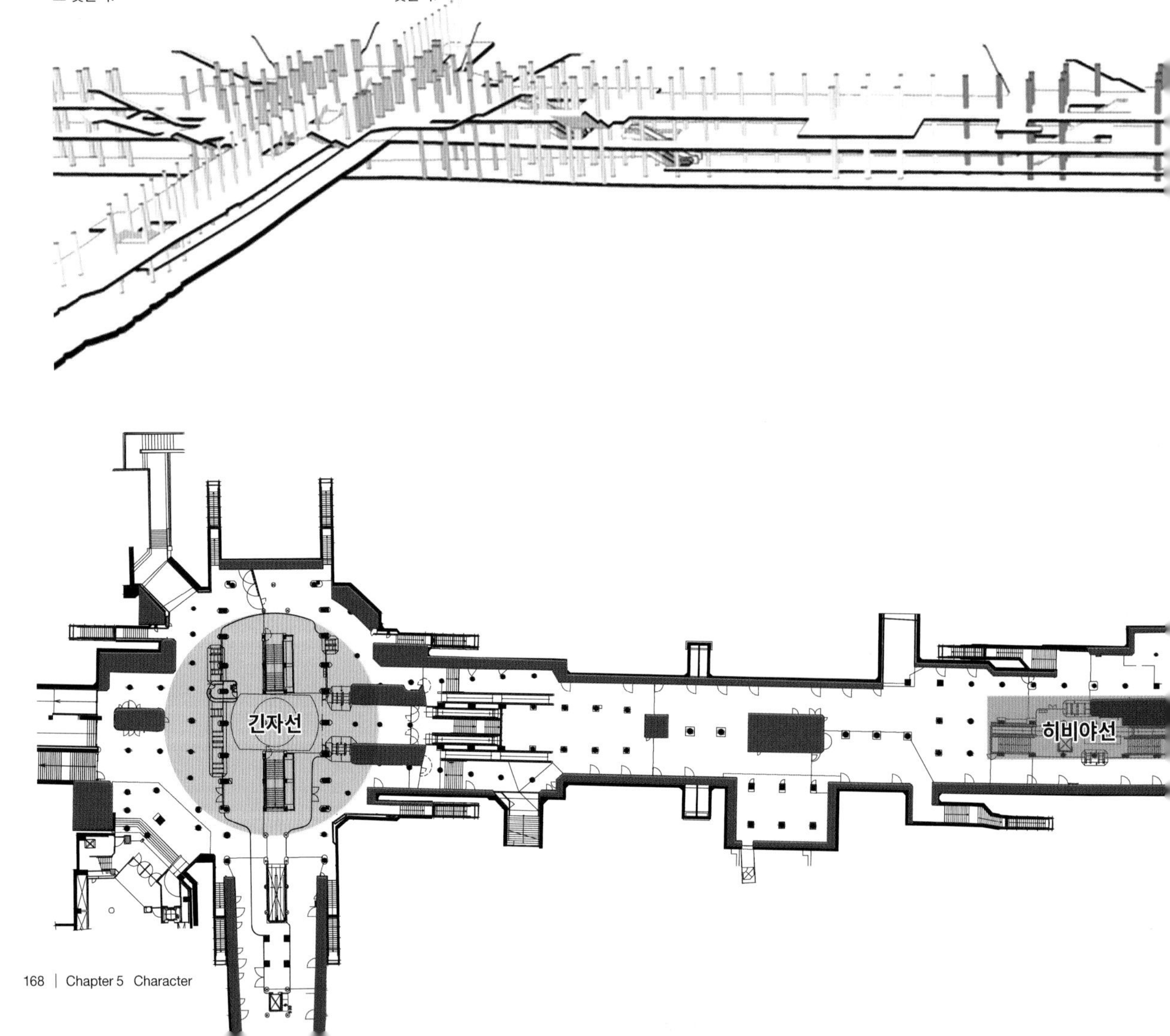

[42-4] 긴자 4초메 교차점 직하에 있는 긴자선 개찰구

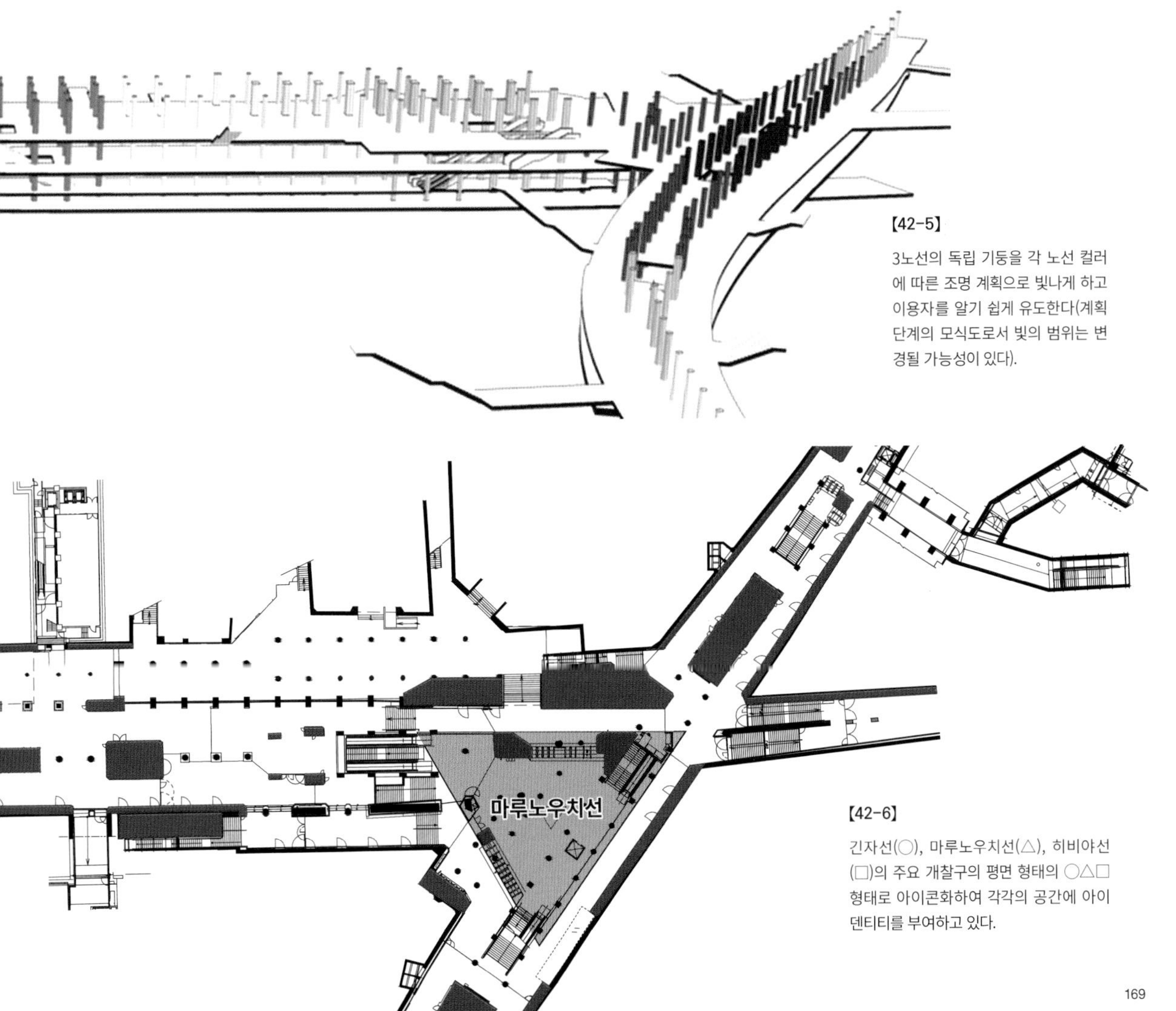

[42-5]

3노선의 독립 기둥을 각 노선 컬러에 따른 조명 계획으로 빛나게 하고 이용자를 알기 쉽게 유도한다(계획 단계의 모식도로서 빛의 범위는 변경될 가능성이 있다).

[42-6]

긴자선(◯), 마루노우치선(△), 히비야선(□)의 주요 개찰구의 평면 형태의 ◯△□ 형태로 아이콘화하여 각각의 공간에 아이덴티티를 부여하고 있다.

43

시간의 흐름과 함께 변화하는 빛의 입면

키치조지역 키라리나 케이오 키치조지

설계자: 니켄세케이

역은 도시의 중심을 나타내는 등대 같은 역할도 함께 하고 있다. 키라리나 케이오 키치조지 외관의 랜덤하게 배치된 유리 루버는 키치조지 명소인 골목 상점가 하모니카 요코초를 연상시키기도 한다. 낮에는 유백색으로 빛나며 하늘의 빛을 투영하기도 하고, 밤에는 라이트업으로 인해 확연한 존재감을 드러낸다. 겨울에는 따뜻한 색, 여름에는 차가운 색으로 계절을 느끼게 하고, 또한 하루 중 시간의 경과에 따라 빛의 양을 변화시켜 호흡하는 듯 움직임을 느낄 수 있도록 연출했다. 지역의 어느 장소에서나 선명하게 인식되는 키치조지역 빌딩은 도심의 등대와도 같은 존재라 할 수 있겠다.

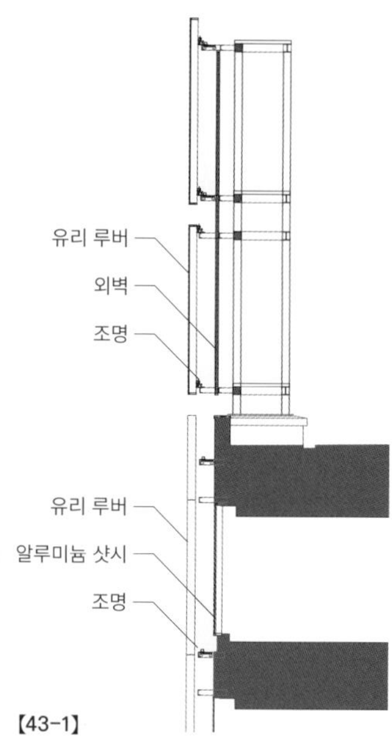

【43-1】
외장 유리루버 하부에 조명을 설치하고, 루버 안쪽 벽면을 반사판으로 이용하여 야간 라이트업을 한다.

【43-2】 겨울의 추운 시기에는 따뜻한 계열의 색으로 부드럽게 라이트업을 한다.

【43-3】 여름의 더운 시기에는 차가운 계열의 색으로 청량감이 있는 라이트업이 된다.

【43-4】 아침, 점심, 저녁 시간대로 색 온도를 변화시켜 시간의 변화를 느낄 수 있는 연출을 하고 있다.

【43-5】 24절기 계절의 변화를 느낄 수 있게 빛을 연출하고 있다.

【43-6】

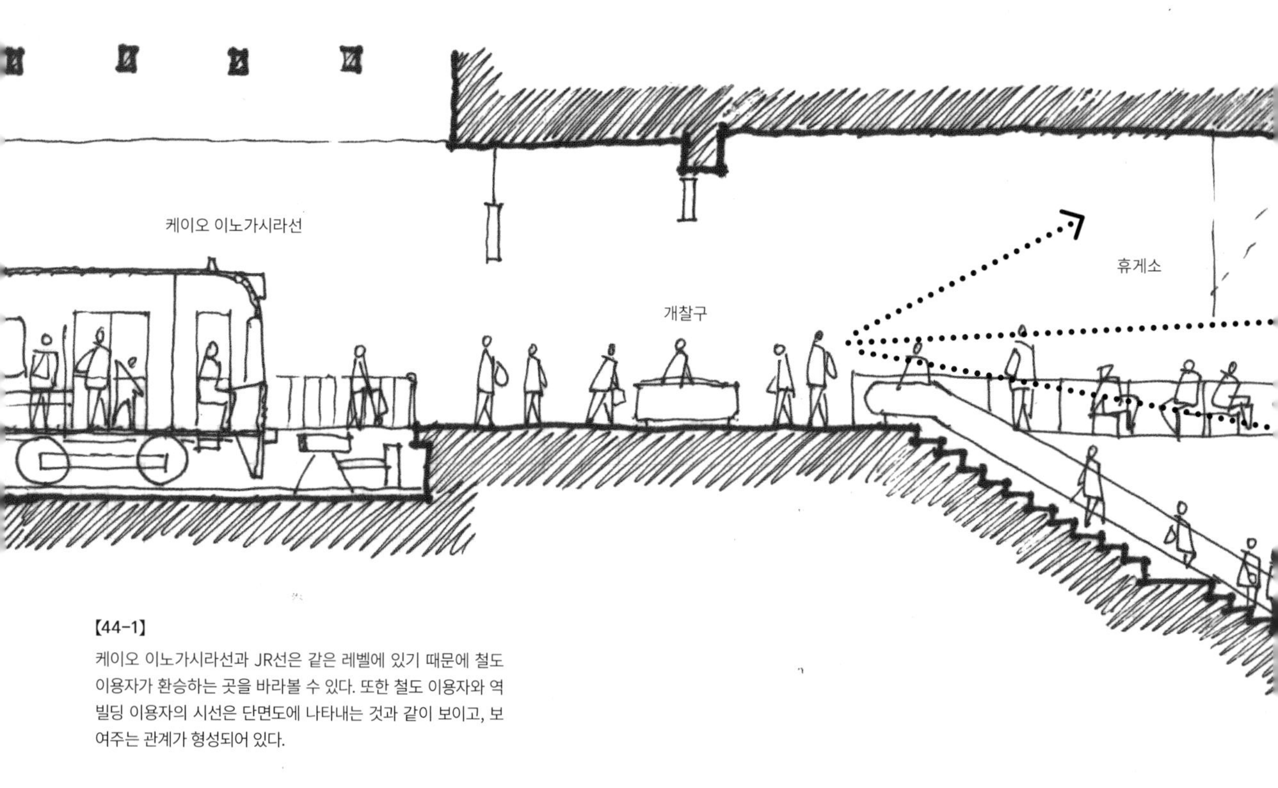

[44-1]
케이오 이노가시라선과 JR선은 같은 레벨에 있기 때문에 철도 이용자가 환승하는 곳을 바라볼 수 있다. 또한 철도 이용자와 역 빌딩 이용자의 시선은 단면도에 나타내는 것과 같이 보이고, 보여주는 관계가 형성되어 있다.

역과 역의 아이컨택

44

키치조지역 키라리나 케이오 키치조지

설계자: 니켄세케이

키치조지역은 케이오 이노가시라선, JR주오·소부선과 함께 3층 레벨에 플랫폼이 있고, 이전에는 벽으로 구획되어 있었지만 키라리나 케이오 키치조지의 개발에 의해서 서로의 존재가 보이도록 되었다. 케이오 이노가시라 키치조지역의 개찰구를 나오면 정면에 JR주오·소부선의 전철이 횡단하는 모습이 보이고, JR선의 플랫폼에서도 케이오선의 플랫폼과 전철을 정면으로 볼 수 있다. 이러한 가시성의 향상으로 인해 환승 동선을 직감적으로 이해할 수 있는 이동 공간이 되었다. 또한 보이드 공간의 일체성은 상업 시설과도 연결되어 전철을 타는 사람들과 시설 이용객과의 보이고 보여지는 관계가 만드는 활력 있는 공간을 이용자에게 제공하고 있다.

[44-2] 케이오 이노가시라선 키치조지역은 터미널 역으로, 전철이 역으로 들어와서 되돌아 나간다.

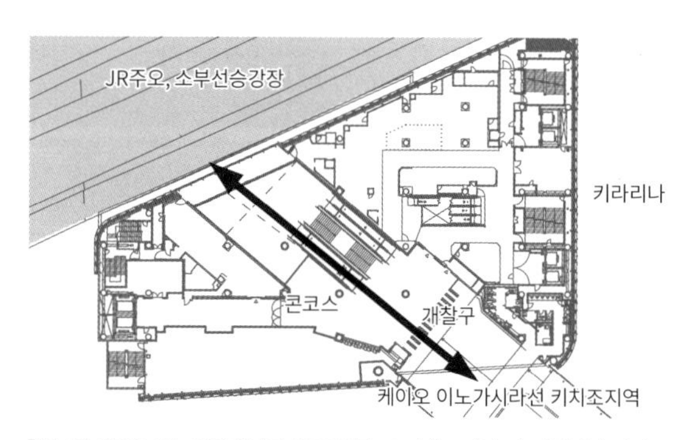

[44-3] 케이오 이노가시라선 키치조지역과 JR 키치조지역 3층 레벨에서 평면적인 접속형태를 나타낸다.

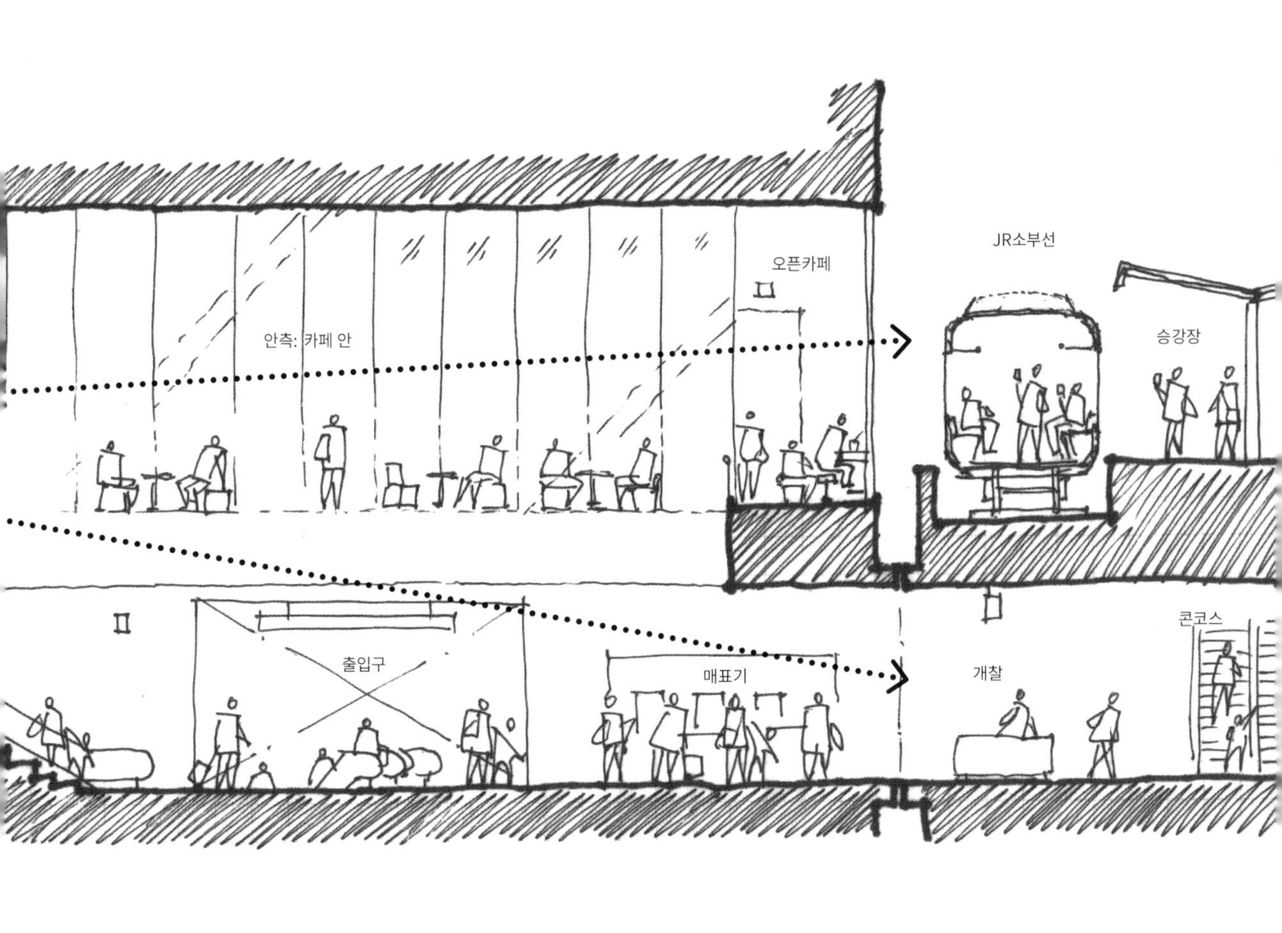

【44-4】 콘코스의 내부 정면에 JR소부선 전철이 보인다.

45

전철이 주인공

신주쿠역 바스타신주쿠 / JR신주쿠 미라이나 타워

설계자: 동일본여객철도 JR동일본 건축설계사무소

신주쿠역은 일본에서도 유명한 터미널 역으로, 16개 노선의 플랫폼과 전철이 지속적으로 움직이고 있다. 남측 개찰구의 'Suica의 펭귄 광장'은 전철의 역동감이나 스피드감을 한눈에 볼 수 있는 곳이다. 이와 같은 장소는 세계적으로도 예를 찾기 힘들다. 어린이들뿐만 아니라 많은 사람들이 전철을 보려고 모여들고, 사진을 찍는 하나의 관광명소가 되고 있다. 또한 길이 120m에 이르는 거대 인공지반은 다양한 활동의 스케일을 배려하고 있다. 다채로운 이벤트에 대응하기 위한 대규모 오픈 스페이스에서부터 혼자서도 전철을 바라볼 수 있는 벤치, 사람들이 어울려 모일 수 있는 장소 등 다양한 장소가 마련되어 방문하는 사람들을 즐겁게 한다.

【45-1】 사진촬영: BLUE STYLE COM 나카타니 코지

46

철도의 기억을 디자인으로

초후역 토리에 케이오 초후

설계자: 니켄세케이

일체적으로 개발된 토리에 케이오 초후의 건물 세 동 중, 서쪽 끝의 C관 북측에 오픈 스페이스를 설치하고, 부지의 서쪽에 보행자 네트워크의 기점을 마련함과 함께 지역에 열린 휴식의 공간으로 계획되었다. 개발을 진행함에 있어서 지역 주민이나 사업자를 포함한 워크숍을 통해 이용 형태에 대해서 검토를 지속하여, 다양한 액티비티를 유발하는 가구나 방법 등을 준비한 새로운 퍼블릭 스페이스 '테츠미치'가 실현되었다.

【46-1】

【46-2】 사용 방법을 강요하지 않고 이용자가 자발적으로 이용할 수 있도록 의도한 장(場)으로써의 도구

【46-3】

【46-4】

【46-5】

세 개 동 건물의 발밑 보행 공간에는 옛 레일을 이용한 '레일 유닛'을 공통으로 설치하고, 레일의 프레임 속에 벽면 녹화나 게시판, 그래픽 등을 채워 넣어 윤택하고, 걷는 것이 즐거운 가로 공간이 되도록 하였다. 또한 C동 북측의 퍼블릭 스페이스 '테츠미치'의 바닥에는 예전의 레일을 보존하고, 외주부에는 플랫폼의 팬스를 재이용하는 등 이전에 철도가 달리던 기억을 디자인으로 재생해 놓았다.

【46-6】 모두의 식탁
편안하고 자연스러운 합석

【46-7】 나무 칩 광장
창의력을 불러 일으키는 나무 블럭

【46-8】 쉴 수 있는 나무 퍼니처
세미 프라이빗한 공간

【46-9】 인공잔디광장
리빙룸과 같이 편안하게 쉴 수 있는 광장

【46-10】 캠퍼스 로드
상상하는 것을 그리는 캠퍼스

【46-11】 가동식 퍼니처
사용법을 생각하는 가구

TOD에 있어서 동선의 유도

철도와 사인은 떼려야 뗄 수 없다.

역은 일시적이고 다량의 이용객을 정체 없이 플랫폼 및 출구로 유도해야 한다. 더욱이 역을 내포하는 상업, 오피스 등의 복합 시설인 TOD의 경우는 역에서 출구만이 아니라 여러 환승과 인접 지역 및 시설에도 원활하게 동선을 유도할 필요가 있어 더 많은 숙고가 필요하다.
일반적으로 사인을 이용해 유도하게 되나 철도마다 사인의 규칙을 정하고 있어 여러 역의 환승이 발생하는 TOD에서는 각각 다른 표시가 혼재하는 상황이 발생한다.

신주쿠나 시부야 등의 터미널 역에서는 환승 동선이 되는 개찰구 밖 콘코스나 Urban Core의 사인을 통일하기 위한 노력이 이루어지고 있다.
이러한 노력은 행정 및 철도 사업자가 협조할 필요가 있지만, 시부야역에서는 지역 매니지먼트 협의회가 주체가 되어 사인 가이드라인를 제정하고 있다.
TOD의 사인 계획에서는 다음 사항에 유의할 필요가 있다.

- 표시(사용하는 명칭, 픽토그램, 정보의 일관성)
- 표현(문자, 색, 레이아웃의 일관성)
- 배치(동선에 대한 적절한 배치, 광고와의 차별화)

시설명은 상단의 밝은색 배경 범위에 기재

결절광장은 중단의 연한색 배경 범위에 기재

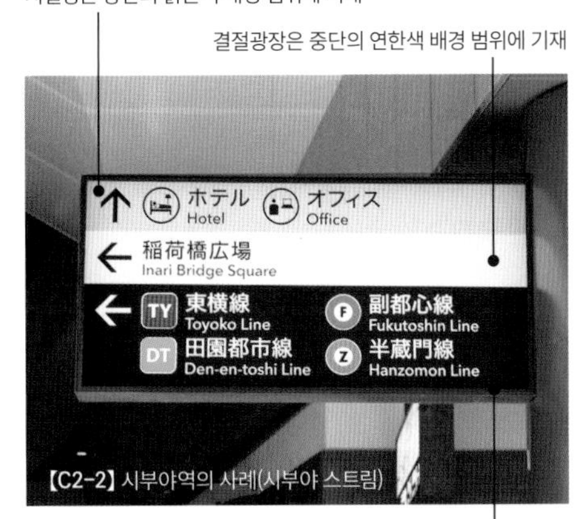

【C2-2】 시부야역의 사례(시부야 스트림)

교통기관은 하단의 짙은 색 배경 범위에 기재

【C2-1】 신주쿠역의 사례(신주쿠 남쪽 출구)

그러나 원래 동선이 복잡하고 이해하기 어려운 공간에 있어서 사인에 의한 유도에는 한계가 있어, 공간에 의해 직관적으로 방향을 알 수 있게 디자인하는 것이 중요하다. 가장 알기 쉬운 것은 빛에 의한 유도지만, 환승 역에서는 목적이 되는 철도 그 자체를 보여주는 것도 효과적인 수단이 될 수 있다.

【C2-3】 빛에 의한 유도 사례(런던지하철 카나리 워프 역)

케이오 이노카시라선 키치조지역에서는 빌딩의 재건축을 하는 사이에 개찰구밖 콘코스에 JR중앙역측의 출입구를 설치하여 케이오 이노카시라선의 환승하는 곳에서 JR중앙선의 양방향에서 차량이 보이도록 하였다.
처음 이용하는 이용객이라도 직관적으로 진행방향을 알 수 있도록 하는 계획이다.

【C2-4】 재건축 이전의 케이오 이노가시라선 키치조지역 콘코스

【C2-5】 재건축 이후의 케이오 이노가시라선 키치조지역 콘코스

친근한 예술의 힘

일반적으로 시부야역에서의 약속장소라 하면 하치코 동상 앞이 된다. 역에서 출구를 찾아 나오면, 스크램블 교차로의 복잡함에 압도되면서 처음 하치코를 발견했을 때의 안도감은 도쿄에 사는 사람이라면 누구라도 기억 속에 있을 것이다.

도시의 역은 복잡한 동선과 혼잡과 소음으로 가득 차 있다. 여유와 안정을 추구하는 역은 정해져 있듯이 퍼블릭 아트가 설치된다. 그런 여유를 위한 모뉴먼트는 구심력을 가지고, 사람들을 모으고 어느덧 '약속 장소'가 된다.

역의 아트는 역을 캐릭터화하는 데 있어서 매우 중요한 역할을 담당하고 있다. 그리고 그들에게는 '특별한 스토리'가 있다. 그 일부를 소개하고자 한다.

도쿄

충견 하치코 동상

도쿄도 시부야구 시부야역
설치년도: 1934년(현재의 동상 1948년)
저자: 안도 테루(현재의 동상 안도 다케시)

주인이 급사한 후에도 매일 시부야역에서 돌아오기를 기다렸다는 충견 하치코. 그 한결같은 모습이 공감을 불러 동상이 건립되어 현재에 이르기까지 시부야역의 상징이 되고 있다.

모아이상

도쿄도 시부야구 시부야 서쪽 출구
설치년도: 1980년
저자: 다이고 유이치

니지마의 도쿄 이관 100년을 기념해서, 니지마에서 시부야구에 기증되었다. 앞면과 뒷면이 다른 얼굴을 가지고 있다. 니지마에서 채굴된 돌을 사용했다.

호프 군

도쿄도 시부야구 시부야역 동쪽출구
설치년도: 2001년11월
저자: 사토 켄타로

시부야 미야자캬상점가조합이 미야자캬 교차점의 일각에 있는 세 그루의 느티나무를 휴식장소로 '파티오 미야자캬'라고 이름을 짓고, 그 번영을 기원하여 건립되었다.

Suica 펭귄

도쿄도 시부야구 신주쿠역
설치년도: 2016년
저자(원 그림): 사카자키 치하루

JR신주쿠역 남쪽 출구를 나오면 바로 'Suica 펭귄 광장'에 설치되었다. 2001년 11월, Suica 도입을 기념하기 위한 세레모니가 개최된 것도 신주쿠역이었다.

마망

도쿄도 미나토구 롯본기역 66플라자
설치년도: 2002년
저자: 루이즈 브루조아

세계 9개소에 설치된 거대한 거미 마망 시리즈의 하나, 어머니에 대한 동경이 담겨 있다. 전 세계에서 사람들이 모여 새로운 정보를 얻어 가는 자리가 되었으면 하는 바람으로 설치했다고 한다.

ECHO

도쿄도 스미다구 킨시쵸역 북쪽 출구
설치년도: 1997년
저자: 로렌·메드슨

'음악도시 스미다구'를 상징하는 기념물로서 킨시쵸역 북쪽 출구 교통광장에 설치되었다. 중앙의 조각은 악보에 음자리표, 좌우 각 5개의 와이어는 오선보를 나타낸다.

요코하마

【C3-7】

요코하마의 시(詩)

카나가와현 요코하마시 서구 요코하마역
설치년도: 1981년
저자: 이데 노부미치

요코하마역 동쪽 지구 종합 개발 계획의 일환으로 동쪽 지하상가 포르타가 오픈한 기념으로 '일본 문명의 새벽'이라는 제목의 도기(陶器) 릴리프가 설치되었다.

【C3-8】

모쿠모쿠 와쿠와쿠 요코하마 요요

카나가와현 니시구 미나토미라이역
설치년: 1994년
저자: 모가미 히사유키

바람에 흩날려 '길게 뻗은 구름'을 형상화하여 만들었다. 빌딩풍 완화의 역할도 하며, 야간에는 라이트업과 함께 다이내믹한 공간을 연출하고 있다.

【C3-9】

사쿠라키초 ON THE WALL

카나가와현 요코하마시 나가구 사큐라키초역
설치년도: 2004년경~ 2007년
저자: 로코사토시 외 다수

구토요코선 고가 아래의 낙서가 시민 아트로서 공인된 요코하마시의 실험적인 아트 사업의 일환으로서 발전하였다. 현재는 철거되어 존재하지 않는다.

나고야

【C3-10】

비상

아이치현나고야시나카무라구나고야역사쿠라거리출구
설치년도: 1989년
저자: 이이 신

나고야시 제정 100주년을 기념해 설치되었다. 조몬 토기의 분양을 형상화하며, 새로운 도시 만들기와, 세계로 정보를 발신해 나가는 미래를 상징하고 있다.

【C3-11】

나나짱

아이치현 나고야시 나카무라구 나고야역
설치년도: 1973년
저자: 슈렛피 사(스위스)

메이테츠백화점의 심볼로서 탄생한 거대 마네킹 인형으로, 기업과 콜라보도 적극적으로 실시하여 연간 40회 이상 스타일을 바꾼다. 최신 트랜드의 발신 매체로도 활약하고 있다.

【C3-12】

GOLD FISH

아이치현 나고야시 나카무라구 나고야역
설치년: 2016년
저자: 스케나리 마사노리

JP타워 나고야에 설치된 앉을 수 있는 조각. 나고야성 지붕의 상징 킨샤치를 모티브로 한 형태로 높이 8.88m. 모모야마 문화의 역동하는 화려함을 미래에 연결하고자 하는 바람이 담겨 있다.

오사카

【C3-13】

금시계

오사카현 오사카역내 5층 시간과 공간의 광장
설치년도: 2011년
저자: 미도오카 에이지

발착하는 열차를 플랫폼의 상공에서 내려다보는 시공의 광장에 설치된 시계 기념물. '도시의 결절점'을 상징하고, 새로운 쉼터의 중심으로서 활약하고 있다.

【C3-14】

보존동륜

오사카현 오사카시 요도가와구 신오사카역
설치년도: 1984년
저자: 불명

증기기관차 C57155호기의 제1동륜의 실물. '도카이도 신칸신 20주년 기념'을 맞이 설치되었다. 강철 무게는 2,660킬로그램, 31년 동안 계속해서 달려온 역사를 새기는 예술 작품이라고 할 수 있다.

【C3-15】

OSAKA VICKI

오사카현 오사카시 주오구 신사이바시역
설치년도: 1998년
저자: 로이 릭턴스타인

신사이바시의 지하상가가 개업할 때, 아무것도 없던 풍경 속, 공기 냉각탑의 벽면에 그려졌다. 로이 릭턴스타인이 1964년에 제작한 "비키" 시리즈를 바탕으로 하고 있다.

철도의 전기, 역 빌딩의 전기
~TOD의 설비 계획 ①

철도 전원은 전기 사업자의 송전선에서 전기 공급을 받아 그것을 철도용 변전소에서 열차 운전용, 역 내부용으로 전환하여, 키(き) 전선※으로 발송한다. 이에 대해 역 빌딩의 전원은 철도 전원과는 다른 계약에서 일반 상용 전원으로 전기를 공급받는다. 이것은 전기 사업법상 '1부지의 1인입'의 원칙에 저촉되지만, TOD에서는 특례적으로 이중 전원 공급을 인정받고 있다. 따라서 혼선되지 않도록 일반 상용 전원 및 철도 전원 공급 범위를 명확하게 구분하는 것이 필요하다.

※키(き) 전선: 전철에 직접 접하는 가선(전철선)에 전력을 공급하는 전선을 말한다.

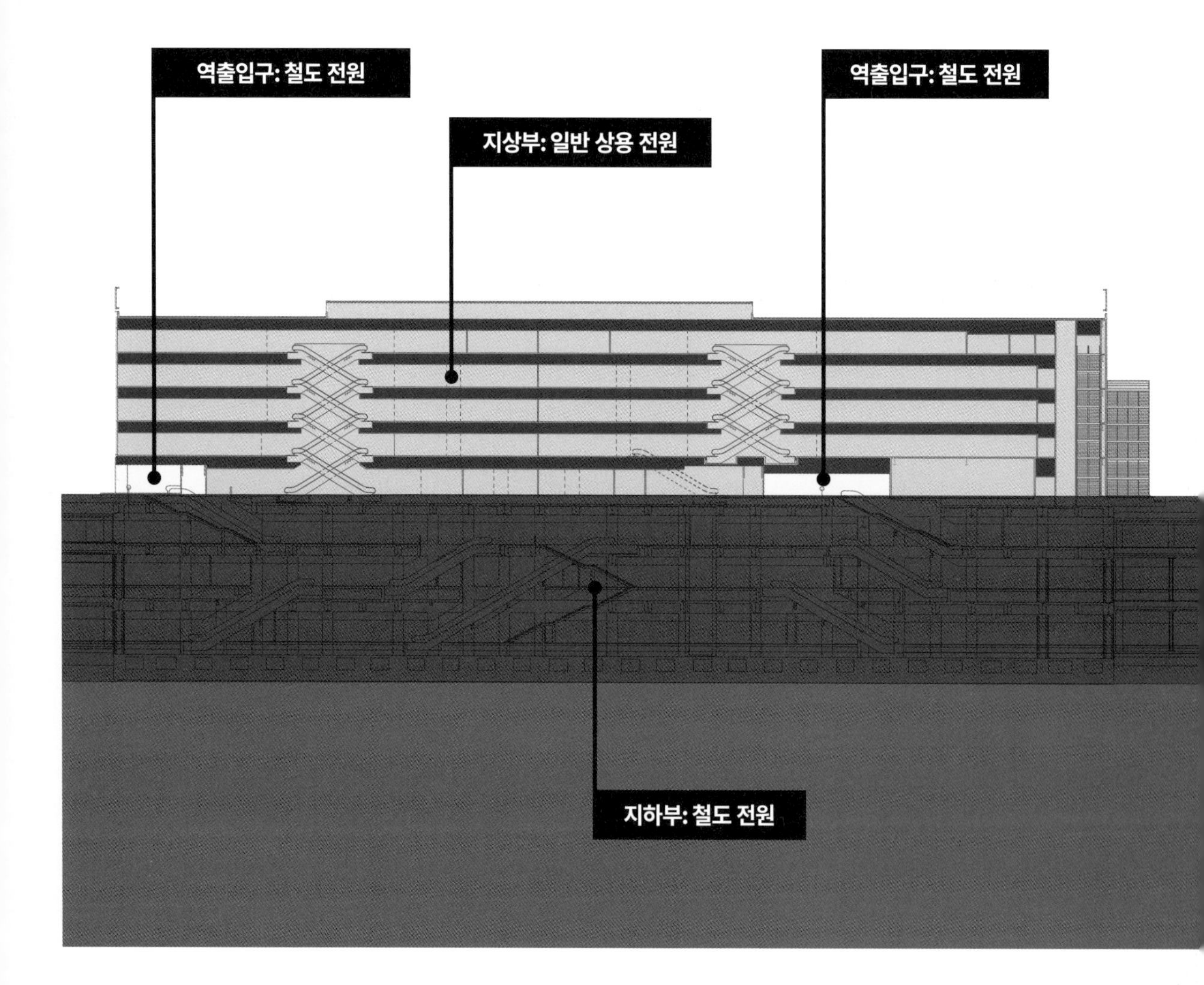

【E6-1】 토리에 케이오 초후의 예

지상 역 빌딩 부분은 일반 상용 전원이지만 지하 부분의 역 시설에 대한 철도 전원이다. 그러나 지하 역에 대한 승객의 지상 출입구가 역 건물에 포함되어 있어, 역 건물 부분과 명확하게 구획된 지상부 영역(노란색으로 표시)은 철도 전원을 공급하고 있다.

하나의 건물에 방재센터는 하나. 그런데 역과 역 빌딩, 어디에 만들지?

~TOD의 설비 계획 ②

소방법상, 대규모 건축물은 종합 조작반을 설치하는 중앙 관리실(이하 '방재센터')을 설치할 필요가 있고, 하나의 건물에 방재센터를 여러 개 마련하는 것은 방재 지휘 관리에 혼란을 초래할 우려가 있기 때문에 원칙적으로 방재센터는 하나로 정해져 있다. 역과 역 건물이 복합하는 TOD의 경우 철도 사업상의 안전 확보의 책무가 강한 역에 설치하는 것이 바람직하지만 철도 사업이 상업 시설 관리까지 관여하기 어려운 면이 있어 역과 역 건물 어느 곳에 방재센터를 둘지는 경우에 따라 다른다. 상업 지역에서의 화재로 열차가 멈추면 이용객에 큰 영향을 미칠 수 있으므로 끊으면서도 전체를 연결하는 노력이 필요한 것이다.

【E6-2】 방재센터에 대해서

소방법상 1동의 건축물에는 종합 조작반이 설치된 방재센터를 1개소 설치할 의무가 있다. 방재센터는 소방대의 소방 활동 거점의 기능을 담당하고 중앙 방재 시설의 상황을 파악할 수 있는 기능을 가질 필요가 있다.

	A안	B안	C안	D안
방재형식	빌딩: 방재센터 역: 감시반설치장	빌딩: 주방재센터 역: 부방재센터	빌딩: 방재센터 역: 방재센터	빌딩의 방재센터 안으로 역의 방재 감시도 같이 설치함
모식도	역빌딩 / 철도역 / 방재 센터 / 역무실	역빌딩 / 철도역 / 방재 센터 / 부방재 센터	역빌딩 / 철도역 / 방재 센터 / 방재 센터	역빌딩 / 철도역 / 방재센터 (종합조작반) / 역무실
법적 인증 취득의 필요 여부	불필요	불필요	필요 건물 하나에 복수의 종합 조작반이 있으므로 소방설비의 설치에 관한 법적 인증을 취득할 필요가 있음	불필요
방재센터 평가	관할하는 소방서측 지도에 따름	관할하는 소방서측 지도에 따름	관할하는 소방서측 지도에 따르지만, 총무대신(장관) 인증취득에 해당하는 성능 평가를 받으므로 불필요하다 판단될 수도 있음	관할하는 소방서측 지도에 따름

Future of TOD

미래의 TOD를 향해

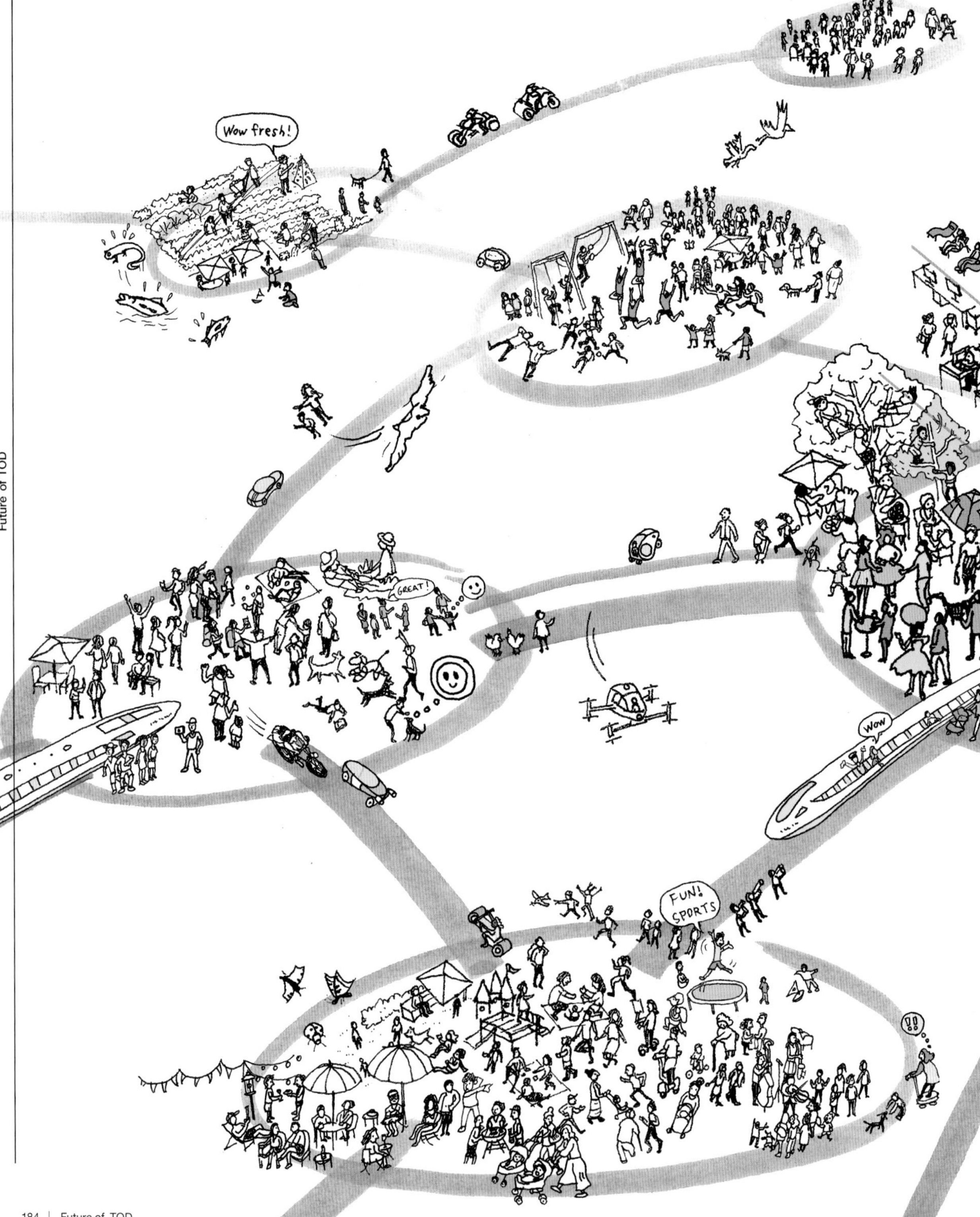

버블기 이후의 도쿄를 시작으로 일본 대도시 개발의 추진력을 담당해 온 TOD. 이러한 대중교통을 전제로 한 도시의 모습은 일본 고유의 것이라고도 할 수 있다. 메가시티 도쿄에서는 더욱이 '중심성'이 도시 발전에 있어서 중요했고, 중심과 외곽을 연결하는 '교통'이 도시 구조의 중심인 것은 필연적인 것이었다. 그러나 향후 정보기술이나 모빌리티 그 자체의 기술 혁신을 통해 더 다양한 '이동'의 모습과 그에 따른 도시의 형태가 전개될 것이다. 특히 점유율을 기축으로 한 새로운 사회상은 교통뿐만 아니라 곳곳에 이미 나타나기 시작하고 있다. '중심'에서 '분산', 이것이 다음 사회를 향하는 방향성이라고 한다면, TOD가 가진 가치는 무엇이었는가를 다시 한번 생각해 보고, TOD 그 본연의 모습과 사고방식을 재고해 볼 필요가 있다. TOD의 매력에 대해서 말해온 이 책의 결론으로서 급속하게 변하는 사회 속에서 미래의 TOD가 어떤 가치를 발휘할지 그 가설을 생각해 보도록 하자.

Prologue

What is Future Society?
미래 사회에서의 TOD의 역할

최근의 급속한 사회 환경 변화에 따라 도시에 거주하는 사람들의 라이프스타일과 가치관은 크게 바뀌고 있다. IoT나 ICT, AI, 로봇에 의한 기술혁신, 인간의 수명연장(인생 100세 시대)이 일하는 방식의 변화, 블록 체인[※1]에 의한 분산형 사회 진행 등 모든 영역에서 변화의 속도는 가속되고 있다. 그 속에서 개개인의 삶은 더 다양화되고, 요구되는 도시 기능이나 환경은 점점 더 복잡해져 갈 것이다. 이 같은 상황에서 미래 도시의 TOD는 어떤 모습이어야 할까? 여기에서는 미래의 TOD를 고려할 때 감안해야 할 사회적 배경을 정리하기로 한다.

TOD4.0시대에 | 다양한 경험을 즐길 수 있는 도시로서의 교통거점

미래의 TOD를 생각하는 데는 효율성과 합리성이라는 근대화의 흐름 속에서 추구되어 온 가치관의 발상전환이 요구된다. 그곳에서는 '이동'을 액티비티의 중심으로 해온 지금까지의 교통 거점의 모습에서 효율성과 합리성을 넘어 사용자에게 가치를 제공하는 장으로 전환을 도모하는 것이 바람직하다.
단순히 '이동'과 그에 따른 부차적인 액티비티(역 건물 개발에 의한 상업 활동 등)를 제공하는 장소 만들기가 아닌 유저의 경험 가치에서 지역 가치를 극대화하는 장소의 방식을 추구해 가는 것이다. 그것은 '이동'의 수요가 감소해 나가는 또는 다른 교통수단에 대한 수요 전환이 일어나는 미래에 있어서도 '이동'이라는 문맥에 얽매이지 않고 보다 높은 가치 창출이 가능해질 것이다.
이동만이 아닌 다양한 목적으로 방문하고 싶어지는 장소 만들기가 TOD의 미래형=TOD 4.0을 생각하는 힌트가 될 것이다.

역의 출현
TOD 1.0

역과 빌딩의 일체화
TOD 2.0

역과 도시의 일체화
TOD 3.0

역과 도시와 사람의 일체화
TOD 4.0

기능적 가치 형성 | 현재 | 의미적 가치 형성

【F-2】Transition of TOD

사회배경 1 | MaaS의 도래: '이동'에 요구되는 가치의 변화

Uber[※2]나 Lime[※3] 등, 도시의 유휴자산을 활용한 새로운 모빌리티 서비스가 등장하는 것과 같이, 공유가치가 높아지는 상황에서 교통이나 이동의 개념도 변화해 가고 있다. 공유의 개념에서는 어디부터가 공공이고 어디까지가 프라이빗한 것인지 그 경계가 점점 소멸되어 가고 있다. 특히 Uber와 같이 이용자들에게 스며든 플렉시블한 모빌리티는 편이성과 효율성이라는 점에서도 기존의 공공교통시스템과 비교해도 우위가 될 가능성이 높다. 공유 사회에 있어서 더욱 이용자가 늘어나면서 비용이 내려갈 것으로 가정하면 대중교통은 지금까지처럼 '이동'의 효율성과 편리성을 추구하는 것만으로는 소외될 가능성이 있다. '이동'뿐만이 아닌 새로운 가치 창출이 요구되는 것이다. 이것이 MaaS(Mobility as a Service)의 세계다. 그때 이동에 관련된 기능적인 가치뿐만 아니라, 거기서 얻은 새로운 가치를 추구해 나가는 것이 필요하다. 즉, 이제는 기존 교통 서비스의 테두리에 머물지 않고 모든 이동 수단을 연결하는 것으로 편리성을 높여 이용자가 더 많은 자유시간을 보내는 것과 같이, 이동의 가치를 전환하여 새로운 서비스 모델/비즈니스 모델이 요구될 것이다.

【F-3】 '이동의 공유'는 확대되고 있다.

【F-4】 자동운전은 이동시간의 가치를 바꾸고 있다.

【F-5】 MaaS의 개념도

사회배경 2 | 장소에 얽매이지 않는 분산형 사회의 도래

WeWork를 시작으로 하는 코어 워킹 시장 규모의 급성장이 말해주는 바와 같이 이미 일하는 방식과 생활 방식에 있어서, 지금까지의 규칙에 얽매이지 않는 자유롭고 새로운 스타일이 모색되어 곳곳에 확산되기 시작했다. 국가가 추진하는 '일하는 방식 혁명'도 향후 이를 뒷받침해 나갈 것이다.

인생 100세 시대를 맞이하고 있으며, 또한 가치관의 다양화, 라이프스타일의 다양화가 진행되어 가고 있다.

TOD를 생각하는 것, 이것은 공공교통, 나아가 대중교통 중심의 라이프스타일의 가치를 생각하고 되묻는 것이다. 더 나아가 미래 도시와 그곳에서의 생활 방식을 생각해 나가는 것이기도 하다. 미래를 향한 TOD의 업데이트를 실시함으로써 효율성과 합리성이라는 20세기의 프레임을 넘어 새로운 가치 창출을 목표로 해야 하지 않을까?

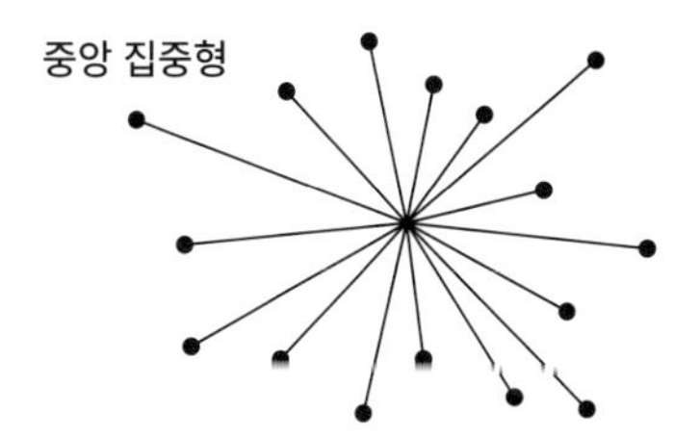

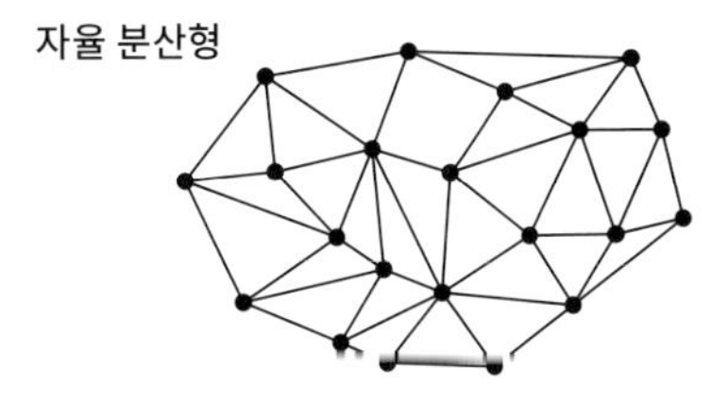

【F-6】 중앙 집중형과 자율 분산형의 이미지

※1. 블록 체인: 각종 통신 기록을 암호화 기술에 의해 1개의 사슬처럼 연결해 정확한 기록을 유지하려고 하는 기술. 이것에 의해 개별 시스템이 각각 장부정보를 보유하는 것에서 장부정보의 공유를 전체로 시스템이 분산된 상태로 작동하는 새로운 형태로 바뀔 것으로 예상하고 있다. 가상통화나 금융상품, 부동산 등의 거래, 소유자가 다른 산업 간의 정보 전달 등 폭넓은 적용이 예상된다.

※2. Uber: 미국의 우버 테크놀로지가 운영하는 자동차 배차 웹 사이트 및 배차 애플리케이션으로, 현재는 세계 70개국, 450도시 이상에 전개되고 있다.

※3. Lime: LimeBike사가 미국 로스앤젤레스를 중심으로 전개하는 전동 스쿠터 공유 서비스. 최대 시속 24km로 자전거보다도 스피드를 낼 수 있다. 차를 대체할 이동 수단으로서 점유율을 확대하고 있다.

‘이동’을 위한 터미널에서 사람・물건・행위를 집적하는 ‘도시’로서의 터미널로

교통 거점을 단순한 '이동'의 거점으로서가 아니라, 사람·물건·행위를 집적하는 도시의 거점으로 정비하는 것으로 새로운 가치를 창출할 수 있을 것이다. '이동'뿐만 아니라 그 행위에서 얻어지는 특별한 경험이나 활동을 목적으로 교통 거점을 방문하는, 그런 미래를 그릴 수는 없을까? 그것은 다양한 사람·물건·행위에 대면할 수 있는 경험과 활동이 집적되는 '도시'와 그에 통합되어 있는 미래 교통 거점의 모습이다. 그곳에서는 다양한 만남이 넘치는 예기치 못한 기쁨을 느낄 수 있다. 그곳은 기존의 질서와 기능이 정리된 터미널 공간뿐만 아니라, 예기지 못한 해프닝과 활용을 허용하고, 다양한 관계성을 만드는 '놀이'나 '여백'을 갖게 하는 부드럽고 유연한 차세대 터미널 공간이 될 것이다. 지금까지는 역앞에서 상상하지도 않았던 생활이나 활동이 전개되어 가는 것이다. 예를 들어 역=오피스로서 다양한 만남을 창출하는 비즈니스 거점이 되거나 혹은 역=극장으로서 게릴라 패션쇼처럼 생각지도 못한 즐거움과 흥분을 경험할 수 있는 엔터테인먼트의 거점이 될지도 모른다. 다양한 경험과 액티비티를 창출하는 거점으로 발전해 가는 것, 그것은 지금까지의 이동을 위한 터미널에서 풍부한 경험을 창출하는 활동의 터미널로 바뀌는 것이다. 결국은 활동이 도시에 전파되고, 영향을 받은 거리가 활동을 창출하는 장소로 변모되고, 결국 역과 도시는 활동을 통해 서로 녹아들어 일체화될 것이다.

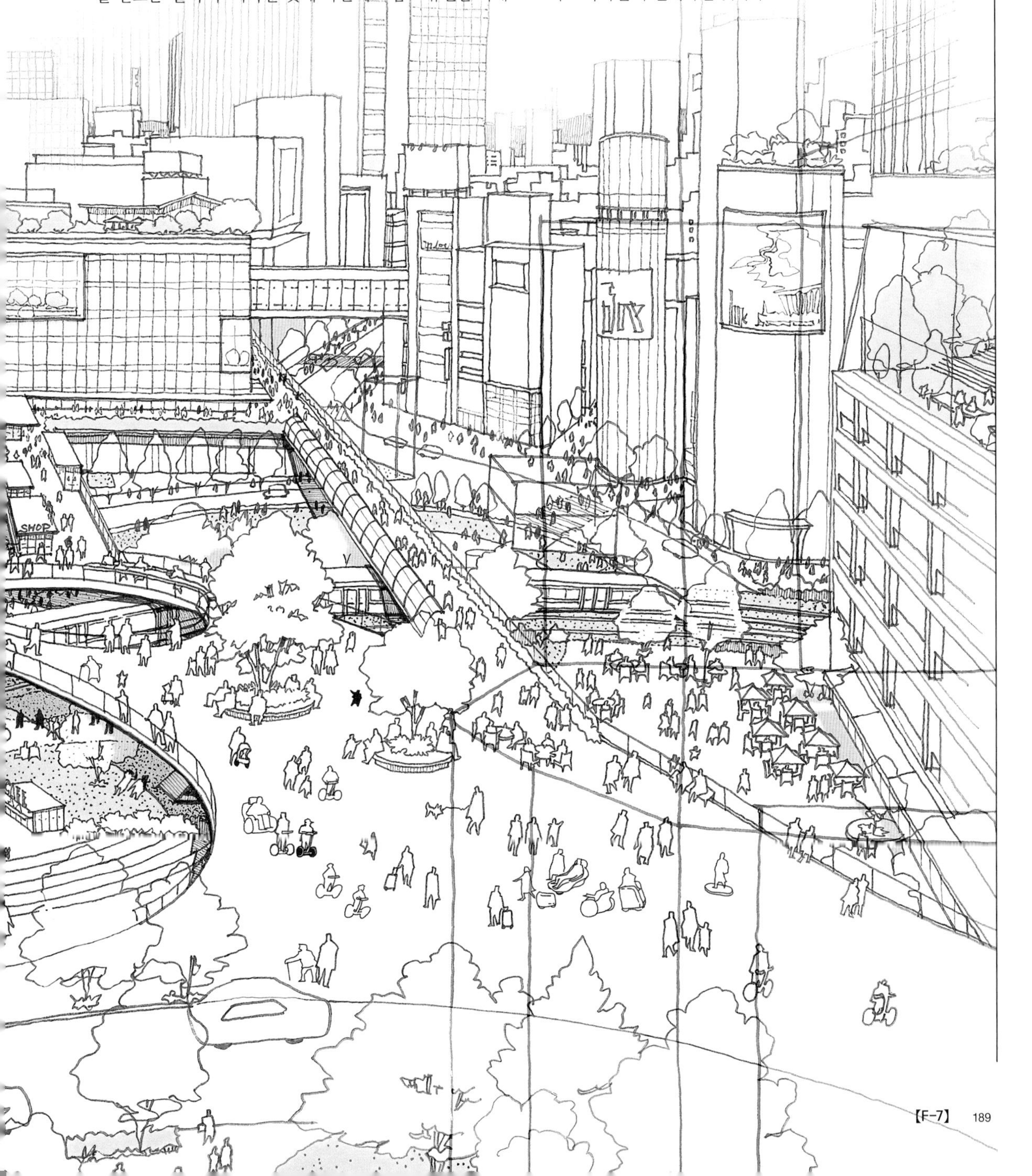

'유니버설'을 넘어선 새로운 공공성, 지역으로의 Localization과 개인으로의 Personalization

이곳에만 있는 로컬한 경험이 있다.

지역을 잘 아는 사람의 정보가 보인다.

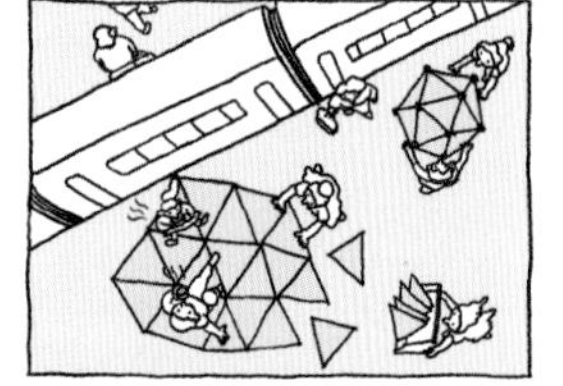

자신만의 장소를 만들 수 있다.

짐 없이 이동할 수 있다.

개성을 표현할 수 있는 장소가 있다.

역에 공원과 같은 휴식의 장소가 있다.

그 도시에 내려서 처음 접하는 풍경이 터미널과 광장이며, 거기서 보는 풍경과 경험이야말로 그 도시의 첫인상으로 마음에 남는 것이다. 과연 지금까지 교통 거점은 도시의 '현관'으로서, 또는 그 도시의 캐릭터를 구현해 내는 '미디어적 공간'으로서 역할을 해왔는가?

이 교통 거점은 다양한 사람들이 오가는 매우 공공성이 높은 장소이며, 다양성을 포섭하는 장소다. 지금까지의 교통 거점에서는 '공공성'을 우선으로 한 나머지 지나치게 유니버설 디자인을 추구한 무미건조한 장소를 만드는 경향이 있는 것이 사실이다. 그 결과로서 '비슷한 생김새'의 역앞 광장이나 도시 공간이 다수 출현했다. 도시는 사회적·관례적으로 애매한 회색을 띠지만 그럼에도 도시에 다양한 색의 활력을 주고 있던 장소가 있었을 것이다. 과거 부흥을 맞기 전 시장이나 골목 문화 등이 그 자취이며, 확실한 도시의 재미와 활력을 만들어 왔다. 최근의 일련의 재개발 흐름 속에서 이들은 정비되어 지워져 버리고, 본래 도시가 가지고 있던 생물체로서의 속성은 늘 정화되어 왔다.

그러나 미래에 좋은 장소를 실현하기 위해서는, 모든 것을 동화하고 균질하게 취합하는 이제까지의 '공공성'의 개념을 재고하여, 그 고정관념을 극복해 나가는 것이 필요하다. 그것은 모두가 사용하기 쉽고, 방문하기 쉬운, 이제까지의 '유니버설'을 넘어선, 다음 단계의 새로운 '공공성'을 어떻게 디자인할 것인가 라는 물음이기도 하다. TOD의 미래를 생각하는 것은 이러한 미래의 도시상을 생각하는 것과 동일한 의미이며, 도시나 지역을 이끌어 갈 미래의 도시 만들기의 견인력이 될 것이다.

그렇다면 앞으로의 시대에서 도시에 필요한 것은 무엇일까? 하나는 도시와 지역의 Locality와 거기서 생활을 영위하는

모두의 다이닝 같은 곳이 있다.

개인의 다양한 구상에 대답할 수 있는 공간이 있다.

어린이 놀이터가 된다.

어디서나 일할 수 있어서 통근의 개념이 없어진다.

역에 있어도 짐이 도착한다.

간편하게 일할 수 있는 공간이 있다.

【F-8】

사람들의 Personality일 것이다. 그곳에만 있는 물건이나 사람, 행위를 만날 수 있는 것이 큰 가치이며, 캐릭터와 개성이 도시의 새로운 가치를 만드는 시대가 도래할 것이다. 교통거점은 이러한 것을 담을 그릇으로서 포용력을 지니고, 그 지역과 사람들의 개성을 구현하고 발신해 나가는 장소가 되어야 할 것이다. 역을 방문하면 그 도시의 고유한 경험이나 풍경을 만날 수 있는 그런 역의 모습도 하나의 대안일 것이다.

이를 구체화하기 위해서는 물리적인 건축과 공간 디자인뿐만 아니라 공간을 구성하는 것의 캐릭터는 물론, 그 장소의 분위기나 생겨나는 사람들의 행동, 세계관까지를 포함하여 사용자 시선에서 종합 디자인을 생각해 나갈 필요가 있다. 그것은 하드웨어를 중심으로 둔 톱다운식 도시계획이 아닌, 사용자의 인식이나 동향을 감안한 세심하고 유연한 보톰업식 도시계획이 되어야 할 것이다. 여기에서는 도시의 운영에 관한 프레임 워크 수법뿐 아니라, 관련된 다양한 기술(소비자 행동 파악을 위한 ICT 기술 등)의 도입이 새로운 활로를 개척할 것이다. 지역의 개성과 '다움'이란 무엇인가? 그곳에서는 어떠한 테마가 가장 알맞은가? 그러기 위해서는 어떤 장치가 필요한가? 이에 대해서는 모두가 개별적인 해법이 있고, 종래의 전형적인 방식이나 의례적인 전략들은 더 이상 통용되지 않을 것이다. 어떻게 고정관념을 극복하는가가 중요하다. 이를 위해서는 도시 브랜딩 및 사용자 경험 가치의 관점에서 높낮이가 다른 각각의 시선을 가지고 디자인을 생각할 필요가 있을 것이다. 이것은 '이동'을 전제로 하고 있는 TOD의 업데이트이며 '교통'에서 파생된 기능의 통합만이 아닌 그 도시의 고유한 '그곳에만 있는 가치'를 만들어내는 것이야말로 새로운 TOD의 모습이다.

ICT※ 에리어 매니지먼트
~도시의 가치를 향상시키는 빅데이터의 활용

※ICT: Information and Communication Technology(정보통신기술)

들어가며

빅테이터, IoT, AI…… 모두 세계적인 규모로 진전하는 정보기술의 호칭이다. 도시와 건축 공간에 이러한 고급 정보기술의 활용이 기대되고 있다. 미래의 TOD를 생각함에 있어서 향후 필수적인 기술 요건이 될 것이다. 도시계획 분야에서는 도시의 콤팩트화 및 최적화 도시 경영 방식을 대상으로 오픈 데이터와 GIS(지리 정보 시스템)를 기반으로 한 도시 분석이 활용되고 있다. 2010년 전후부터는 휴대전화 GPS(위성 위치 확인 시스템) 데이터를 비롯해 Wi-Fi 로그 및 소비자 구매 이력 데이터 등의 활용 가능성의 검증도 진행되어 오고 있다.

반도체 성능은 약 18개월 만에 2배가 된다는 경험치 '무어의 법칙'이라는 것이 있다. 이제 실생활에서 생성 정보량, 가처분(사용 가능한) 정보량의 증대(빅데이터화)는 무어의 법칙을 방불케 하는 가속의 열기를 보이고 있다.

이 칼럼에서는 미래의 TOD에 이바지하는 다양한 가치 창출을 지원하는 ICT를 활용한 도시 경영의 방향성을 살펴볼 것이다. 구체적으로는 지역 가치(Area Value)를 고도화하는 데이터 활용형 도시 관리의 하나로서 TOD를 대상으로 한 'ICT 에리어 매니지먼트'를 소개한다.

도시의 Value Up

도시는 생물체다. 노후화된다고 하면 재생의 가능성도 내포하고 있다. 도시가 형성되고 사회 경제적 성장에 따라 재개발이 시행되어 왔다. 최근에는 도시재생의 관점에서 도시의 주요 거점 지역에 여러 번 개발이 진행되어 왔다. 일례로 도시 개발이 도시의 가치에 어떤 영향을 미치고 있는지 공시지가를 바탕으로 시각화했다. 3년 차(1983년 → 2000년 → 2017년)의 땅값의 변화(상승 or 일정 or 하락×2시점)에서 주요 도시 개발 지역 땅값은 개발 후 모두 상승 전환·유지되고 도시 개발에 의한 재생이 도시의 가치(도시의 힘)를 유지·향상시키고 있는 것을 확인할 수 있다. 그러나 상기는 종래의 하드웨어적 측면을 주체로 한 도시의 가치 향상의 예다. 앞으로는 기존의 도시 시설과 사회 인프라의 가능성을 극대화한 ICT 등의 소프트웨어적 측면을 활용한 도시의 가치 향상이 기대된다. 또한 그 중요성과 효용성이 더해질 것으로 기대하고 있다.

ICT 에리어 매니지먼트의 예(평상시)
활기가 넘치는 거리를 만든다

ICT에 있어서 다양한 노력이 있지만 '사람의 행복을 향상시킨다'는 관점에서 사람의 흐름(보행자의 양, 이동 궤적 등)에 대해 보다 정확하고 높은 해상도 데이터를 정확하게 수집·분석·평가하는 것이 중요하다.

사람의 흐름(보행자의 양)은 소매 점포수와 매출, 지가 등과 높은 관계를 나타내는 것으로 알려져 있으며, 도시의 활성화 정도를 측정하는 중요한 지표로 자리매김된다. 최근에는 GPS 데이터, Wi-Fi 데이터, 레이저 카운터, 카메라 이미지 등의 ICT를 활용한 새로운 기술의 개발, 보급에 의해 사람의 흐름 감지 기술이 고도화되고, 정확성이 향상되었다.

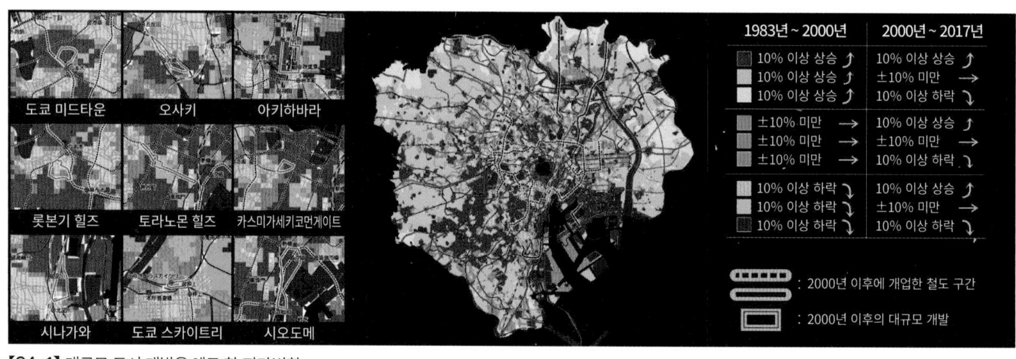

[C4-1] 대규모 도시 개발을 예로 한 지가변화

① 휴대 GPS 데이터

GPS 데이터는 위치 정보의 위도 경도를 연속적으로 획득하여 사람의 흐름을 측정하는 데이터다.

일례로 Agoop 휴대 GPS 데이터는 일정 시간 간격에서 취득한 위도 경도 정보를 바탕으로 하루 동안 사람의 이동 궤적을 파악한다(다만 개인 특성은 제외하고 있다). 도쿄 23구에서 하루 동안 사람의 움직임을 그림 C4-2로 가시화했다. 철도 연선에 많은 이동(위치 정보의 취득)이 보이며, 철도 중심의 도시 구조이자 도심 거점 역(JR야마노테선 등)을 허브로 한 사람의 움직임이 개략적으로 보인다.

【C4-2】 도쿄 23구에서 하루 동안 사람의 움직임[데이터 제공=Agoop]

도쿄 도심(JR야마노테선 주변)에서 사람의 체류 상황을 평일과 휴일별로 비교해 보자. 평일은 출근 등으로 야마노테선 동쪽 지역에 집중되는 9시부터 15시까지의 시간대별 변동은 크지 않다. 한편 휴일은 평일보다 도심에 집중한 시간대가 늦고, 상업지가 집적해 있는 도시 거점에 분산되어 있는 것을 알 수 있다.

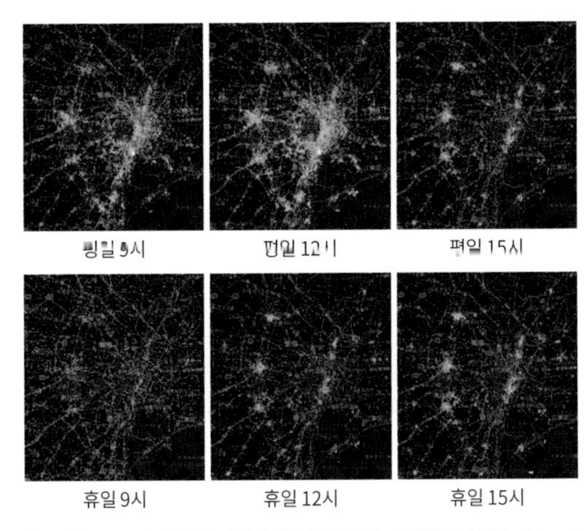

【C4-3】 도쿄 도심에 있어서 사람의 체류 상황(평일·휴일)[데이터 제공=Agoop]

[시부야역 주변에 있어서 사람의 움직임(주요 동선·이동궤적)]

시부야역 주변의 평일 하루 동안 사람의 움직임을 시간대별로 이동 궤적을 연결하면 그림 C4-4가 된다. 시부야역 반경 1km 거리의 사람의 주요 동선(어떤 방면으로부터 시부야역에 모여, 어떤 지역에 많은 사람들이 체류하고 있는지)을 확인할 수 있다.

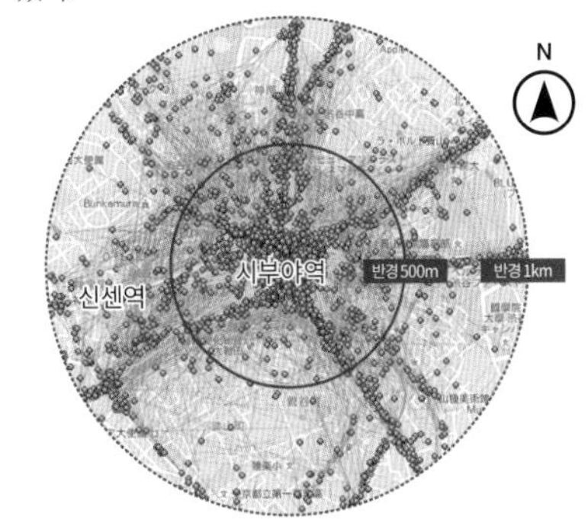

【C4-4】 시부야역 주변에 있어서 하루 동안 사람의 움직임(분석결과)

[시부야역 주변의 지역별·시간대별 체류 상황]

시부야역 주변의 용도가 다른 두 지역을 중점적으로 시간대별 체류 상황의 특징을 살펴보자. 그림 C4 -5에서 사무실·상업 등의 여러 용도로 구성된 메이지도오리 서쪽 지역은 8시 이후부터 자정까지 비교적 평탄한 체류 분포를 볼 수 있고, 1일 동안 해당 지역에 사람들이 체류(체류 인구 비율은 변동이 적다)하고 있다.

업무 시설 중심의 메이지도오리 동측 지역은 하루의 인구 변동이 서측 지역에 비해 크고, 특히 20시 이후 시간대에서는 체류자의 감소가 현저하다.

메이지로 서측 구역

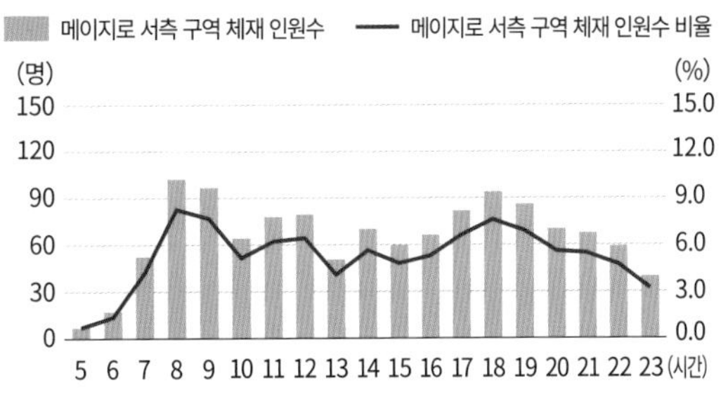

메이지로 동측 구역

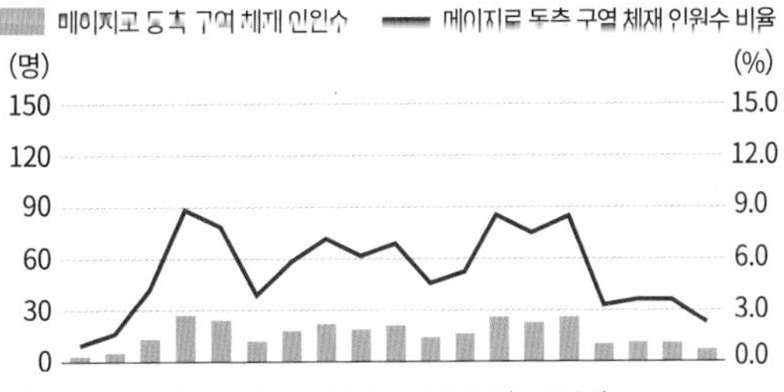

【C4-5】 시부야역 주변 두 지역의 체류 상황 차이(분석결과)

[건물용도와 Mesh up에 의한 용도별 체류 시간의 파악]

건물 용도의 공간정보(GIS 데이터)를 베이스로 휴대전화의 GPS 데이터를 Mashup하여 15분 이상 같은 건물 용도 체류자를 대상으로 용도별 평균 체류 시간을 계산했다. 분석 결과, 업무 시설 평균 7.0시간, 상업 시설 평균 2.2시간 체류라는 수치를 얻을 수 있다. 앞으로, 건물 내의 연직방향의 분석 등 다양한 확장도 필요하지만 본 분석 방법을 활용하면 현재의 활용 상황 및 지역 체류 시간과 순환 행동을 유발하는 건물 용도 구성 및 배치 검토에 도움이 되는 기초 데이터로 활용할 수 있을 것이다.

토지이용	평균체재시간(h)
사무소 건축물	7.0
숙박 시설	8.2
상업 시설	2.2
주상복합건물	4.8

[C4-6] 용도별 평균 체류 시간(분석 결과)

② Wi-Fi 로그

Wi-Fi 데이터는, 도시 중에 설치된 Wi-Fi 엑세스 포인드(AP)에서 얻을 수 있는 Wi - Fi 위치 정보다. AP 단위의 위치 정보를 연속적으로 얻는 것으로 보행자의 양을 측정할 수 있다. 이는 휴대전화 GPS로는 측정이 어려운 건물 내의 연직방향 데이터 측정(각 층에 AP 설치)이 가능하다. 현재 일반적인 AP통신 범위는 100m 미만이다. 일례로 소프트뱅크의 AP통신 도쿄 도시권의 분포를 시각화했다. 도쿄 도시권에서는 AP철도역에 집중적으로 분포하고 있는 것을 알 수 있다.

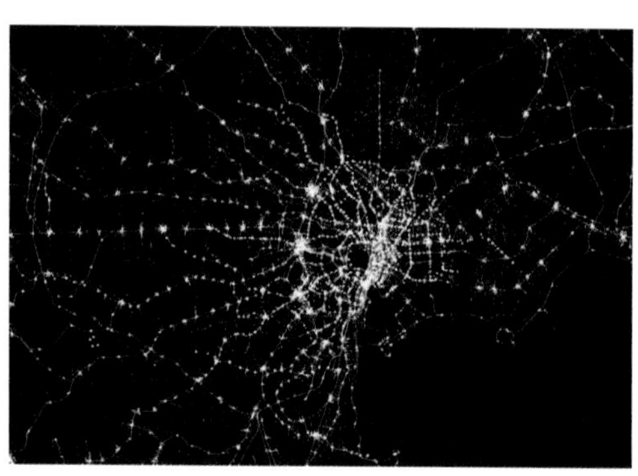

[C4-7] 도쿄도 도시권의 Wi -Fi 엑서스 포인트 분포[제공 데이터=소프트뱅크]

[오사카 미도스지 대규모 이벤트에서 사람의 흐름 분석]

대규모 이벤트를 예로 Wi-Fi 데이터의 활용 가능성을 검증했다. 이벤트 지역의 체류자와 방문자를 재현했다. 체류자는 10~40대가 중심이며, 아침부터 급증하고 이벤트 시간에 따라 피크를 나타낸다(그림 C4-8). 방문자는 오사카부에서 약 60%로, 오사카부 밖에서 약 40%를 차지한다(그림 C4-9). 이동의 피크를 단면 교통량으로 파악하는 AP에서는, 이벤트에 따라 두 가지의 피크가 확인된다(그림 C4-10). 지금까지 정성적(定性的)으로 파악할 수 없던 사항을 정량적(定量的)으로 파악할 수 있게 되었다. 본 검증을 감안하면 Wi-Fi 데이터 및 모바일 GPS 데이터·기지국 데이터, 교통 IC 데이터를 적절히 결합하여 대규모 이벤트 체류자를 더 높은 정밀도로 파악할 가능성이 시사된다.

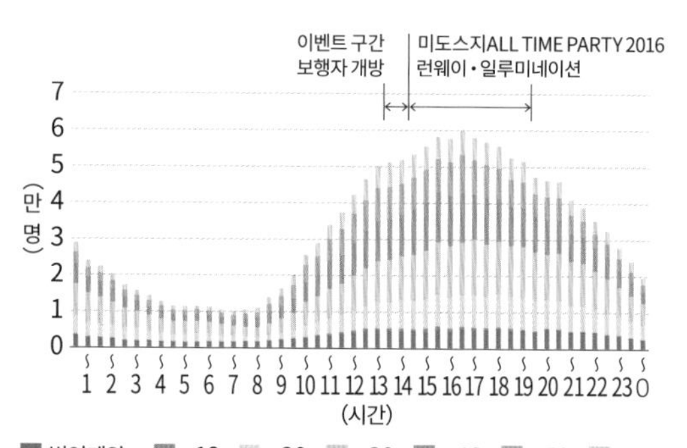

[C4-8] 미도스지역 주변 지역 체류 현황(연령별, 총 엑서스 수: 개인 중복 있음)

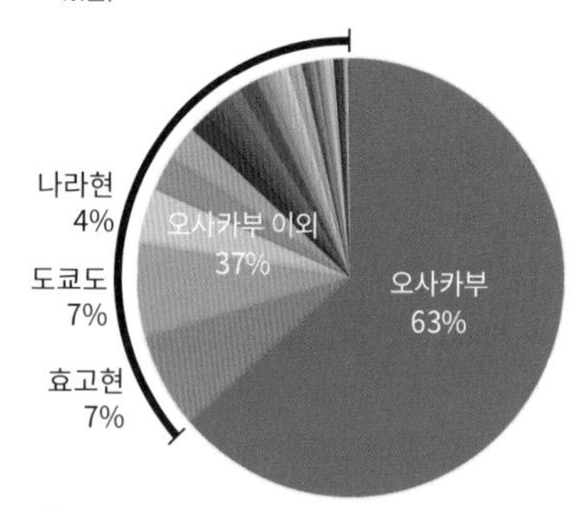

[C4-9] 이벤트 방문객의 거주지(계약주소로 집계)

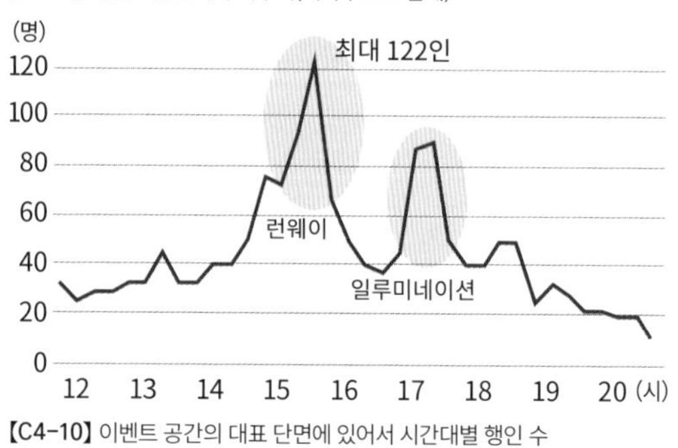

[C4-10] 이벤트 공간의 대표 단면에 있어서 시간대별 행인 수

ICT 에리어 매니지먼트 예(재해 발생 시) 도시의 방재 매니지먼트를 강화한다

2011년 3월 11일 동일본 대지진 때 수도권에서는 약 515만 명(내각부 추산)의 귀가 곤란자가 발생했다. 재해 시에는 피해자가 발생하고, 2~3일 정도의 귀가 곤란자를 수용할 수 있는 시설이 필요하다.
휴대전화 GPS 위치 정보를 활용하여 체류자 분포 상황 시간대별 파악이나, 재해 시 체류자 행동 패턴 등을 파악하여 효율적이고 효과적인 피난 공간 계획 활용을 시도했다. 일례로, 도쿄역을 소개한다.

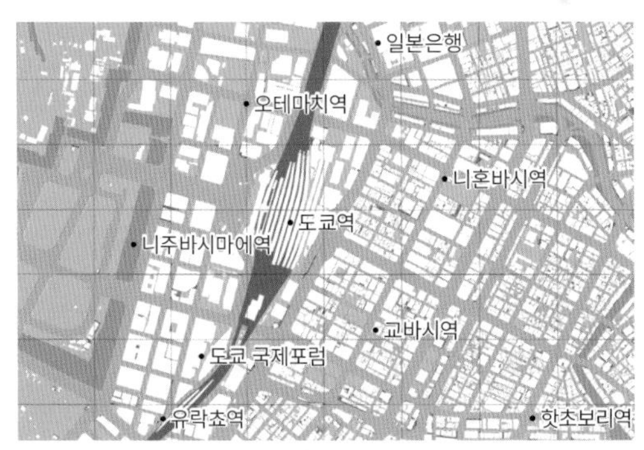

【C4-11】 도쿄역 주변의 대상 지역(2km×2km)
출전: 국토교통성 도시국 안전과 「빅 데이터를 활용한 도시 방재대책 검토 조사(H25, 3)」를 바탕으로 작성

[지진시와 평상시의 체류 상황 비교: 도쿄역 주변]

도쿄역 주변에서는 낮에 최대 체류 인원은 약 60만 명, 근무자가 약 24만 명, 방문객이 약 36만 명이었다. 지진 재해 시에는 재해 직후에는 통행자가 급감하고, 근무자등의 지역으로의 이동은 소수가 된다. 저녁 이후 평상시와 비교해 보았을 때(근무자, 방문객 등)의 감소가 완만하게 되어 귀가 곤란자가 발생했다는 것을 알 수 있다.

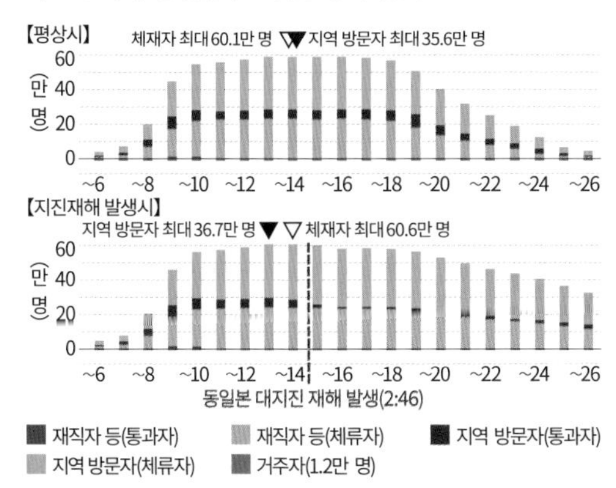

【C4-12】 지진시와 평상시 체류 상황 비교: 도쿄역 주변
출전: 국토교통성 도시국 도시 안전과 「빅 데이터를 활용한 도시 방재 대책 검토 조사(H25, 3)」를 바탕으로 작성

체류 상황의 공간적 분포를 재현한 그림 C4-13에서는 지진의 심야에 있어서 역 주변이나 대규모 시설을 중심으로 많은 사람들이 체류하고 있었던 것이 확인되었다.

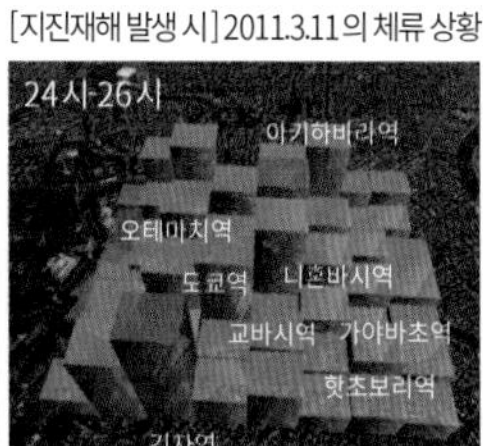

【C4-13】 지진시와 평상시 체류 상황 비교: 도쿄역 주변
출전: 국토교통성 도시국 도시 안전과 「빅 데이터를 활용한 도시 방재 대책 검토 조사(H25, 3)」를 바탕으로 작성

휴대전화 등의 위치 정보 빅데이터는 개인의 위치 정보나 개인 특성 등 방재 매니지먼트에 있어서 매우 유용한 정보다. 특히 향후 인바운드는 점점 증가가 전망되며, 국내 방문객뿐만 아니라 방재에 대한 외국인 대응의 관점에서도 이러한 노력은 중요하다.

지속 성장 가능한 도시를 향해

1997년, 영국의 사업가 존 엘킹턴이 사회·경제·환경을 평가하는 트리플 결론을 제창한 후, 그 요점이 현재 CSR(기업의 사회적 책임)로 정착했다. 투자 분야에서는 2006년 코피 아난 전 유엔 사무총장이 제창한 PRI(책임 투자 원칙)의 영향을 받아 환경, 사회, 기업 지배에 배려한 ESG 투자가 확산되고 있다. 2015년에는 유엔 정상 회의에서 SDGs(지속 가능한 개발 목표)가 채택된 2030년까지의 국제 목표로 지속 가능한 세계를 실현하기 위한 17의 목표, 169의 대상이 명시되어 향후 나아가야 할 방향을 제시하고 있다.
도시 가치 향상, 지속 성장 가능한 도시에 대한 노력의 일환으로서 '콤팩트 시티'의 추진과 'TOD'의 고도화가 유효한 시책이 된다. 그리고 앞서 언급한 대로 앞으로는 하드웨어면의 대책뿐만 아니라 ICT를 활용한 도시를 효율적으로 사용하는 것이 중요하게 될 것이다. 또한 시속 성장에는 효율성과 경제적 합리성뿐만 아니라 다양한 가치 창출을 지원·발전시키는 친환경 배려의 관점도 잊어서는 안 된다. 향후 국제 경쟁력을 가지고 지속 성장 가능한 도시를 만드는 데 있어서 국제 목표인 사회·경제·환경에 배려한 도시 만들기를 추진함과 지역의 가치를 고도화하는 ICT를 이용하고, 데이터를 활용하는 도시 경영의 구현이 표준이 될 것이다.

INDEX

각 역의 1일 평균 승강객수는 특기가 없는 한 각 철도회사 공표의 2017년도 데이터로 집계함.※
또한 각 프로젝트의 개요에 대해서는 "신건축"에 게재된 프로젝트는 해당 게재호의 데이터시트, 그 이외의 프로젝트에 대해서는 공표 자료 등에 의거하여 작성함.

※JR도카이만 2016년도, 2노선 이상은 합산에 의함

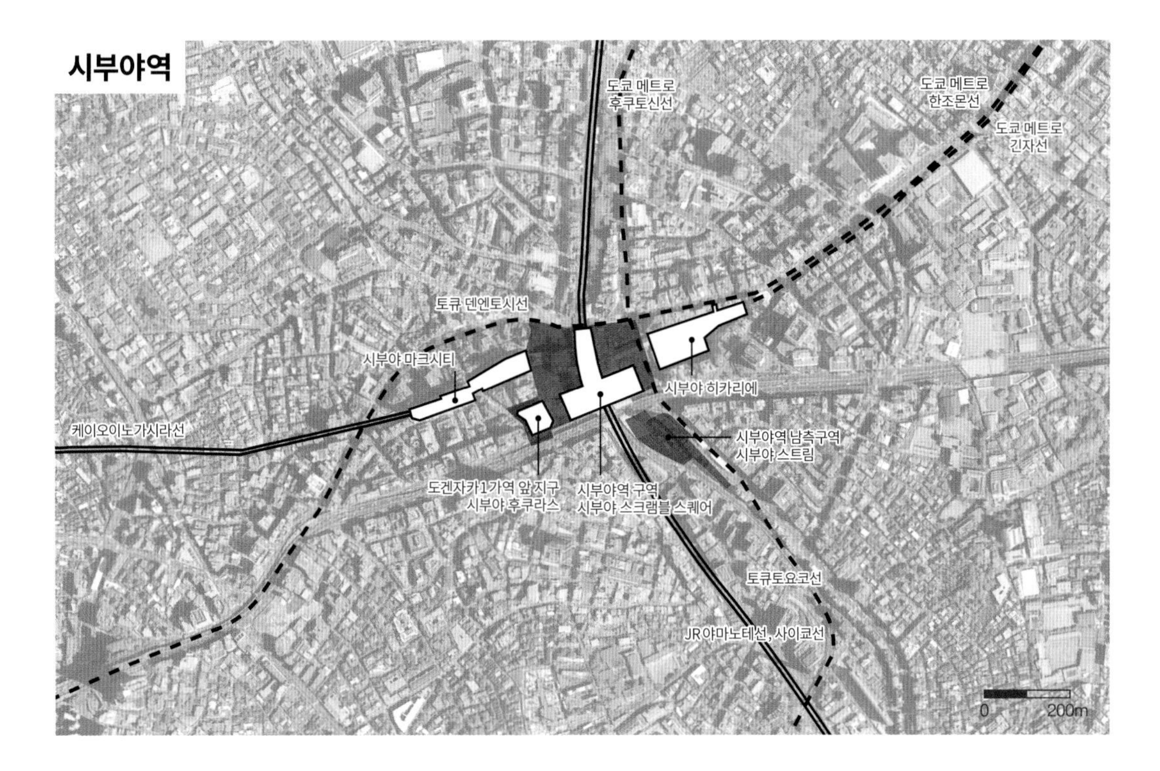

시부야역은 JR동일본 야마노테선, 사이쿄선, 토큐전철 토요코선, 덴엔토시선, 도쿄 메트로 한조몬선, 후쿠토신선, 긴자선, 그리고 케이오 이노카시라선의 4사 8노선이 연장된 터미널 역이다. 그 지명이 가리키는 대로 야마노테선을 따라서 남북의 가느다란 골짜기 밑을 중심으로 하여 역이 형성되어 있으며, 그 지형을 이용한 각 노선이 지상과 지하에서 JR과 입체 교차하듯이 연결되어 있어, 복잡한 미로 같은 구조로 되어 있다. 도쿄 2020 올림픽, 패럴림픽을 계기로 하여 "100년에 한 번"이라 불리는 대규모 재개발이 시행되고 있으며, 민간개발과 철도개량이 발을 맞춘 역앞 광장과 보행자 데크 등의 기반시설 정비로 인해, 역의 편리성과 공간의 매력이 크게 향상되어, 차세대를 향한 새로운 "엔터테인먼트 시티 SHIBUYA"로서의 진화가 기대되고 있다.

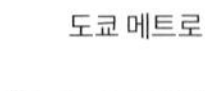

JR선 / 케이오 이노카시라선 /
토큐(토요코선 / 덴엔토시선) /
도쿄 메트로(긴자선 / 한조몬선 / 후쿠토신선)

1일
평균 승강객수
332만 명
(2017년도)

1 | P.020　2 | P.024

시부야 스크램블 스퀘어

19 | P.078　24 | P.102

소재지	도쿄도 시부야구 시부야 2가 24-12
건축주	도쿄 급행전철, 동일본 여객철도, 도쿄지하철
설계자	시부야역 주변정리 공동기업체(니켄세케이, 토큐 설계컨설턴트, JR동일본 건축사무소, 메트로 개발)
디자인 아키텍트	니켄세케이, 쿠마 켄고 건축도시설계사무소, SANAA 사무소
시공자	시부야역 구역 동관 신축공사 공동기업체(토큐건설, 타이세이건설)
연면적	약 181,000㎡(참고 전체완성시 약 276,000㎡)
구조	철골구조, 철골철근콘크리트구조, 철근콘크리트구조
층수	지하7층, 지상7층
최고높이	약230m
공사기간	2014년도~2019년도

시부야 히카리에

23 | P.100　34 | P.140　41 | P.166

소재지	도쿄도 시부야구 시부야 2가 21-1
건축주	시부야 신문화구역프로젝트추진협의회
설계자	니켄세케이, 토큐 건설컨설턴트 공동기업체
시공자	토큐, 타이세이 건설공동기업체
대지면적	9,640.18㎡

시부야 마크시티

40 | P.164

소재지	도쿄도 시부야구 도겐자카 1-12-1
건축주	시부야 마크시티
설계자	니혼세케이, 토큐 설계컨설턴트 설계공동기업체
시공자	토큐, 카지마, 타이세이, 도다, 시미즈, 케이오 건설공동기업체
대지면적	14,420.37㎡
건축면적	13,256.08㎡
연면적	139,520.49㎡
구조	철골철근콘크리트구조, 철골구조
층수 이스트	지하2층 지상25층 옥탑2층
웨스트	지하1층 지상23층 옥탑3층
최고높이	이스트: 평균 GL+95.67m　웨스트: 평균 GL+95.55mm
공사기간	1994년 4월~2000년 2월
신건축 게재	2000년 5월 호

도쿄역

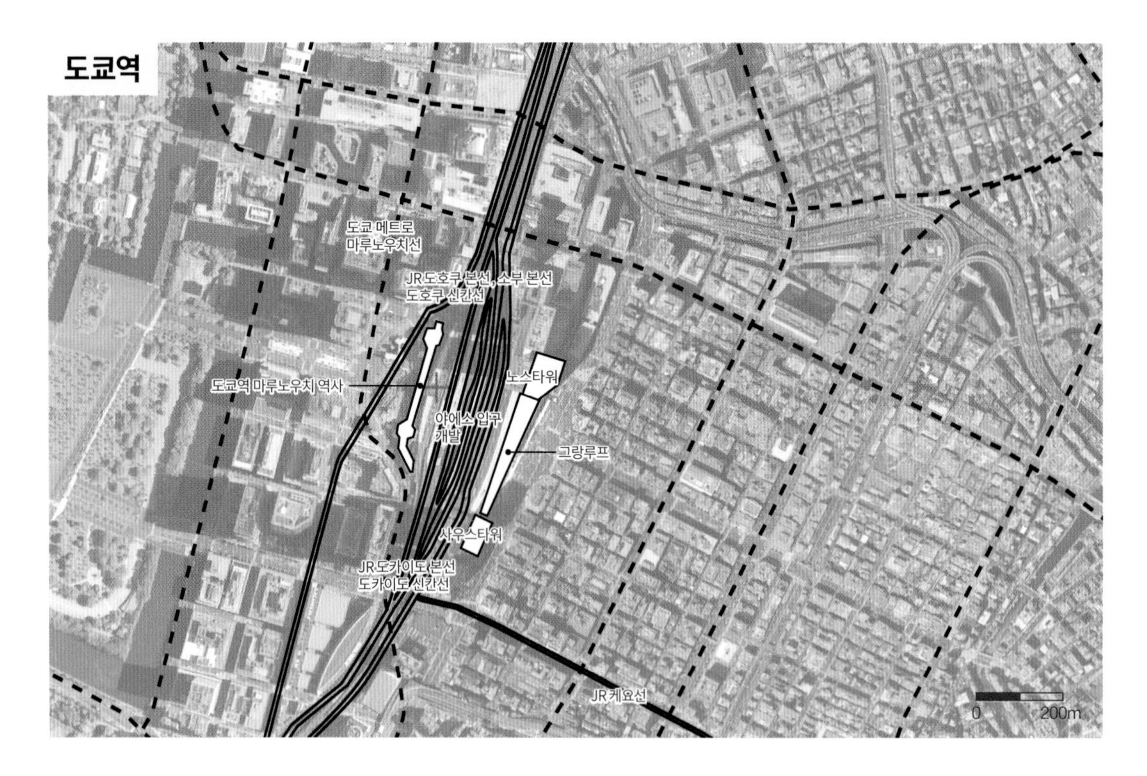

도쿄역은 1914년에 개업한 이후 100년 이상 비즈니스와 정치, 국제교류, 관광 등 일본의 중심역할을 해왔다. 2010년대 부터 도쿄역 마루노우치 역사의 보존 / 복원을 시작으로, 그랑루프 및 야에스 입구 역앞 광장 완성을 거쳐 2017년에는 마루노우치역앞 광장이 재개발되어 6,500m^{2}로 확장되었다. “도쿄역이 하나의 도시가 된다”는 컨셉을 바탕으로 역 기반의 버전업이 완료되었다. 이 새로운 도쿄역을 중심으로 특히 야에스 입구 구역의 “도쿄도 도시재생프로젝트(도쿄권 국가전략특별구역)”에서는 많은 재개발사업이 2020년 이후 완성을 앞두고 있으며, 비즈니스와 정치, 국제교류, 관광의 거점으로써 보다 비약 발전할 전망이다.

 JR선 4선 / 도카이도 신칸선 / 도호쿠신칸선 / 도쿄 메트로(마루노우치선)

3 | P.026 30 | P.122

1일 평균 승강객수
147만 명
(2017년도)

도쿄역 야에스 입구 개발 그랑 루프

13 | P.060 32 | P.134

소재지	도쿄도 치요다구 마루노우치 1-9-1
건축주	동일본 여객철도, 미쯔이부동산
설계, 감리	도쿄역 야에스개발 설계공동기업체 (니켄세케이, JR 동일본 건축설계사무소)
시공자	도쿄역 야에스개발중앙부 외 신축공동기업체(카지마건설, 텟켄건설)
대지면적	14,439.18㎡(시설전체)
건축면적	12,792.54㎡(시설전체)
연면적	212,395.2㎡(시설전체) 14,144.79㎡(그랑루프)
구조	철골구조, 철골철근콘크리트구조, 콘크리트구조, 막구조지붕
층수	지하3층 지상4층
최고높이	27m
공사기간	2009년2월 ~ 2014년12월
신건축 게재	2014년12월 호

도쿄역 마루노우치 역사

32 | P.134

소재지	도쿄도 치요다구 마루노우치 1가
건축주	동일본 여객철도
프로젝트 총괄 · 감리	동일본 여객철도 도쿄공사사무소, 도쿄전기시스템개발공사사무소
설계 · 감리	도쿄역 마루노우치 역사 보존복원 설계공동기업체(건축설계: JR 동일본 건축설계사무소 / 토목설계: JR 동일본 컨설턴트)
시공	도쿄역 마루노우치 역사 보존복원공사 공동기업체(카지마, 시미즈, 텟켄 건설공동기업체) 하자마구미(도쿄 스테이션 갤러리 내장설비)
대지면적	20,482.04㎡
건축면적	9,683.04㎡
연면적	42,971.53㎡
구조	철골 적벽돌구조, 철근콘크리트구조(일부 철골구조, 철골철근콘크리트구조)
층수	지하2층 지상3층(일부4층)
최고높이	약45m(장식 포함)
공사기간	2007년5월 ~ 2012년10월
신건축 게재	2012년11월 호

도쿄역 마루노우치역 앞 광장

12 | P.056

소재지	도쿄도 치요다구 마루노우치1-9
건축주	동일본 여객철도
설계	도쿄역 마루노우치 광장정비 설계공동기업체(JR 동일본 컨설턴트, JR 동일본 건축설계사무소)
시공자	카지마건설
대지면적	약18,700㎡
구조	철골조
층수	지하1층
최고높이	정류장 유리지붕: 3.73m 계단지붕: 3.94m
공사기간	2015년4월 ~ 2018년2월
신건축 게재	2018년3월 호

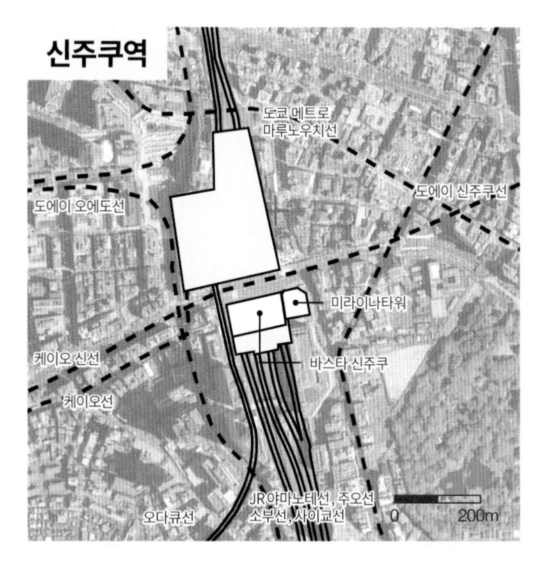

바스타 신주쿠, JR신주쿠 미라이나타워

21 | P.084 45 | P.174

1일 평균 승강객수 **338만 명** (2017년도)

소재지	도쿄도 신주쿠구 신주쿠 4-1-6 외
건축주	국토교통성 간토지방 정비국, 도쿄국도사무소, 동일본여객철도, 루미네
설계자	동일본여객철도, JR 동일본 건축설계사무소
시공자	신주쿠 교통 결절점 정비사업, 문화교류시설 등: 오바야시, 텟켄, 타이세이, 후지타건설공동기업체 JR 신주쿠 미라이나타워: 오바야시, 타이세이, 텟켄 건설공동기업체
대지면적	17,860.96㎡
건축면적	18,416.18㎡
연면적	136,875.37㎡
오피스 면적	기준층(오피스) 3,011.21㎡
구조	철골구조, 일부 철근콘크리트구조
층수	지하2층, 지상33층
최고높이	168.16m
공사기간	2006년 4월(교통 결절점 정비) ~ 2016년 3월
신건축게재	2016년 6월 호

JR선 / 케이오선 / 오다큐선 / 도쿄 메트로 / 도에이 지하철

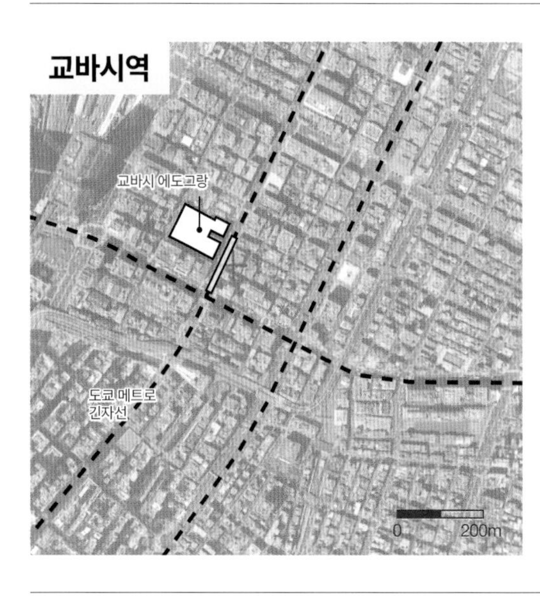

교바시 에도그랑

28 | P.116

1일 평균 승강객수 **6만 명** (2017년도)

소재지	재개발관: 도쿄도 주오구 교바시2-2-1 역사적 건축물관(메이지야 교바시빌딩): 도쿄도 주오구 교바시2-2-8
건축주	교바시 2가 서측 지구 시가지재개발조합
특정업무대행자	일본토지건물, 도쿄건물, 니켄세케이, 시미즈건설
시공	시미즈건설
대지면적	7,994.44㎡[재개발관 / 역사적 건축물관(메이지야 교바시빌딩)]
설계자	니켄세케이 / U.A건축연구실, 시미즈건설 설계기업공동체
건축면적	5,182.84㎡ / 553.22㎡
연면적	113,456.72㎡ / 5,477.86㎡
점포면적	3,965.80㎡ / 1,237.61㎡
구조	철골구조, 일부 철골철근콘크리트구조 중간면진구조 / 철골철근콘크리트구조 일부, 철골구조 면진 레트로피트(Retrofit)
층수	지하3층, 지상32층, 옥탑 2층 / 지하2층, 지상 8층, 옥탑 2층
최고높이	170.370m / 36.30m
준공년도	2016년 10월 / 2015년 7월

 도쿄 메트로(긴자선)

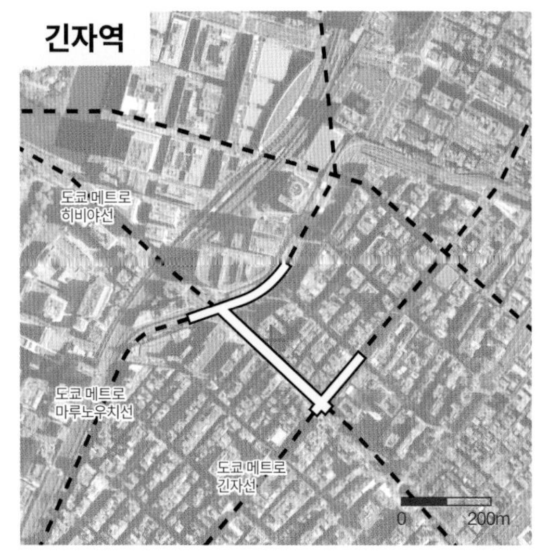

긴자역(긴자선 / 마루노우치선 / 히비야선)

42 | P.168

1일 평균 승강객수 **27만 명** (2017년도)

소재지	도쿄도 주오구 긴자 4가 1번지 2호, 5가 1번지 1호 /
도쿄도	치요다구 유락초 2가 2번지 앞
건축주	도쿄지하철
설계자	니켄세케이, 교켄설계, 니켄세케이 시빌
시공자	타이세이건설
대지면적	367.03㎡
건축면적	229.23㎡
연면적	14,316.96㎡
점포면적	약 210㎡
구조	철근콘크리트구조, 일부 철골구조
층수	지하3층, 지상1층
최고높이	3.90m
준공년도 본개업	2023년(예정) 잠정개업: 2020년 중순(예정)

 도쿄 메트로(긴자선 / 마루노우치선 / 히비야선)

롯본기 1초메역

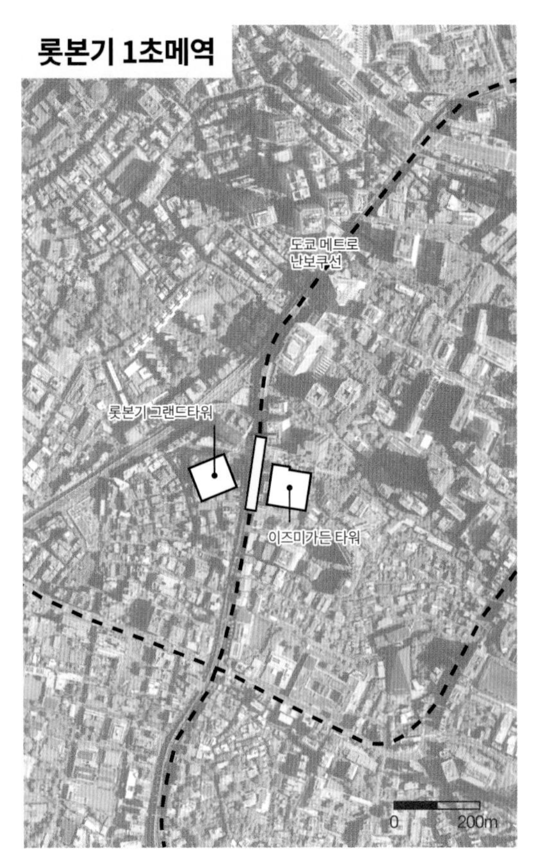

롯본기 그랜드타워

1일
평균 승강객수
8만 명
(2017년도)

소재지	도쿄도 미나토구 롯본기3-1,2
건축주	롯본기3가 동측 지구 시가지재개발조합
설계자	종합감수·외관디자인 감수: 스미토모부동산 도시계획·설계: 니켄세케이
시공자	타이세이, 오바야시건설 공동기업체
대지면적	17,371.73㎡(남측구역)
건축면적	9,934.40㎡(남측구역)
연면적	207,744.35㎡(남측구역)
구조	철골구조, 일부 철골철근콘크리트구조, 철근콘크리트구조(남측구역)
층수	지하5층, 지상40층, 옥탑2층(남측구역)
최고높이	230.76m(남측구역)
준공년도	2016년
신건축게재	2017년1월 호

이즈미가든

소재지	도쿄도 미나토구 롯본기1가
건축주	롯본기1가 서측 지구 시가지재개발조합
설계자	종합감수: 스미토모부동산 설계: 니켄세케이
시공자	이즈미가든 타워, 호텔 빌라 폰테 롯본기: 시미즈건설 / 코우노이케구미, 아사누마구미, 카지마건설, 타케나카공무점, 스미토모건설 JV, 이즈미가든 레지던스: 스미토모건설, 아사누마구미 JV, 센오쿠하쿠코칸: 스미토모건설, 제니타카구미, 타이세이건설 JV
대지면적	23,868.51㎡(전체) 건축면적 11,989.73㎡(전체)
연면적	208,401.02㎡(전체)
구조	철골구조, 일부 철골철근콘크리트구조, 일부 철근콘크리트구조
층수	지하2층, 지상45층 최고높이 201m
공사기간	1999년6월~2002년6월
신건축 게재	2003년1월 호

29 | P.118

후타고타마가와역

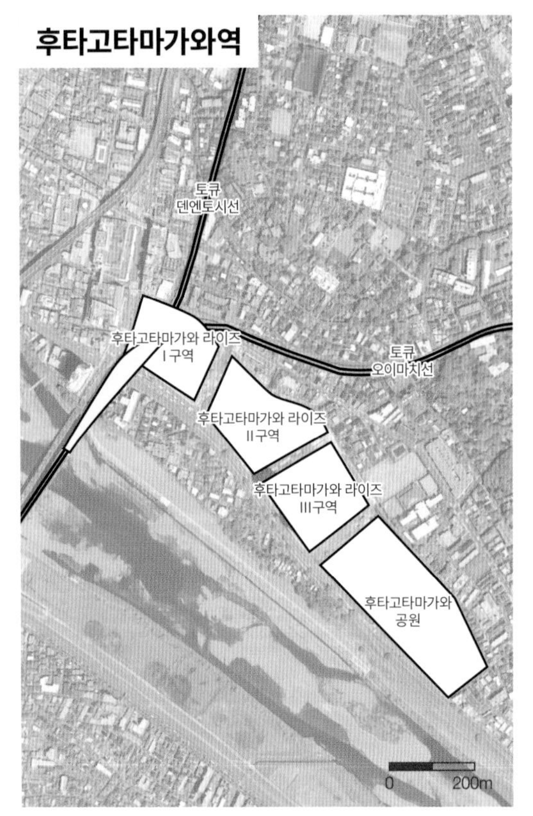

후타고타마가와 라이즈

1일
평균 승강객수
16만 명
(2017년도)

8 | P.038 16 | P.068

소재지	도쿄도 세타가야구 타마가와 1-5000, 1-14-1 외
건축주	[제1기] 후타고타마가와 동측 지구 시가지재개발조합 도쿄큐코전철(철도구역) [제2기] 후타고타마가와 동측 제2지구 시가지재개발조합
설계자	[제1기] 설계: RIA / 토큐설계컨설턴트 / 니혼설계 설계공동체 디자인 감수: Conran and Partners [제2기] 니켄세케이 / RIA / 토큐설계컨설턴트 설계공동기업체
시공자	[제1기] 토큐, 시미즈건설공동기업체(토목) 타이세이건설(I-a구역 III구역) 토큐건설(I-b구역 II-b구역 철도구역 외) [제2기] 카지마건설
대지면적	[제1기] 87,400㎡(철도구역 포함) / I-a구역: 2,950.05㎡ / I-b구역: 13,416.66㎡ / II-b구역: 3,472.03㎡ / III구역: 25,180.97㎡ [제2기] 28,082.83㎡(II-a구역)
건축면적	I-a구역: 2,468.45㎡ / I-b구역: 11,070.76㎡ / II-a구역: 22, 466.02㎡ / II-b 구역: 2,471.55㎡ / III구역: 18,426.13㎡
연면적	[제1기] 272,400㎡(철도구역 포함) / I-a구역: 17,201.07㎡ I-b구역: 106, 750.78㎡ / II-b 구역: 9,428.25㎡ / III구역:133,353.11㎡ [제2기] 157,016.25㎡(II-a구역)
오피스면적	I-b구역 기준층(오피스): 약2,400㎡ / I-a구역 기준층(오피스): 오피스 기준층6~9층: 약3,900㎡, 10~27층: 약3,130㎡
구조	[제1기] 철골구조, 일부 철골철근콘크리트구조, 일부 철근콘크리트구조 [제2기] 철근콘크리트구조, 철골구조, 철골철근콘크리트구조
층수	[제1기] 지하2층, 지상42층, 옥탑2층 [제2기] 지하2층, 지상30층, 옥탑2층
최고높이	I-a구역: 45.7m / I-b구역: 82.16m / II-a구역: 137m / II-b 구역: 13.81m / III구역: 149m
공사기간	[제1기] 2007년12월~2010년11월 [제2기] 2012년1월~2015년6월
신건축 게재	[제1기] 2011년6월 호 [제2기] 2015년9월 호

타마플라자역

타마플라자테라스 노스플라자 (토큐백화점)
타마플라자테라스 게이트플라자
토큐 덴엔토시선
타마플라자테라스 사우스플라자
0 200m

타마플라자 테라스

9 | P.040 15 | P.066 38 | P.150

1일 평균 승강객수 8만 명 (2017년도)

소재지	요코하마시 아오바구 우츠쿠시가오카 1-1-2 외
건축주	도쿄큐코전철
설계자	토큐설계컨설턴트
시공자	토큐건설
대지면적	게이트플라자: 30,969.75㎡, 사우스플라자: 6,739.98㎡
건축면적	게이트플라자: 24,428.07㎡, 사우스플라자: 5,204.90㎡
연면적	게이트플라자: 87,872.49㎡, 사우스플라자: 24,656.52㎡
구조	철골구조, 일부 철근콘크리트구조
층수	지하 3층, 지상 3층, 옥탑 1층
최고높이	게이트플라자 철도부지: 30.89m 남측부지: 30.31m
북측부지	20.54m 사우스플라자: 19.94m
공사기간	게이트플라자: 2006년 6월 ~ 2010년 9월
	사우스플라자: 2005년 11월 ~ 2007년 1월
신건축 게재	2011년 3월 호

토큐(덴엔토시선)

타카나와 게이트웨이역

33 | P.138

미개업

소재지	도쿄도 미나토구 코난 2가
건축주	동일본여객철도
설계자	동일본여객철도(도쿄공사사무소 도쿄전기시스템개발공사사무소)
	시나가와신역 설계공동기업체(JR동일본 컨설턴트 JR동일본건축설계사무소)
	디자인 아키텍트: 쿠마 켄고 건축도시설계사무소
시공자	시나가와신역(가칭) 신설공사 공동기업체(오바야시구미 텟켄건설)
대지면적	미공표
건축면적	미공표
연면적	약 7,600㎡
점포면적	약 500㎡
역시설면적	약 2,400㎡
구조	철골구조 일부 철근콘크리트구조
층수	지하 1층, 지상 3층
최고높이	약 30m
준공년도 본개업	2024년(예정) 잠정개업: 2020년 봄 무렵(예정)

JR선(야마노테선 / 케이힌 도호쿠선)

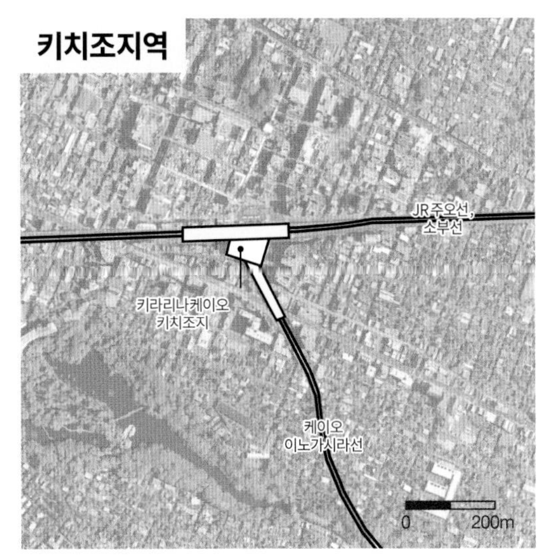

키라리나 케이오 키치조지

43 | P.170 44 | P.172

1일 평균 승강객수 29만 명 (2017년도)

소재지	도쿄도 무사시노시 키치조지 미나미초 2-1-25
건축주	케이오전철
설계자	니켄세케이
시공자	타이세이, 케이오건설공사 공동기업체
대지면적	3,474.03㎡
건축면적	2,927.03㎡
연면적	28,441.72㎡
점포면적	18,621.23㎡
구조	철골구조, 일부 철골철근콘크리트구조
층수	지하 3층, 지상 10층, 옥탑 2층
최고높이	53.3m
준공년도	2014년

JR선 / 케이오 이노카시라선

초후역

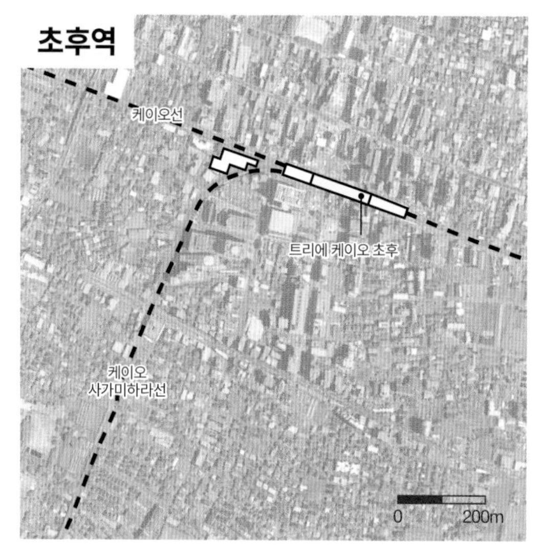

트리에 케이오 초후 A관 / B관 / C관

1일
평균 승강객수
13만 명
(2017년도)

10 | P.042　46 | P.176

소재지	도쿄도 초후시 후다 4-4-22 외 / 도쿄도 초후시 후다 2가 48번지 6 외 / 도쿄도 초후시 코지마쵸 2가 61번지 1 외
건축주	케이오전철
설계자	니켄세케이
시공자	시미즈건설
대지면적	7,229.39㎡ / 1,695.07㎡ / 6,237.35㎡
건축면적	3,352.30㎡ / 1,317.86㎡ / 3,947.34㎡
연면적	18,041.55㎡ / 7,321.26㎡ / 16,237.00㎡
점포면적	15,657.03㎡ / 4,839.74㎡ / 1,245.90㎡(영화관 5,771.93㎡)
구조	철골구조, 일부 철골철근콘크리트구조 / 철골구조 / 철골구조, 일부 철골철근콘크리트구조
층수	지하3층 지상6층 옥탑1층 / 지하3층 지상4층 옥탑1층 / 지하1층 지상5층 옥탑1층
최고높이	29.611m / 23.690m / 28.567m
준공년도	2017년

케이오선 / 케이오 사가미하라선

미나토미라이역

퀸즈 스퀘어 요코하마

1일
평균 승강객수
8만 명
(2017년도)

7 | P.036　22 | P.098

소재지	카나가와현 요코하마시 니시구 미나토미라이 2가 3번지		
설계자	니켄세케이, 미츠비시지쇼 1급건축사사무소		
시공자	T・R・Y90공구: 타이세이건설, 카지마, 토큐건설, 스미토모건설, 쿠마가이구미, 토다건설, 사토우공업, 고요건설, 코우노이케구미, 제니타카구미, 다이닛폰토목, 치요다화공, 미츠비시지쇼공구: 타이세이건설, 오바야시구미, 시미즈건설, 타케나카공무점, 카지마, 하자마구미, 마에다건설공업, 치자키공업, 토다건설, 토큐건설, 미츠비시건설, 토비시마건설, 마츠오공무점, 미키구미, 쿠도우건설		
대지면적	44,046.48㎡	건축면적	34,490.05㎡
연면적	496,385.70㎡		
오피스면적	퀸즈타워A 기준층(오피스): 7~14층 2,281.63㎡ 20~25층 2,325.83㎡ / 29~36층 2,369.06㎡ 퀸즈타워B 기준층(오피스): 7~16층 2,608.40㎡ 19~28층 2,702.74㎡ 퀸즈타워C 기준층(오피스): 2,962.42㎡		
구조	철골구조, 철골철근콘크리트구조, 철근콘크리트구조		
층수	지하5층 지상36층 옥탑2층	최고높이	171.8m
공사기간	1994년 2월~1997년 6월	신건축게재	1997년 9월 호

요코하마 고속철도

신요코하마역

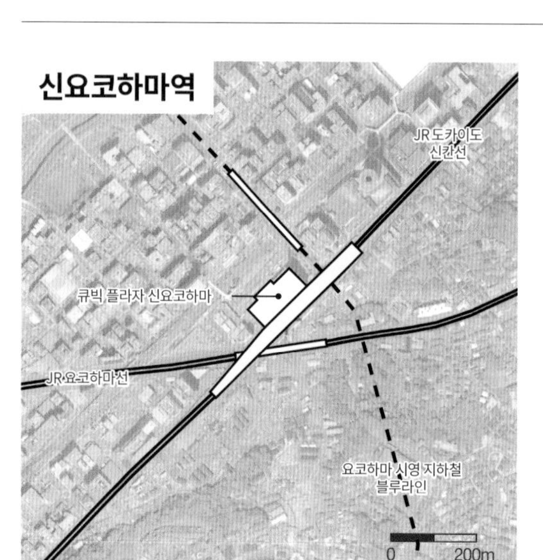

큐빅 플라자 신요코하마

1일
평균 승강객수
26만 명
(2017년도)

20 | P.082

소재지	요코하마시 코호쿠구 신요코하마 2-100-45
건축주	도카이여객철도, 신요코하마 스테이션 개발
설계・감리	신요코하마역 정비, 역 빌딩 실시설계 공동기업체 (니켄세케이, JR 도카이 컨설턴트)
시공자	신요코하마역 정비, 역 빌딩 신설공사 공동기업체 (오바야시구미, JR 도카이건설, 메이코건설)
대지면적	17,380.15㎡
건축면적	15,063.81㎡
연면적	100,725.86㎡
구조	철골구조, 일부 철골철근콘크리트구조, 일부기둥 CFT 구조, 철근콘크리트 전면기초, 제진 브레이스 부속 라멘구조
층수	지하4층, 지상19층, 옥탑2층
최고높이	74.85m
공사기간	2005년 6월~2008년 2월

 JR선 / 도카이도 신칸선 / 요코하마 시영 지하철 블루라인

오사카역 · 한큐우메다역

오사카역은 1874년 개업. 또한 한큐우메다역은 1910년에 개업하여, 1929년 한큐백화점의 개업으로 인해 역기능과 상업기능을 결합시킨 TOD거점의 원점이 되며, 2개의 역은 기능을 확장하여 지역과 함께 성장해왔다. 오사카역은 2011년에 5번째 역사로써 바뀌게 되어, 그 후 그랑프론트 오사카가 개업하여 북측에 상권을 넓히고, 오사카의 북측구역이 새롭게 정비되었다. 게다가 오사카역, 그랑프론트 오사카와 연동하도록 우메키타 2기의 개발이 2026년 사업완료를 목표로 진행되고 있다. '"녹음"과 "이노베이션"의 융합거점'을 컨셉트로 4.5ha규모의 도시공원을 동반한 개발이 되어, 간사이국제공항까지의 소요시간도 대폭 단축된다. 이용성을 향상시키면서 여유를 창출하고, 국제적으로도 선진성 높은 도시로써 성장이 기대된다.

JR선 6선 / 한신 본선
한큐(고베 본선 / 타카라즈카선 / 교토 본선)
Osaka Metro(미도스지선 / 타니마치선 / 요쯔바시선)

1일
평균 승강객수
237만 명
(2017년도)

4 | P.030 5 | P.032
6 | P.034 31 | P.124

그랑프론트 오사카

14 | P.064 27 | P.114 37 | P.148

소재지	오사카부 오사카시 키타구 오후카쵸
건축주	NTT도시개발 오바야시구미 오릭스부동산 칸덴부동산 신니치테츠 코와부동산 세키스이하우스 타케나카공무점 도쿄건물 일본토지건물 한큐전철 미쯔이 스미토모 신탁은행 미츠비시지쇼
전체 총괄	니켄세케이, 미츠비시지쇼설계, NTT 퍼실리티즈
설계자	【북측입구광장】 기본디자인+디자인 감수: 안도 타다오 건축연구소 기본설계: 니켄세케이, 실시설계: 니켄세케이+오바야시구미 【남관·타워A】 기본설계: 미츠비시지쇼설계(건축)·니켄세케이(설비) 실시설계: 미츠비시지쇼설계+오바야시구미(건축)·니켄세케이+오바야시구미(설비) 【북관·타워B】 기본설계: 니켄세케이 실시설계: 니켄세케이+타케나카공무점 【북관·타워C】 기본설계: NTT 퍼실리티즈 실시설계: NTT 퍼실리티즈+타케나카공무점 호텔내장설계: NTT 퍼실리티즈+이리아(ILYA) 【그랜드 프론트 오사카 오너즈타워】 오사카역 북측 지구 선행개발구역 실시설계 업무공동기업체 / 미츠비시지쇼설계 + 타케나카공무점 + 오바야시구미 + 니켄세케이* + NTT 퍼실리티즈*(* 개발구역내 조정)
시공자	우메다 북측 야드 공동기업체 / 오바야시구미+타케나카공무점
대지면적	47,917.94㎡
건축면적	합계 29,823.99㎡ 북측입구광장: 2,253.59㎡ 남관·타워A: 8,609.94㎡ 북관·타워B·타워C: 15,760.24㎡ 그랜드 프론트 오사카 오너즈타워: 3,200.22㎡
연면적	합계: 567,927.07㎡ 북측입구광장: 10,541.59㎡ 남관·타워A: 188,076.78㎡ 북관·타워B·타워C: 295,511.60㎡ 그랜드 프론트 오사카 오너즈타워: 73,797.10㎡
구조	철골구조, 일부 철골철근콘크리트구조, 일부 철근콘크리트구조
층수	오사카역 북측입구광장: 지하2층, 지상2층 남관·타워A: 지하3층 지상38층, 옥탑2층 북관·타워B: 지하3층, 지상38층, 옥탑2층 타워C: 지하3층, 지상33층, 옥탑2층
최고높이	북측입구광장 우메키타 SHIP: 13.35m 남관·타워A: 179.36m 북관·타워B: 175.21m 타워C: 154.3m
공사기간	북측입구광장: 2011년 8월~2010년 3월, 남관·타워A: 2010년 4월~2013년 3월, 북관·타워B: 2010년 4월~2013년 2월 타워C: 2010년 4월~2013년 3월, 그랜드 프론트 오사카 오너즈타워: 2010년 5월~2013년 4월
신건축 게재	2013년 6월 호

오사카 스테이션 시티

27 | P.114

소재지	오사카시 주오구 우메다 3-1-1
건축주	서일본여객철도
설계자	【오사카역 개량】서일본여객철도 JR서일본 컨설턴트 설계협력: 동환경, 건축연구소(고가밑 역부분) 오바야시구미(대지붕, 다리위 역사, 연결통로) 감리: 서일본여객철도 【노스 게이트빌딩】서일본여객철도 기본계획: 서일본여객철도 니켄세케이(건축), 미츠비시지쇼설계(지역냉난방), 설계협력: 오바야시구미 광장감수: 돈디자인 연구소, 감리: 서일본여객철도 【사우스 게이트빌딩】야스이, JR서일본 컨설턴트 설계공동체, 광장감수: 돈디자인 연구소 감리: 야스이 건축설계사무소 서일본여객철도
시공자	오사카역 개량: 오사카역 개량지공사 특정건설공사 공동기업체, 노스 게이트빌딩: 오사카역 신키타빌딩(가칭)신축공사 특정건설공사 공동기업체, 사우스 게이트빌딩: 액티 오사카 증축공사 특정건설공사 공동기업체
대지면적	58,000㎡
건축면적	역: 29,200㎡, 노스 게이트빌딩: 18,800㎡, 사우스 게이트빌딩: 8,700㎡
연면적	역: 42,300㎡, 노스 게이트빌딩: 218,100㎡, 사우스 게이트빌딩: 170,500㎡
구조	철골구조, 철골철근콘크리트구조
층수	역: 지상5층, 노스 게이트빌딩: 지하3층, 지상28층 사우스 게이트빌딩: 지하2(4)층, 지상16(28)층(괄호내 기존부)
최고높이	25.8m(오사카역 개량)
준공년도	2004년 4월~2011년 3월
신건축 게재	2011년 7월 호

우메다 한큐 빌딩

39 | P.152

소재지	오사카부 오사카시 키타구 카도마치 41
건축주	한큐전철
설계자	니켄세케이
시공자	오바야시구미
대지면적	17,465.64㎡
건축면적	15,227.24㎡
연면적	329,635.06㎡
오피스면적	기준층(오피스) 3,718.59㎡
구조	철골구조, 일부 철골철근콘크리트구조, 철근콘크리트구조
층수	지하3층, 지상41층, 옥탑2층
최고높이	186.95m
준공년도	2007년 2월~2012년 9월
신건축 게재	2013년 6월 호

상하이 롱화중로역 Long Hua Zhong Lu Station

지하철 12호선
상하이 녹지 중심
지하철 7호선
0 200m

상하이 녹지 중심

Shanghai Greenland Center

17 | P.070

유동량 약 7만 명 /일

소재지	중국 상하이시 쉬후이구 세투가도 107지에펑용화로 1960호
건축주	녹지집단
설계자	니켄세케이
공동설계	현대설계집단 화동건축설계연구원 유한회사
시공자	상하이시 건축시공총공사 제4공사

지면적	44,357㎡	구조	철근콘크리트구조 일부 철골조
건축면적	22,178㎡		
연면적	304,910㎡	층수	지하 3층 지상 18층
점포면적	48,000㎡(지상)	최고높이	GL+80m
오피스	면적 79,714㎡	준공년도	2017년

 상하이 지하철 7호, 12호

상하이 도심의 남서부, 황포강 연안에 있는 하이그레이드의 상업 시설 및 주민을 타깃으로 한 재개발지역 중심에 위치한다. 지하철 7호선과 12호선의 환승역으로, 장래에 역 이용자가 하루에 7만 명이 될 것으로 예상된다. 지하철을 중간에 두고 나뉜 두 개의 부지를, 녹지의 언덕을 형상화한 저층 볼륨으로 일체화, 활력을 부여하는 시설들로 구성하였다. 황포강을 낀 건너편은 만국박람회 부지이며, 앞으로 한층 더 성장이 기대되는 지역이다.

충칭 샤핑바역 Sha Ping Ba Station

룽호 파라다이스 워크

Longfor Paradise Walk

11 | P.044 26 | P.110 35 | P.144

유동량 약 40만 명 /일

재지	중국 충칭시 산샤광장 남측, 역 남측로 북측일대
건축주	충칭 룽호 진난 지산개발 유한회사
설계자	니켄세케이(공동설계자: 서남설계원)
시공자	충칭성업 건축공정 유한회사, 중국철도 17국집단 유한회사

대지면적	85,120㎡	구조	철근콘크리트구조, 철골구조
건축면적	51,072㎡	층수	지상 43층
연면적	약 480,000㎡	최고높이	208m
점포면적	약 220,000㎡	준공년도	2021년 예정

고속철도 / 지하철 1호선 / 지하철 9호선 / 지하철 순환선 36계통

출전: 샤핑바역의 교통량(예측) 조사 / 충칭 룽호 진난 지산개발 유한회사

샤핑바는 충칭의 중심으로부터 10km 정도 서측으로 떨어진 부도심으로서, 충칭대학, 충칭사범대학 등의 교육기관이 밀집된 젊은 세대의 도시다. 기존의 재래철도역을 포함한 주변을 교통거점으로 재개발함으로 인해, 장거리철도인 청위선(청두-충칭), 샹위선(샹양-충칭), 주위선(쑤이닝-충칭) 및 촨첸선(구이양-충칭)이 이어지며, 또한 기존의 지하철 1호선에 추가로 신설 9호선과 순환선이 연결된다. 대중교통 이외에 상업 시설, 오피스, 호텔, 서비스 아파트 등이 계획돼, 연면적 약 48만m^2 복합시설이 일체적으로 개발될 예정이다.

카이달 ITC

Cadre International TOD Center

25 | P.106　36 | P.146

유동량
약 30만 명
/일

소재지	중국 쩡청시 신탕 도시순환로 남측, 항구대로 서측 일대
건축주	광저우 카이달 투자유한회사(Guangzhou CADRE Investment CO.,LTD)
설계자	니켄세케이
공동설계자	광저우시 설계원
시공자	중국핵공업 화힝건설유한회사

대지면적	38,697㎡	구조	철근콘크리트구조, 일부 철골구조
건축면적	약 20,000㎡	층수	지하 4층 지상 46층
연면적	약 360,000㎡	최고높이	252m
점포면적	약 11,000㎡	준공년도	IC역: 2019년말,
오피스면적	약 106,500㎡		전체: 2020년말
호텔면적	약 35,000㎡		

지하철 13호선 / 지하철 16호선 / 지하철 28호선 / 둥관 R5선 /
인터시티 2선 / 고속철도 3선(광선, 광샨, 징주)
출전: 신탕역의 교통량(예측) 조사 / 광저우 카이달 투자 유한회사

신탕은 최근까지 제조업이 활성화된 소도시로 광저우의 동측 입구에 위치, 광저우와 둥관, 선전을 잇는 교통망의 역할을 맡고 있다. 신탕역은 광선선, 광샨선, 징주선과 스이관선 인터시티와 같은 노선이 연결되어 있으며, 또한 2018년 개통된 지하철 13호선, 16호선(신탕과 광저우 시내를 연결)과도 연접하고 있다.

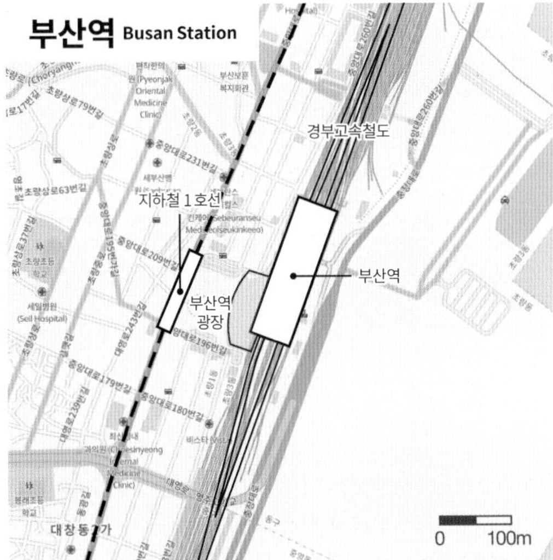
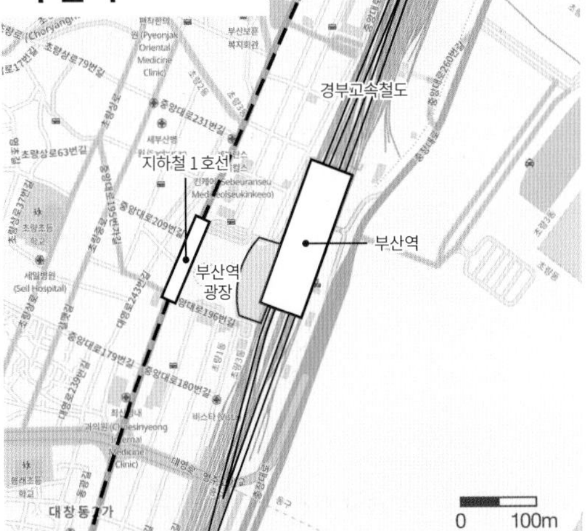

부산역 광장

Busan Station Plaza

18 | P.074

유동량
약 8만 명
/일

소재지	한국 부산광역시 동구 초량동 부산역 광장 일대
건축주	부산시
설계자	니켄세케이
공동설계	간삼건축
시공자	C&D 종합건설

대지면적	16,662.90㎡	구조	철근콘크리트구조,
건축면적	11,130㎡		프리캐스트 콘크리트구조
연면적	12,340㎡	층수	지하1층 지상2층
크리에이티브 센터, 갤러리: 8,130㎡		최고높이	9.5m
공용부 필로티 + 데크: 4,210㎡		준공년도	2019년 예정

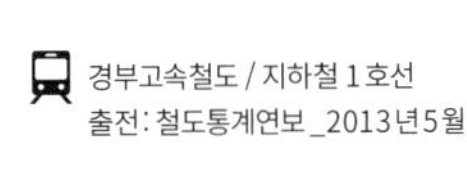

경부고속철도 / 지하철 1호선
출전: 철도통계연보 _2013년 5월

1908년에 개통된 한국에서 두 번째로 이용객이 많은 고속철도역. 타츠노 킨고가 설계한 르네상스양식의 역 건물이 1953년 화재로 전소되어, 이후는 철근콘크리트 구조의 역 빌딩으로 재건축되었으며, 현재 역사는 2004년에 경부고속철도의 개통에 맞춰 증개축되었다. 한국철도공사의 경부선과 경부고속선이 연장 운행되며, 경부선을 통해 경북선 방면으로 직통하는 무궁화호와 경전선 방면으로 직통하는 남도해양관광열차도 이 역까지 연장 운행한다. 또한 역앞 광장을 끼고 부산교통공사의 부산도시철도 1호선의 부산역과 인접해 있다.
(출전: 2016 철도통계연보, 한국철도건설 100년사).

참고문헌 / 도판, 사진 출전 / 집필자 목록

【참고문헌】

이 책의 기재 내용은 2015년~2018년의 니켄세케이 역과 도시 개발 일체화 연구회의 활동 성과를 정리한 것으로, 현지 조사를 분석한 결과 외에 이하 문헌을 참고하여 집필하였다.

- 『역과 도시의 개발 일체화~대중교통 지향형 도시 만들기의 다음 전개~』 신건축사 2013년
- 『도시의 액티비티 니켄세케이의 프로세스 만들기』 신건축사 2017년
- 《신건축》 1962년 6월 호, 1964년 11월 호, 1972년 1월 호, 1974년 5월 호, 2011년 3월 호, 2011년 6월 호, 2011년 7월 호, 2012년 7월 호, 2013년 6월 호, 2014년 12월 호, 2015년 9월 호, 2016년 6월 호, 2018년 3월 호

- 『시부야역 중심 지구 기반 정비방침』 시부야구 2012년
- News Release 「시부야역 주변 지구에서의 도시계획 결정에 대해」 시부야역 구역 공동빌딩사업자 2013년 6월 17일
- News Release 「시부야역 구역 개발계획 Ⅰ기(동관)의 전망시설 설치에 대해」 시부야역 구역 공동빌딩사업자 2015년 7월 3일
- News Release 「시나가와 개발프로젝트의 시나가와신역(가칭)의 개요에 대해」 동일본여객철도 2016년 9월 6일
- News Release 「시나가와 개발프로젝트(제Ⅰ기)에 관계되는 도시계획에 대해」 동일본여객철도 2018년 9월 25일
- 《철도건축뉴스》 No802 철도건축협회
- 도쿄도 홈페이지 「도시재생 긴급정비지역 및 특정도시재생 긴급정비지역 지정상황(2018년 10월 현재)」
- 『도쿄역 "100년의 수수께끼"를 걷다. 그림으로 즐기는 "미궁"의 매력』 타무라 케이스케, 주코신서 라끄레 2014년
- 「철도에서의 건축, 토목복합구조물의 구조검토보고서」 2008년 3월 철도에서의 건축, 토목복합구조물의 구조검토위원회
- 『75년의 변천(기술편, 사진편)』 한큐전철 주식회사 1982년
- 『이쯔오 자서전』 코바야시 이치조, 코단샤 2016년
- 《건축과 사회》 1932년 2월 호 일본건축협회
- 『대규모개발 지구 관련 교통계획 매뉴얼 개정판』 국토교통부 2014년
- 『보행자 공간 – 이론과 디자인』 John J. Fruin, 카지마출판회 1974년

【도판•사진 출전】

[H-1, 2-2] '시부야역 주변 완성 이미지' 시부야역 앞 구역 매니지먼트*
[H-2, Ch1-2・4, 1-1, 7-4, 12-5, 21-1・4・6~8, 29-1・3・4, 32-1・8・9, 34-1・2, 38-1] 신건축사
[T-2] 스튜디오 사와다
[T-7, 46-1~11] 나가레 사토시
[T-8] 카라마쯔 미노루
[T-10] 도쿄 미드타운 매니지먼트 주식회사
[속표지] 하니 마사키
[Chapter1 표지, Ch1-1, 8-3, 13-1, 16-1・2, 20-3, E2-3, 22-1・3, 23-1・2・4, Ch3-6, 28-1・3・4, Ch4-1・2・4, 32-2~4, 34-3・5~7, 39-4~6, 41-1・2, 43-2~6, 44-4, H-3] SS도쿄
[Ch1-3] IBAMOTO / PIXTA
[1-2・3] 「시부야역 중심지구기반정비방침」 시부야구・2012년*
[2-1] News Release 「시부야역 주변지구에서의 도시계획 결정에 대해」 시부야역 구역 공동빌딩사업자・2013년 6월 17일*
[3-1, 12-4] 「역과 도시 개발 일체화~대중교통 지향형 도시만들기의 다음 전개~」 신건축사 2013년
[3-3] 「도시의 액티비티 니켄세케이의 프로세스 메이킹」 신건축사 2017년
[3-5] 「도쿄역 "100년의 수수께기" 를 걷다. 그림으로 즐기는 "미궁" 의 매력」 주코신서 라끄레 2014년을 참고하여 니켄세케이 작성
[4-1, 7-2] 「역과 도시 개발 일체화~대중교통 지향형 도시만들기의 다음 전개~」 신건축사 2013년*
[4-2, 4-6・7, 39-1~3] 한큐전철 주식회사
[4-3] 한큐문화재단 소장자료
[4-4] 아마가사키 시립지역연구사료관 소장
[4-5] 미노오시 행정사료(개인 기탁)
[5-1] 국제일본문화연구센터*
[5-2・3] 한큐전철 주식회사*
[5-5] ©DAISUKE AOYAMA 「오사카 우메다 조감도 2013」 구두점*
[6-1] 「역과 도시 개발 일체화~대중교통 지향형 도시만들기의 다음 전개~」 신건축사 2013년*
[6-3] '75년의 변천(기술편)' 한큐전철 주식회사 1983년* 「역과 도시 개발 일체화~대중교통 지향형 도시만들기의 다음 전개~」 신건축사 2013년*
[7-1, 28-5] 「도시의 액티비티 니켄세케이의 프로세스 메이킹」 신건축사 2017년*
[7-3] 요코하마시 시민국 홍보과 사진자료 요코하마시 역사자료실 소장
[9-1] 《신건축》 2011년 3월호 신건축사
[9-2・3] 국토지리원 전자국토 WEB 시스템 배포 항공사진*
[W1-1, W2-1・6, W3-1, W4-1, W4-6, In-15~18] Open Street Map*
[W1-2] https://www.kingscross.co.uk/*
[W1-9] Photo London UK
[C1-1] 도쿄도 홈페이지 '도시재생 긴급정비지역 및 특정도시재생 긴급정비지역의 지정상황(2018년 10월 현재)'*
[E1-1] News Release 「시부야역 구역 개발계획 Ⅰ기(동관) 공사착수에 대해」 시부야역 구역 공동빌딩사업자 2014년 7월 17일*
[Chapter2 속표지] News Release 「시부야역 주변지구에서의 재개발사업 진척에 대해」 시부야역 구역 공동빌딩사업자 2018년 11월 15일
[Ch 2-2, 12-1] 이누즈카석재
[Ch 2-8, 17-5] 양빈
[Ch 2-9, 17-1・6] 후문제이
[Ch 2-11] 《신건축》 2016년 6월호 신건축사*
[12-2・3] 《신건축》 2018년 3월호 신건축사*
[13-3] Rainer Viertlböck
[14-1~4] TMO
[15-3, 38-2・3] 《신건축》 2011년 3월호 신건축사*
[16-5] 《신건축》 2015년 9월호 신건축사*
[19-1] News Release 「시부야역 구역 개발계획 Ⅰ기(동관)의 전망시설 설치에 대해」 시부야역 구역 공동빌딩사업자 2015년 7월 3일
[19-2] '시부야역 주변 완성 이미지' 시부야역 앞 구역 매니지먼트*
[19-3] News Release 「시부야역 주변지구에서의 재개발사업 진척에 대해」 시부야역 구역 공동빌딩사업자 2018년 11월 15일
[19-6] News Release 「시부야역 구역 개발계획 Ⅰ기(동관)의 전망시설 설치에 대해」 시부야역 구역 공동빌딩사업자 2015년 7월 3일
[21-2・3・5] 《신건축》 2016년 6월호 신건축사*
[21-10] 타나카 토모유키(TASS 건축연구소 / 쿠마모토대학)
[Chapter3 속표지] 메디어 유닛, 오노 시게루
[Ch3-8] 카와스미・코바야시 켄지 사진사무소
[24-3] News Release 「시부야역 주변지구에서의 도시계획 결정에 대해」 시부야역 구역 공동빌딩사업자 2013년 6월 17일
[25-3] 광저우시 쩡청구 인민정부 홈페이지*
[25-5] 광저우시 쩡청구 인민정부 홈페이지 「신탕진 총체계획(2013－2020)」*
[29-5] 카와스미・코바야시 켄지 사진사무소*
[E3-1] 「대규모개발지구관련 교통계획 매뉴얼 개정판」 국토교통부 2014년*
「보행자 공간 – 이론과 디자인」 John J. Fruin, 카지마 출판회 1974년*
[E3-3・4] PD 시스템 작성 「이노카시라선 키치조지역 개수계획에 대한 군중 유동해석 보고서」에서
[Chapter4 속표지] 메디어 유닛, 오노 시게루
[Ch4-3, 33-1・2] 동일본 여객철도 주식회사
[33-3・4] News Release 「시나가와 개발프로젝트의 시나가와신역(가칭)의 개요에 대해」 동일본 여객철도 2016년 9월 6일*
[36-4] Chendongshan
[37-1] Knowledge Capital
[39-8] 'Re-urbanization -재도시화-'(왼쪽 사진) '우메다 경제신문'(오른쪽 사진) 제공 사진에 의거하여 니켄세케이가 작성*
[W4-4] Fotolupa
[E4-1~4] 「철도에서의 건축, 토목복합구조물의 구조검토보고서」 2008년 3월 철도에서의 건축, 토목복합구조물의 구조검토위원회*
[45-1] BLUE STYLE COM, 나카야 코지
[C3-1] Sothei / PIXTA
[C3-2] SkyBlue / PIXTA
[C3-5] topntp / PIXTA
[C3-6] a_text / PIXTA
[C3-8] basilico / PIXTA

[C3-9] 마루메다카 / PIXTA
[C3-10] T-Urasima / PIXTA
[C3-11] 메이테츠백화점
[C3-12] KITTE 나고야
[C3-13] 샤넬 / PIXTA
[C3-14] 춘춘 / PIXTA
[F-3] Bloomberg
[F-4] metamorworks
[In-1~14] 국토지리원 전자국토 WEB 시스템 배포 항공사진

※ 특별히 기재가 없는 한 니켄세케이가 작성·촬영함
※ * 표시 부분은 출전 원본데이터에 의거하여 니켄세케이가 작성함

【 집필자 】

나카와케 타케시
「도시재생과 TOD」 집필
1979년 니켄세케이 입사. 현재 특별연구원.

니켄세케이 역 · 도시일체개발 연구회

로 종샤오
연구회 대표 / 1994년 니켄세케이 입사.
현재 니켄세케이 임원. 설계부문대표 겸 니켄세케이 상하이 CEO

무카이 이치로
연구회 부대표 / 1989년 니켄세케이 입사.
현재 설계부 디렉터.

정병균
연구회 및 편집회 리더 / 2004년 니켄세케이 입사.
현재 설계부 디렉터.

토노우치 테츠오	편집위원 / 1994년 니켄세케이 입사. 현재 니켄세케이 설계부 디렉터.
오바 히로시	편집위원 / 1990년 니켄세케이 입사. 현재 니켄세케이 설계부 어소시에이트.
시미즈 유우	편집위원 / 2006년 JR동일본 건축설계사무소 입사. 2016년~2018년 니켄세케이 파견 근무. 현재 JR동일본 건축설계사무소 터미널 역 개발부문.
우에노야마 켄타	편집위원 / 2014년 니켄세케이 입사. 현재 설계부문 소속.
후에다 미즈키	편집위원 / 2015년 니켄세케이 입사. 현재 니켄세케이 설계부문 소속.
소부에 카즈히로	「미래의 TOD」 담당. 2009년 니켄세케이 입사. 현재 설계부 겸 NAD실 소속.
우에다 다카아키	「미래의 TOD」 담당. 2017년 니켄세케이 입사. 현재 NAD실 소속.
미야자와 케이고	「미래의 TOD」 담당. 2018년 니켄세케이 입사. 현재 NAD실 소속.
카와요케 타카히로	「Column 4」 담당. 1995년 니켄세케이 입사. 현재 니켄세케이 종합연구소이사 상석연구원
요시다 유우시	「Column 4」 담당. 1996년 니켄세케이 입사. 현재 니켄세케이 종합연구소 주임연구원
오와다 타카시	2015년 니켄세케이 입사. 현재 설계부문 소속.
스기우라 마이	2016년 니켄세케이 입사. 현재 설계부문 소속.
테젠 미츠아키	2016년 니켄세케이 입사. 현재 설계부문 소속.
마 스슈앙	2014년 니켄세케이 입사. 현재 설계부문 소속.
이 쓰웨이	2016년 니켄세케이 입사. 현재 설계부문 소속.
스기야마 켄	2015년 니켄세케이 입사. 현재 설계부문 소속.
무라마츠 히데미	2012년 니켄세케이 입사. 현재 설계부문 소속.

<연구회 해외파트 담당>

김대중
해외파트 리더 / 2003년 니켄세케이 입사.
현재 한국지점장.

김미화
해외파트 리더 / 2010년 니켄세케이 입사.
현재 설계부 팀장.

김은희	2008년 니켄세케이 입사. 현재 한국부지점장.
김수진	2018년 니켄세케이 입사. 현재 설계부문 소속.
장 찌엔	2005년 니켄세케이 입사. 현재 설계부문 주관.
쿼 유우첸	2004년 니켄세케이 입사. 현재 설계부문 주임.
셴 양	2007년 니켄세케이 입사. 현재 설계부문 주임.
루 빈	2012년 니켄세케이 입사. 현재 설계부문 주임.
리 영	2011년 니켄세케이 입사. 현재 설계부문 소속.
주 준후이	1999년 니켄세케이 입사. 현재 중국부 주임.
짜오 웨이용	2016년 니켄세케이 입사. 현재 설계부문 소속.
쭈 옌	1993년 상하이 건축설계연구원 입사. 2018년 니켄세케이 입사. 현재 설계부문 소속.
장 하오	2014년 니켄세케이 입사. 현재 설계부문 소속.
리 쑤앙	2013년 니켄세케이 입사. 현재 설계부문 소속.
쭈 치	2013년 니켄세케이 입사. 현재 설계부문 소속.
정 쿤펑	2016년 니켄세케이 입사. 현재 설계부문 소속.
뚜안 게츠세이	2017년 니켄세케이 입사. 현재 설계부문 소속.
장 치따이	2017년 니켄세케이 입사. 현재 설계부문 소속.
치오 샤오펑	2018년 니켄세케이 입사. 현재 설계부문 소속.
오가와 하루나	2016년부터 니켄세케이 근무. 현재 설계부문 소속.

역·도시일체개발

TOD 46의 매력 [RECIPE]

TRANSIT ORIENTED DEVELOPMENT

초판 1쇄 인쇄 2020년 2월 20일
초판 1쇄 발행 2020년 2월 25일

편저자 니켄세케이 역·도시일체개발 연구회
역 자 정병균·김미화
펴낸이 김호석
펴낸곳 도서출판 대가
편집부 박은주·ujidesign
경영지원 박미경
마케팅 권우석·오중환
관 리 한미정·김소영

주 소 경기도 고양시 일산동구 장항동 776-1 로데오 메탈릭타워 405호
전 화 02) 305-0210 / 306-0210 / 336-0204
팩 스 031) 905-0221
전자우편 dga1023@hanmail.net
홈페이지 www.bookdaega.com

ISBN 978-89-6285-245-5 93540

표지: 「시부야역 주변 완성 이미지」 ©시부야역에리어매니지먼트
표2: 시부야 히카리에와 긴자선
표3: 동경역 야에스출구개발 그랑루프

• 책값은 뒤표지에 있습니다.
• 파본 및 잘못 만들어진 책은 교환해 드립니다.
• 이 도서의 국립중앙도서관 출판예정도서목록(CIP)은 서지정보유통지원시스템 홈페이지(http://seoji.n.glo.kr)와 국가자료공동목록시스템(http://www.nl.go.kr/kolisnet)에서 이용하실 수 있습니다. (CIP제어번호: CIP2020004912)